广东省自然科学基金资助项目（项目批准号：2016A030313132）
项目名称：历史文化村镇保护规划实施评价研究——以珠三角为例

珠三角历史文化村镇
保护的现实困境与对策

罗瑜斌　著

中国建筑工业出版社

图书在版编目（CIP）数据

珠三角历史文化村镇保护的现实困境与对策 / 罗瑜斌著 . — 北京：中国建筑工业出版社，2018.2

ISBN 978-7-112-21547-8

Ⅰ. ①珠… Ⅱ. ①罗… Ⅲ. ①珠江三角洲 — 乡镇—文化遗产—保护—研究 ②珠江三角洲—村落—文化遗产—保护—研究 Ⅳ. ① K296.5 ② TU982.296.5

中国版本图书馆 CIP 数据核字（2017）第 288921 号

历史文化村镇是我国文化遗产保护体系的重要组成部分。珠三角历史文化村镇是广东人民文明与智慧的结晶。本书系统考察珠三角历史文化村镇近三十多年来的保护历程，探讨珠三角历史文化村镇在物质空间、社会经济、保护制度、保护规划以及文化旅游面临的现实困境及深层原因。在借鉴西方历史村镇保护策略的基础上，结合岭南地域文化特征，提出有利于珠三角历史文化村镇可持续发展的保护对策。

本书适用于历史城镇规划师、城市文化遗产保护学者、管理者，高等院校城市规划、建筑学、文化学、地理学等专业师生。

责任编辑：毋婷娴
书籍设计：韩蒙恩
责任校对：王 瑞

珠三角历史文化村镇保护的现实困境与对策
罗瑜斌 著
*
中国建筑工业出版社出版、发行（北京海淀三里河路9号）
各地新华书店、建筑书店经销
北京京点图文设计有限公司制版
大厂回族自治县正兴印务有限公司印刷
*
开本：787×1092毫米 1/16 印张：18 字数：350千字
2018年1月第一版 2018年1月第一次印刷
定价：69.00元
ISBN 978-7-112-21547-8
（31208）

目　录 / CONTENTS

第一章　绪论　1

1.1　历史文化村镇保护的研究背景、意义　2

1.2　国内外历史文化村镇保护研究述评　3

1.3　珠三角历史文化村镇保护的机遇与挑战　26

1.4　研究对象、目标、方法、创新点　30

本章小结　37

第二章　珠三角历史文化村镇的主要特征　39

2.1　类型划分　40

2.2　社会结构特征　46

2.3　经济发展特征　50

2.4　典型的岭南传统聚落景观　53

2.5　明确保护对象　62

本章小结　63

第三章　珠三角历史文化村镇保护历程　65

3.1　保护历程　66

3.2　保护的动力机制　75

3.3　保存状况　78

本章小结　80

第四章　珠三角历史文化村镇保护的现实困境　81

4.1　困境一：村镇遭遇肌理破坏，文化丧失　82

4.2　困境二：村镇“空心化”“出租化”现象严重　96

4.3　困境三：保护制度不健全，资金匮乏　106

4.4　困境四：保护规划易编制，难落实　127

4.5　困境五：文化产业缺乏竞争力，旅游开发体制未理顺　137

4.6 对比江南古镇 140
本章小结 144

第五章 国外先进的历史村镇保护策略 147

5.1 日本的文化财保护以地方立法为核心 148
5.2 英国的文化遗产保护纳入城乡规划法 153
5.3 德国的州立保护政策 157
5.4 国外历史文化遗产保护策略的启示 160
本章小结 162

第六章 珠三角历史文化村镇保护策略一：制度策略 163

6.1 制度的概念 164
6.2 完善法律制度，强化保障体系 164
6.3 理顺管理机制，建立监管制度 175
6.4 拓宽资金来源渠道，建立资金保障制度 183
6.5 非正式制度：充分发挥乡规民约的作用 188
本章小结 190

第七章 珠三角历史文化村镇保护策略二：技术策略 191

7.1 构建科学的保护规划编制技术 192
7.2 构建科学的保护规划实施评价体系 213
7.3 古建修缮新技术的运用 231
本章小结 234

第八章 珠三角历史文化村镇保护策略三：实施策略 235

8.1 城乡一体，有机更新 236
8.2 动态保护，协同发展 241
8.3 以文养文，建立文化产业集群 244
本章小结 252

结 论 254
参考文献 257
附 录 272

第一章

绪论

1.1　历史文化村镇保护的研究背景、意义

1.2　国内外历史文化村镇保护研究述评

1.3　珠三角历史文化村镇保护的机遇与挑战

1.4　研究对象、目标、方法、创新点

1.1 历史文化村镇保护的研究背景、意义

历史文化村镇是人类智慧的结晶，是历史发展的见证。随着中国城镇化进程的加快，大量具有历史文化价值的古村落、古城镇正面临着急功近利式的改造和摧毁，建立保护制度，提出切实可行的保护策略迫在眉睫。历史文化村镇保护是我国文化遗产保护体系的重要组成部分，也是新农村建设的重要内容之一。

1.1.1 研究背景

1.1.1.1 快速城市化进程

我国历史悠久，疆域辽阔，大量的文化遗产除了集中在历史文化名城以外，也星罗棋布地分布在众多的历史文化村镇之中。当前我国正处在快速城市化的进程中，开发建设如火如荼，由于保护制度不健全、保护观念意识淡薄以及保护措施盲目落后，许多地方在经济利益的驱动下，借着“改造旧城，消灭危房”的动人口号和“旧貌换新颜”的雄心壮志，使许多历史文化村镇、历史古建筑、历史街区毁于一旦。如何保护和利用历史文化遗产，如何完善历史文化村镇的保护制度，建立强有力的保护机制，促进社会、经济、文化的可持续发展，成为人们关注的焦点。

《中华人民共和国国民经济和社会发展“十三五”规划纲要》明确提出要加强城市文化遗产保护，延续历史文脉，建设人文城市。历史文化村镇作为城市文化遗产重要组成部分之一，其保护力度近年来得到逐步加大。随着我国文化遗产保护事业的内涵不断丰富、外延不断拓展，历史文化名城、街区、村镇的保护也日益受到各级政府的重视和公众的关注，保护工作从单一的实体文物保护走向广义的历史文化资源保护。2003 年 10 月，建设部和国家文物局公布了第一批中国历史文化名镇（村），并于同年 12 月进行了名镇（村）的授牌仪式，这标志着我国历史文化保护制度正式建立起来。迄今为止，我国住房和城乡建设部、国家文物局已经联合公布了六批共 528 个国家级历史文化名镇名村，广东省共有 37 个，其中珠三角就占了 21 个。与此同时，各级地方政府也陆续将一大批具有重要历史、文化、科学价值的古村镇公布为相应级别的历史文化名村、名镇。

1.1.1.2 社会主义新农村建设

我国目前正在开展建设社会主义新农村的伟大工程。2005 年 12 月中共中央国务院《关于推进社会主义新农村建设的若干意见》中专门强调要保护有历史文化价值的古村落和古民宅。保护和继承历史文化遗产是建设社会主义新农村的重要内容之一，这是进一步加强历史文化村镇保护工作的一个重要契机。

珠三角地处改革开放的前沿地区，城镇化水平高，随着经济的快速发展、城市建设速度加快，一批具有历史文化价值的城市村镇正遭遇拆除、毁坏的噩运，

更多的处于偏远地区、经济落后的古村落也面临着类似的威胁。因此，提出科学合理的保护策略，健全保护制度，依法保护历史文化名镇、名村已刻不容缓。

1.1.2 研究意义

1.1.2.1 现实意义——提出历史文化村镇保护策略

历史文化村镇对于研究人类社会发展、科学技术发展、文化艺术发展具有重要的实证价值，是传承地方民族文化的重要载体，对历史文化村镇的保护是世界各国共同关注的热点问题。在快速城市化的进程中，开发建设如火如荼，面对“建设性破坏”，如何保护和利用历史文化遗产，提出切实可行的保护对策，建立强有力的保护机制，成为人们关注的焦点。

我国学者已经陆续开展了古建保护技术、保护规划方法等研究，然而对历史城镇的破坏依然屡禁不止，可见技术、方法固然重要，但规划技术的进步并不足以遏止保护制度缺失的负面作用。保护制度的建立和完善是保护规划得以实施的重要保证，是保障历史文化村镇可持续发展的关键因素。保护对策不应仅仅局限于技术、方法上，还应与社会经济文化发展相结合。本课题的研究立足中国国情和现实需要，对于历史文化村镇的保护具有重要的现实意义。

1.1.2.2 理论意义——促使历史文化村镇保护理论的完善

我国开展历史文化村镇保护工作的时间较短，且历史文化村镇保护体系长期从属于传统文物和名城保护体系中，研究工作也是近年来随着国家开展历史文化村镇的评选才逐渐展开，因此目前有关历史文化村镇的研究专著不多，从制度、社会、经济发展的角度系统研究我国历史文化村镇保护体系的理论更是凤毛麟角。历史文化村镇保护规划的编制成果参差不齐，规划“落地”情况不容乐观。实践证明，任何一个历史文化村镇得以完好保护无不得益于完善的保护制度和正确可行的保护策略，因此本课题的研究具有理论意义，可促进历史文化村镇保护理论的完善，对开展历史文化名城、历史街区保护也有指导意义。

1.1.2.3 实践意义——有利于开展历史文化村镇的保护工作

本课题的研究有利于传承岭南文化遗产，有助于珠三角历史文化村镇的保护和发展，对国内其他地区的历史文化村镇保护也有借鉴意义。

1.2 国内外历史文化村镇保护研究述评

1.2.1 国外历史村镇保护的发展阶段和研究现状

1.2.1.1 历史村镇保护的发展阶段

从国外遗产保护发展来看，保护的对象内容已由最初的文物古迹、单体建筑发展到历史街区、历史城镇，最后扩展到城镇周围环境的保护，而且非物质遗产的保护也日益得到国际社会的重视（表 1-1）。[①]

涉及历史村镇保护的国际宪章、建议 表 1-1

年份	颁布部门	文献名称	涉及历史村镇保护的主要内容
1931	历史性纪念物建筑师及技师国际协会（ICOM）	《关于历史性纪念物修复的雅典宪章》	保护观点：所有国家都要通过国家立法来保存历史古迹，应注意对历史古迹周边地区的保护。
1964	历史古迹建筑师及技师国际协会	《国际古迹保护与修复宪章》（威尼斯宪章）	历史古迹的定义：包括单个建筑物以及能够从中找出一种独特的文明、一种有意义的发展或一个历史事件见证的城市或乡村环境。 保护范围：古迹的保护意味着对一定范围环境的保护。 保护措施：保护、修复、专门照管、发掘、出版。
1972	联合国教科文组织（UNESCO）	《保护世界文化和自然遗产公约》	文化遗产的定义：从历史、艺术或科学角度看具有突出价值的文物、建筑群、遗址。 保护措施：建立世界遗产委员会、世界遗产基金、国际合作。
1975	国际古迹遗址理事会（ICOMOS）	《关于保护历史小城镇的布鲁日决议》	保护措施：历史小城镇按其规模、文化内涵和经济功能划分为不同类型，进行再生和复原的措施必须尊重当地居民的权利、习惯和愿望。
1976	联合国教科文组织	《关于历史地区的保护及其当代作用的建议》（内罗毕建议）	保护观点：历史地区及其环境是不可替代的全人类遗产，政府和公民都有义务去保护，并使之成为社会生活的一部分。 保护内涵：历史地区及其环境的鉴定、防护、保存、修复、修缮、维持和复兴。 保护措施：包括立法、行政、技术、经济、社会等方面。
1982	国际古迹遗址理事会	《关于小聚落再生的特拉斯卡拉（Tlaxcala）宣言》	保护观点：乡村聚落和小城镇的保护必须包括历史、人类、社会、经济几方面内容，鼓励学科参与。 保护方法：运用当地材料和传统建造技术，强化地方文化特征。
1987	国际古迹遗址理事会	《保护历史城镇与城区宪章》（华盛顿宪章）	保护措施：规定了保护历史城镇和城区的原则、目标和方法，将历史城镇、历史城区的保护作为经济与社会发展的完整组成部分，并列入各级城市和地区规划，制定保护规划，鼓励居民参与。

① Florian Steinberg.Conservation and Rehabilitation of Urban Heritage in Developing Countries.Habitat Intl.1996，20（3）：463-475.

续表

年份	颁布部门	文献名称	涉及历史村镇保护的主要内容
1999	国际古迹遗址理事会	《关于乡土建筑遗产的宪章》	保护观点：乡土建筑、建筑群和村落的保护应尊重文化价值和传统特色，其乡土性的保护则要通过维持和保存有典型特征的建筑群、村落来实现。
2003	国际古迹遗址理事会	《关于建筑遗产分析、保存和结构修复原则的宪章》	保护观点：建筑文化遗产特殊的结构和历史复杂性使其需要通过不断的诊断、分析、收集其损坏的数据信息和原因，来选择解决根源而非症状的控制和补救措施。

资料来源：根据国际宪章自制（本书图片及表格除了部分引用已注明出处以外，其余均为作者自绘、自摄或者自制）

（1）萌芽阶段

1930 年，法国出台《风景名胜地保护法》，将天然纪念物和富有艺术、历史及画境特色的地点列为保护对象，其中包含了自然保护区、风景区、小城镇和村落等。这也许是世界上最早将小城镇、村落划为保护对象的国家立法。1931 年，《关于历史性纪念物修复的雅典宪章》在第一届历史性纪念物建筑师及技师国际会议上通过，宪章指出“所有国家都要通过国家立法来解决历史古迹的保存问题”。直到 20 世纪 60 年代，“保护”和“生态运动”才与人口增长指数和无节制地开采地球上的自然资源紧密联系起来，成为家喻户晓的名词。①1960 年前后欧洲建筑与遗产保护观点发生较大变化，保护对象由原来的建筑单体和历史纪念物开始转向住宅建筑、乡土建筑、工业建筑以及城镇环境。1964 年，《国际古迹保护与修复宪章》（简称《威尼斯宪章》）进一步扩大了保护文物古迹的范围，指出文物古迹“不仅包括单个建筑物，而且包括能够从中找出一种独特的文明、一种有意义的发展或一个历史事件见证的城市或乡村环境”。古迹的保护意味着“对一定范围环境的保护，凡现存的传统环境必须予以保持，决不允许任何导致群体和颜色关系改变的新建、拆除或改动。”《威尼斯宪章》的制定意味着在世界范围内对历史传统地段保护的必要性已成为共识。随后，欧洲各国兴起了立法划定保护区和进行保护区建设的高潮。

（2）发展阶段

1972 年，《保护世界文化和自然遗产公约》在第十七届联合国教育、科学及文化组织（UNESCO）大会上通过。该公约是联合国教科文组织（UNESCO）

① J.Kozlowki，N.Vass-Browen. Buffering external threats to heritage conservation areas：a planner's perspective. Landscape and Urban Planning，1997（37）：245-267.

三个关于文化遗产公约中的一个。[①] 公约对于缔约国在保护文化和自然遗产上有明确的责任要求，并指出整个国际社会对此有责任合作予以保护。截止 1992 年 11 月，131 个国家交存了批准、接受或加入此公约的文书。世界遗产委员会由缔约国代表组成，对该公约进行管理，通常每年召开一次会议。《执行世界遗产公约的操作指南》最初制定于 1977 年，操作指南将历史城镇的提名标准定义为“一个城市获得世界遗产资格，它在建筑学上的重要性应首先得到承认，而不应只考虑它们在历史中的作用和作为历史标志物的价值……其空间布局、结构、材料、形式和其他可能的方面，建筑群的功能都应在本质上反映出促使该遗产获得提名的文明或这种文明的连续性。”[②]

1975 年，国际古迹遗址理事会（ICOMOS）通过了《关于保护历史小城镇的布鲁日决议》，正式提出了保护历史小城镇的概念。文件指出，对历史小城镇进行再生和复原的措施必须尊重当地居民的权利、习惯和愿望。由欧洲理事会发起的“1975 欧洲建筑遗产年”使得更多的公众意识到位于城市、乡村的历史性建筑、历史地区承载着不可替代的文化、社会和经济价值。1976 年，联合国教科文组织第十九次大会通过了《关于历史地区的保护及其当代作用的建议》（简称《内罗毕建议》），建议保护“历史的或传统的建筑群”，明确提出历史地区属于城市和乡村环境中形成的人类聚落，其范围包括史前遗址、历史城镇、老城区、老村落及古迹群，并指出在农村地区，所有引起干扰的工程和经济、社会结构的所有变化应小心谨慎地加以控制，以保护自然环境中的历史性乡村社区的完整性。1978 年 10 月欧洲各国外长会议召开了全美洲“保存艺术遗产讨论会”，提出要保存民间建筑和半农村的村镇。

（3）完善阶段

20 世纪 80 年代以后，随着人们对人工环境和自然环境之间相互依存关系重要性的认识加深，国际社会更加注重对乡村遗产的保护。1982 年，ICOMOS 通过了《关于小聚落再生的特拉斯卡拉宣言》，对包括乡村聚落和小城镇在内的小聚落保护再次作了专门阐述。1987 年，ICOMOS 总结多年来各国历史环境保护的理论与实践经验，制定通过了《保护历史城镇与城区宪章》（简称《华盛顿宪章》）。文件着重提出保护历史城镇必须是经济和社会发展政策与城镇计划不可分割的一部分，要制定专门的保护规划，用法律、行政和经济等多种措施手段来保证规划的实施，并应得到居民的支持，鼓励居民积极参与。《华盛顿宪章》重点讲了城镇历史地段的保护。1999 年，ICOMOS 通过的《关于乡土建筑遗产的宪章》，认

---

① 其他两个是：《武装冲突情况下保护文化财产公约》（海牙公约），1954 年通过；《禁止和防止非法进口文化财产和非法转让其所有权的方法的公约》，1970 年通过 .

② [英]费尔登·贝纳德，朱卡·朱可托 . 世界文化遗产地管理指南 [M]. 上海：同济大学出版社，2008：9–11.

为乡土建筑、建筑群和村落的保护应尊重文化价值和传统特色，其乡土性的保护则要通过维持和保存有典型特征的建筑群、村落来实现。UNESCO 陆续将 34 处村和镇列入世界文化遗产。

1982 年 12 月 12 日 ICOMOS 执行委员会创建了历史村镇国际协会（International Committee on Historic Towns and Villages，简称 CIVVIH），协会日常处理历史村镇规划和管理的问题，成员由不同专业背景的历史村镇保护专家组成，他们来自世界各地的 ICOMOS 成员国，与从事该领域的同仁分享知识和经验。[①] ICOMOS 有 21 个国际协会，CIVVIH 为其中之一。

CIVVIH 的目的旨在：[②]

- 增进历史村镇保护知识，完善保护原则和指导方针。
- 促进当地发展战略中保护规划和管理实践的综合性。
- 提高公众和国家、地方政府对保护历史村镇的兴趣。
- 支持成员之间分享历史村镇知识和交流经验。
- 鼓励都市中历史村镇保护的相关培训、研究和出版论著。
- 提供相关专业领域技术上的协助。

1984 年 3 月 CIVVIH 第一次国际会议在匈牙利首都布达佩斯附近的 Ráckeve 小镇召开，会议主题是商讨历史村镇的章程，从 1984 年到 1987 年商讨的章程最后于 1987 年在华盛顿确定。CIVVIH 从一开始就不仅仅致力于历史城镇，还包括所有历史古迹、历史古村的保护。1992 年，CIVVIH 的法定名称将古村包含进来。[③]

目前 CIVVIH 的总部在匈牙利的埃格尔（Eger），CIVVIH 的行动必须符合 ICOMOS 制定的法令章程以及埃格尔原则。考虑到各个地区历史村镇的地域性，历史村镇国际协会建议成立地区委员会。活动经费由匈牙利协会、ICOMOS 赞助以及各种捐赠和合同等构成。[④]

进入 2000 年以后，CIVVIH 更加关注历史城镇的保护与复兴问题，2001 ~ 2006 年 CIVVIH 年度会议议题分别为以下主题：[⑤]

- 2001 葡萄牙波多哥（Porto，Portugal）主题：历史城市的无序尺度。
- 2002 希腊科孚（Corfu，Greece）主题：21 世纪历史城镇的保护与发展。
- 2003 匈牙利埃格尔（Eger，Hungary）主题：历史城镇的创新——添加、注入、

---

① CIVVIH：International Committee on Historic Towns and Villages. http：//worldheritage-forum.net/en/2005/03/36.

② Goals and Tasks of the CIVVIH. http：//civvih.icomos.org/.

③ Andras Roman. CIVVIH is twenty years old. http：//civvih.icomos.org/.

④ Statutes of CIVVIH. http：//civvih.icomos.org/francais/archives/1996%20statutes.pdf.

⑤ ICOMOS International Scientific Committees Reporting format for 2004.

新的构造。

- 2004 法国南希（Nancy，France）主题：老城区周边的成功复兴。
- 2005 土耳其伊斯坦布尔（Istanbul，Turkey）主题：保护大都市的历史中心。
- 2006 芬兰劳马（Rauma，Finland）主题：保护历史小城镇、村庄及其周边城郊的原始结构。

1.2.1.2 历史村镇保护制度的建立

随着国际宪章的颁布，越来越多的国家加入到历史文化遗产保护的队伍中，如法国、英国、日本等纷纷开展历史城镇、古村落的保护工作，建立乡村建筑遗产登录制度，成立保护协会，多渠道筹集保护资金，取得了较好的保护效果。

日本于 1975 年修订《文化财保护法》，创立“传统性建筑群保存”制度，对一般城镇内的历史街区以及村落聚落景观为代表进行切实保护与利用，与此同时全国综合开发政策也进行了相应的调整。在此过程中，保护运动中的公众参与和地方自治体起了积极的推动作用。随着《古都保存法》、《文物保护法》的颁布实施和“城镇村落保存对策协议会”的成立，日本越来越多的历史村镇被列为“传统建筑群保存地区”，并得到有效保护。

法国于 1983 年的《地方分权法》。设有建筑、城市和风景遗产保护区（ZPPAUP）保护区设有管理制度，这是地方性法规文件，从城市空间和景观整体性角度对保护范围进行调整。ZPPAUP 的模式通过互动的工作方式，而不是单一方面的强制性手段，有效地保护了大量具有较普遍意义的历史村镇遗产，充分发挥了地方的活力。

1947 年英国的《城乡规划法》建立历史建筑登录制度，明确规定了城市规划的公共权优先于建筑所有者的财产权，不经过财产所有者的同意，没有相应的补偿措施就可以进行历史建筑的登录。此外，还建立了以登录建筑为核心的保护区制度，对历史建筑群、公共空间、历史街区和村落等进行保护。

1.2.1.3 国外文化遗产（历史城镇、街区、村镇）的研究现状

国外对历史城镇（村镇）的研究主要集中在保护与发展政策、保护与发展对策以及旅游发展几个方面。

（1）关于遗产保护与发展政策的研究

史蒂文·蒂耶斯德尔（Steven Tiesdell）（1995）探讨了英国的一个省级历史城市东部地区诺丁汉市中心的花边市场的振兴，审查了花边市场的保护政策以及那些针对其经济复兴、结构重组和功能多样化政策的作用。加里斯·琼斯（Gareth A Jones）和罗丝玛丽·布罗姆利（Rosemary D F Bromley）（1996）概述了发展中国家的城市保护政策和做法，并引出了一系列的居住用地的革新。它描述了厄瓜多尔基多的历史中心保护方案的演化，提出私有财产者在何种程度上会出

于投资而修复历史建筑。布伦达·杨（Brenda S A Yeoh），舍棱娜·黄（Shirlena Huang）（1996）探讨了新加坡的一个面临着沉重的重建压力的城市，遗产保护在国家意识形态和政策框架中所发挥的作用。卡卢利（Sim Loo Lee）（1996）介绍了新加坡经历快速城市化进程中采取的历史文化保护政策，该保护政策允许市场化运作，使得历史街区得以保护和恢复活力，并以新加坡的唐人街、甘榜格南和小印度历史街区为例，通过对这几个街区在1978年、1983年和1994年的建筑功能的变化分析以及街区形态的变化，阐明了保护政策的及时性和可行性。伊恩·斯特兰（Ian Strange）（1996）介绍了英国历史城镇实施经济和政府重组双重过程的效果，跟踪记录了英国历史城区的经济和政策是如何重组的，英国行政区域的历史城区是如何应对一系列的充满竞争和矛盾的经济政治压力，指出致力于协调历史城区的发展、保护与环境可持续发展的潜在矛盾的可持续发展政策体系是保护政策的关键。

（2）关于遗产保护与发展对策的研究

罗恩·格利菲斯（Ron Griffiths）（1995）审查了英格兰西部的主要区域中心布里斯托尔的旨在协助城市和经济发展的一个文化发展战略，发现文化战略已经在几个不同的层次关系上表现出一种惊人的催化能力。在整个欧洲和北美洲已越来越普遍地利用艺术和文化作为城市振兴的战略手段。弗洛里安·斯坦博格（Florian Steinberg）（1996）通过世界各国历史城区保护的案例总结当前城市老城区历史遗产的保护在政策制定、文化繁衍、社会安定、经济繁荣和城市化进程中存在的各种问题。虽然许多国家已经制定了各种形式的保护政策和措施，但历史城区的保存状况不容乐观，大多数国家只有少数有突出价值的建筑被保护下来，很少能够将老城区进行整体保护，特别是发展中国家城市遗产的保护很少在城市发展政策的制定中受到关注。文中提出复兴老城区，解决居住问题的办法：保持城区历史肌理，对历史建筑进行适应性再利用，改善环境质量，增加社区活力以适应物质结构的变化和现代生活的需求，将其纳入保护的一部分。约翰·彭德尔伯里（John Pendlebury）（1996）以英国泰恩河上的城市中心纽卡斯尔作为个案研究，探讨了创建一个干预历史环境的理论框架，并发现这是一个持续的寻求视觉上的城市管理保护方法和对历史地区的组织结构和形态管理之间矛盾的协调过程。伊恩·斯特兰（1997）探讨了历史城镇可持续发展的概念和理论，并以英国切尔斯特城市为例，通过分析该城市历史环境容量以及影响该城市当前和未来环境容量的关键因素，确定城市未来20年可选择的持续发展路径。卡洛克和瓦斯·布朗文（1997）提出为了保护历史地区的外在环境，应该建立缓冲区规划，缓冲区包括两种类型：分析保护区域（APZs，analytical protection zones）和基本保护区域（EPZs，elementary protection zones）。文化遗产的价值包含视觉特征价值、视觉关联价值、结构价值、功能价值和感官价值，缓冲区的建立是在确定文化遗产这几个价值需要保护的区域后的叠加区域。阿什沃思和滕布里奇（1999）认为文化遗产是由历史塑造而成的，是对过去的遗存用当代的方式使用。如果这些文化遗产在政策、社会、伦理道德、地方和团体特征的象征或者是工业遗产的经济来源的用途和角色改变太快，那么对文化遗产的管理方式也要跟上。克特里尔（J.F.Coeterier）（2002）认为在制定保护策略时需要尊重居民的评价标准，并对荷兰尼德兰南部的当地居民和外来人对历史建筑的评价标准进行了一项研究，认为决定历史建筑的价值分为四个标准：形式、功能、蕴含的历史信息和熟悉度，居民的评价标准可分为两个原则：建筑的功能必须服从形式，环境的战略必须服从结构。纳迪·娅氏（Nadia Ghedini）（2003）提出历史建筑物形成的自然损毁是由于大气污染物沉积及其与基本材料的相互作用的结果，研究历史建筑物的成分对于制定规划战略保护和保存文物古迹和历史建筑是至关重要的，指出调查在城市地区受损害的历史建筑时有必要鉴定和评价碳元素和其他碳物质构成的非碳酸盐部分。纳斯也·多拉力，谢布内姆和玛卡达·法斯里（2004）提出基于 SWOT 的历史城区复兴战略，指出历史城区复兴涉及历史遗产的继承以及与当代经济、政治和社会条件一体化的要求，要以长远的眼光来提出改善措施，要求保护区的目标要与物质环境的改善、社会活力、经济活力的振兴联系起来，甚至关注更广泛的可持续发展。本森·哈基姆（2007）讨论了历史城镇和遗产地区振兴的组成部分和生成过程，包括：1）支撑项目的社会历史和价值系统的道德法律原则；2）私人和公众权利的公平和平等；3）私人和公众责任的分配和实施；4）项目的控制和管理；5）实施的规则和章程。并以美国新墨西哥州中部城市的阿尔布开克和巴林首都麦纳麦为例，阐述了以上原则是如何在项目中实施，实施的结果是如何保持了当地的完整性、地域特征和归属感，避免了建筑环境的僵化和因吸引游客而不利于原居民的措施。

（3）关于遗产旅游发展的研究

在历史文化遗产保护工作较为先进的西方发达国家，由于其已经度过快速城市化阶段，且保护制度较为健全，规划编制体系较为完善，民众参与程度较高，其历史村镇的保护与城镇化建设并无较大冲突。目前国外学者研究主要在历史村镇旅游方面，关于传统村镇旅游的著述颇为丰富。

传统村镇旅游发展影响研究。林德伯格（1999）运用选择模型（choice modeling），确定丹麦博恩霍尔姆岛上 4 个传统农业小镇的居民对于旅游发展造成的影响所愿意承担的“平衡点”。托松（2002）调查土耳其小镇居民感知旅游发展造成的影响，提出参与性模型，以便旅游业更好地融入地方发展。霍姆（2002）对比新西兰罗托鲁阿和凯库拉两地居民感知旅游影响的差异，认为研究社区历史和结构有助于更好地理解社区如何适应并管理旅游。格雷厄姆·帕特，约翰·弗莱彻和克里斯·库珀（1995）以苏格兰旅游正在经历的变革和调整重点的进程为例，讨论了一种评估经济对旅游业老城的影响方法，这将实现和维持与旅游业有关的经济增长和社会活力。这种来自老城的严谨经济模式的实证研究，为历史环境的复兴提供了一个把旅游业与其他经济成分整合的值得效仿的方法。安娜·贝特，路易斯·凯撒，桑斯·安琼（2004）采取了广泛应用于自然资产估值的旅行费用评价法，估计西班牙地区卡斯蒂利亚——莱昂四个不同文化产品或服务的遗产和文化的需求曲线。艾纳·布瓦斯，卡琳·爱本浩特（2009）讨论了投资文化遗产项目的经济影响研究的方法问题，挪威小镇勒罗斯与旅游业有关的文化遗产投资有助于该地区 7% 的总体就业和收入增加。

传统村镇旅游发展与文化原真性关系。麦地那（2003）研究了玛雅古村应旅游之需而产生的文化商业化现象如何影响玛雅文化的传统形式。布求利斯（2002）基于获益分析方法（benefits based approach），对科罗拉多州西南 LCA 历史风景道沿线 23 个镇居民进行调查，结果显示：西班牙裔居民更为强烈地意识到旅游发展文化获益的重要性。传胡土南，友多马斯卡，纳瓦罗（2009）比较了两个在泰国和越南的有估价的文化遗址，测试两者之间价值转移的有效性和可靠性，并讨论了这种转让价值存在的可能性和困难。

传统村镇旅游可持续发展。伯恩斯（2003）以西班牙内陆村庄奎利亚尔为例的调查表明，由政府引导在新兴旅游地开发的旅游活动正朝着更为可持续发展的道路迈进。贾米森（1999）研究马林迪的旅游发展作为一种催化剂，既促进了种族间交往和竞争，也同时隐藏着危机和冲突。

1.2.2 国内历史文化村镇保护阶段和研究现状

1.2.2.1 历史文化村镇保护的阶段

我国的历史文化村镇指经国家或省级人民政府公布命名的村镇，包括历史文化名镇和历史文化名村。由于我国历史文化村镇的保护长期以来从属于文物保护和历史文化名城保护体系，直到 2003 年第一批国家级历史文化名镇（村）的公布，历史文化村镇保护制度才开始建立起来。从国内有关历史文化村镇法规颁布的时间和内容来看，我国历史文化村镇的保护大体可分为以下四个阶段。

（1）作为历史文化保护区——地方保护工作的开展

从 1961 年颁布《文物保护管理暂行条例》到 1982 年开始建立历史文化名城保护制度，中国历史文化遗产保护一直是以文物保护为核心的单一体系。1982 年，文物保护法确立了历史文化名城制度，但并不涵盖具有重大历史文化价值的历史街区或村镇。由于得不到法律的保护，这些街区、村镇往往在经济建设中遭到拆毁和破坏。早在 1982 年以同济大学阮仪三教授为代表，开始对江南水乡古镇开展全面、深入地调查研究，逐个编制古镇保护规划，但保护工作的开展可谓坎坷艰辛。1986 年，国务院在《关于申请公布第二批国家历史文化名城名单的报告的通知》中首次涉及了历史文化村镇的保护，提出“对文物古迹比较集中，或能较完整地体现出某一历史时期传统风貌和民族地方特色的街区、建筑群、小镇、村寨等也应予以保护，可根据它们的历史、科学、艺术价值，核定公布为地方各级‘历史文化保护区’”。自此，不少地方政府如江苏、浙江等省开始加强对历史村镇的保护，周庄、同里、乌镇等逐渐成为旅游热点。

（2）列入全国文物保护单位

我国第一次全国文物普查从 1956 年开始，那时普查规模小，不规范，没有留下统计数据。第二次全国文物普查自 1981 年秋至 1985 年，其规模和成果均超过第一次，但受资金、技术等制约，仍然有不少漏查。第三次全国文物普查自 2007 年 4 月至 2011 年 12 月，与前两次相比，此次普查规模大、涉及面广、专业性强、涵盖内容丰富，红外测距仪、数码相机、GPS 卫星定位仪等现代科技手段运用其中，提高了文物普查的时效性，提高了相关标本、数据采集的准确性、科学性。

1985 年我国成为联合国教科文组织《世界文化和自然遗产公约》的缔约国，并逐步健全了以文物保护单位、历史文化名城、历史文化村镇、街区等为保护内容的历史文化遗产保护体系。由于一些历史村镇的文物古迹丰富或传统建筑（群）保存较完整，已相继被列入全国重点文物保护单位加以保护（表 1-2）。1988 年，在国务院公布的第三批全国重点文物保护单位名单中，首次出现民居等乡土建筑，如丁村民宅、东阳卢宅。部分省也公布了一批历史文化村镇名单。保留至今的约 7 万处各级文物保护单位中，半数以上分布在村、镇，特别是历史文化村镇和传统乡土建筑，在我国数量最多，文化内涵最丰富。

全国重点文物保护单位公布日期及数量 表 1-2

名称	公布日期	数量
第一批全国重点文物保护单位	1961.3.4	180
第二批全国重点文物保护单位	1982.2.23	62
第三批全国重点文物保护单位	1988.1.13	258
第四批全国重点文物保护单位	1996.11.20	250
第五批全国重点文物保护单位	2001.6.25	518
第六批全国重点文物保护单位	2006.5.25	1080
第七批全国重点文物保护单位	2013.5.3	1944

（3）申报登录世界遗产

为使我国的历史村镇走向世界，加入国际合作保护的行列，1996 年我国将安徽省黟县西递、宏村作为“古村落”类型，列入申报世界遗产预备名单，并于 2000 年以“皖南古村落”名义被正式列入世界文化遗产。广东“开平碉楼与村落”申报世界文化遗产工作从 2000 年启动，于 2007 年 6 月申遗成功。

（4）历史文化村镇保护制度的建立

2000 年，国际古迹遗址理事会中国国家委员会颁布了《中国文物古迹保护准则》，提出文物古迹应包括“由国家公布的历史文化街区（村镇）”。2002 年《中华人民共和国文物保护法》中第一次明确提出了历史文化村镇的概念，即“保存文物特别丰富并且有重大历史价值或者革命纪念意义的城镇、村庄”，明确了“历史文化街区、村镇”作为文物保护的对象，并提出“历史文化名城和历史文化街区、村镇所在地的县级以上地方人民政府应当组织编制专门的历史文化名城和历史文化街区、村镇保护规划，并纳入城市总体规划”。

2003 年 5 月，国务院第 8 次常务会议通过《中华人民共和国文物保护法实施条例》，指出“历史文化街区、村镇，由省、自治区、直辖市人民政府城乡规划行政主管部门会同文物行政主管部门报本级人民政府核定公布。县级以上地方人民政府组织编制的历史文化名城和历史文化街区、村镇的保护规划，应当符合文物保护的要求。”随后，建设部和国家文物局开始了中国历史文化名镇（村）的评选活动（表 1-3），制定了《中国历史文化名镇（村）评选办法》，并于同年 10 月联合公布了第一批共 22 个中国历史文化名镇（村），这标志着我国历史文化村镇保护制度的正式建立，历史文化村镇的保护已步入法制化轨道。《关于公布中国历史文化名镇（村）（第一批）的通知》（建村 [2003]199 号）对历史文化村镇的概念作了进一步完善，即“保存文物特别丰富并且有重大历史价值或者革命纪念意义，能较完整地反映一些历史时期的传统风貌和地方民族特色的镇（村）”。2005 年 9 月，建设部和国家文物局发出《关于公布第二批中国历史文化名镇（村）的通知》（建规 [2005]159 号），并指出“要杜绝违反保护规划的建设行为的发生，严格禁止将历史文化资源整体出让给企业用于经营，进一步理顺管理体制”。2007 年 5 月，建设部和国家文物局发出《关于公布第三批中国历史文化名镇（村）的通知》（建规 [2007]137 号），并指出“要认真贯彻‘保护为主、抢救第一、合理利用、加强管理’的工作方针，妥善处理好文化遗产保护与经济发展、人民群众生产生活条件改善的关系，制定严格的保护措施。要加大对保护规划实施的监管力度，严厉查处违反保护规划的建设行为。”同年，建设部和国家文物局发出《关于组织申报第四批中国历史文化名镇名村的通知》（建规函 [2007]360 号），在总结前三批中国历史文化名镇（名村）申报认定工作的基础上，建设部和国家文物局对原《中国历史文化名镇（名村）评价指标体系（试行）》和《中国历史文化名镇（名村）基础数据表》进行了修订。这一方面反映了国家对村镇历史文化保护的重视，另一方面也反映了国家行政权力开始触及村镇，每个被公布的历史文化村镇都将受到国务院建设主管部门、国务院文物主管部门以及地方各级人民政府的保护和监督管理。正是有了一次又一次的中国历史文化村镇的申报、评选、公布才迅速扩大了历史文化村镇的影响，普及了历史文化村镇的保护意识，促进了保护规划的完善。

中国历史文化村镇公布日期及数量 表 1-3

名称	公布日期	名称	数量（个）
第一批中国历史文化名镇（村）	2003.10.8	中国历史文化名镇	10
		中国历史文化名村	12
第二批中国历史文化名镇（村）	2005.9.16	中国历史文化名镇	34
		中国历史文化名村	24
第三批中国历史文化名镇（村）	2007.5.31	中国历史文化名镇	41
		中国历史文化名村	36
第四批中国历史文化名镇（村）	2008.10.14	中国历史文化名镇	58
		中国历史文化名村	36
第五批中国历史文化名镇（村）	2010.7.22	中国历史文化名镇	38
		中国历史文化名村	61
第六批中国历史文化名镇（村）	2014.2.19	中国历史文化名镇	71
		中国历史文化名村	107

2005 年 12 月，国务院下发了《国务院关于加强文化遗产保护的通知》（国发 [2005]42 号），第一次把物质文化遗产和非物质文化遗产作为文化遗产整体进行保护，充分体现了科学发展观和保护环境、建设资源节约型社会的战略思想。通知提出历史文化村镇属于物质文化遗产，指出“在保护历史文化名城、历史文化街区和村镇工作中，既要保护好不可移动文物等物质文化遗产，又要注意保护与延续存在于历史文化名城、历史文化街区和村镇内的传统表演艺术、民俗活动、礼仪活动和节庆等非物质文化遗产。”

2007 年 10 月公布的《中华人民共和国城乡规划法》强调:“历史文化名镇、名村的保护应当遵守有关法律、行政法规和国务院的规定。”2008 年 4 月 2 日作为我国第一部历史文化村镇保护的行政法规《历史文化名城名镇名村保护条例》在国务院第 3 次常务会议通过，自 2008 年 7 月 1 日起施行。《保护条例》在制度上明确了历史文化名城、街区、村镇的申报、批准、保护规划、保护措施，在法律上明确了违反此条例的法律责任，对历史文化名城、名镇、名村的保护提出“应当遵循科学规划、严格保护的原则，保持和延续其传统格局和历史风貌，维护历史文化遗产的真实性和完整性，继承和弘扬中华民族优秀传统文化，正确处理经济社会发展和历史文化遗产保护的关系。”（表 1-4）

历史文化村镇保护的国内法规　表 1-4

年份	颁布部门	法规名称	涉及历史文化村镇保护的主要内容
1994	国家建设部、国家文物局	《历史文化名城保护规划编制要求》	保护规划要求：编制保护规划应当突出保护重点，即：保护文物古迹、风景名胜及其环境；对于具有传统风貌的商业、手工业、居住以及其他性质的街区，需要保护整体环境的文物古迹、革命纪念建筑集中连片的地区，或在城市发展史上有历史、科学、艺术价值的近代建筑群等，要划定为“历史文化保护区”予以重点保护
2000	国际古迹遗址理事会中国国家委员会	《中国文物古迹保护准则》	文物古迹的定义：人类在历史上创造或人类活动遗留的具有价值的不可以移动的实物遗存，包括由国家公布的历史文化街区（村镇）。 保护目的：真实、全面地保存并延续其历史信息及全部价值。 保护程序：文物调查、评估、确定各级保护单位、制定保护规划、实施、定期检查保护规划
2002	全国人民代表大会	《中华人民共和国文物保护法》	历史文化村镇的概念：保存文物特别丰富并且有重大历史价值或者革命纪念意义的城镇、村庄
2003	中华人民共和国国务院	《中华人民共和国文物保护法实施条例》	历史文化村镇的公布：历史文化村镇由省、自治区、直辖市人民政府城乡规划行政主管部门会同文物行政主管部门报本级人民政府核定公布。 保护规划要求：县级以上地方人民政府组织编制的历史文化村镇的保护规划应当符合文物保护的要求
2003	国家建设部、国家文物局	《中国历史文化名镇（村）评选办法》	保护措施：中国历史文化名镇（村）实行动态管理。省级建设行政主管部门负责监督本省（自治区、直辖市）的中国历史文化名镇（村）保护规划的实施情况，对违反保护规划的建设行为及时查处。建设部会同国家文物局将不定期组织专家对中国历史文化名镇（村）进行检查。对于已经不具备条件者，将取消其称号
2003	中华人民共和国建设部	《城市紫线管理办法》	城市紫线概念：指国家历史文化名城内的历史文化街区和省、自治区、直辖市人民政府公布的历史文化街区的保护范围界线，以及历史文化街区外经县级以上人民政府公布保护的历史建筑的保护范围界线
2005	中华人民共和国建设部	《历史文化名城保护规划规范（GB50357—2005）》	保护规划原则：保护历史真实载体、保护历史环境、合理、永续利用。 保护内涵：对保护项目及其环境所进行的科学的调查、勘测、鉴定、登录、修缮、维修、改善等活动

续表

年份	颁布部门	法规名称	涉及历史文化村镇保护的主要内容
2005	中华人民共和国国务院	《国务院关于加强文化遗产保护的通知》	物质文化遗产和非物质文化遗产的保护：历史文化村镇既要保护好不可移动文物等物质文化遗产，又要注意保护与延续存在于村镇内的传统表演艺术、民俗活动、礼仪活动和节庆等非物质文化遗产
2005	国家文物局	《全国重点文物保护单位保护规划编制要求》	保护规划要求：文物保护单位保护规划应根据确保文物保护单位安全性、完整性的要求划定或调整保护范围，根据保证相关环境的完整性、和谐性的要求划定或调整建设控制地带
2007	全国人民代表大会	《中华人民共和国城乡规划法》	保护观点：历史文化名镇、名村的保护以及受保护建筑物的维护和使用，应当遵守有关法律、行政法规和国务院的规定
2008	中华人民共和国国务院	《历史文化名城名镇名村保护条例》	保护制度：明确了历史文化村镇的申报、批准、保护规划、保护措施以及违反保护条例的法律责任
2012	住房和城乡建设部、国家文物局	历史文化名城名镇名村保护规划编制要求（试行）	保护规划编制基本要求、编制内容、成果要求
2014	住房和城乡建设部	历史文化名城名镇名村街区保护规划编制审批办法	保护规划编制内容要求、审批程序、审批办法

1.2.2.2 历史文化村镇的研究现状

为了挽救我国已经十分脆弱的遗产资源，保护历史文化脉络，使其得以传承和延续，阮仪三等有识之士在继续关注城市遗产保护的同时，对历史文化村镇展开了卓有成效的研究，初步形成了以规划学、建筑学和地理学、历史学等多学科共同参与的良好局面。对中国期刊全文数据库进行论文检索，检索范围为全部期刊，检索项为篇名，检索词为古村落、古村、古镇、古村镇、历史文化村镇、历史文化名村、历史文化名镇，检索时间为 1980 年 1 月~ 2015 年 12 月，结果发现我国学者早在 1983 年就有关于古镇论文的发表。总体看来，国内有关古村镇论文的发表呈逐年增长趋势，特别是 2000 年以后，随着国家有关政策的发布，古村镇逐渐成为人们关注的热点，每年发表的论文数量迅速增多（图 1-1），其中学者对古镇的关注最多（图 1-2），发表有关古镇的论文超出所有检索论文总数的 1/2，其次是对古村落 / 古村的关注。而学者对历史文化村镇（包括历史文化名村、历史文化名镇）的关注是在 1995 年以后才开始，并随着 2003 年国家开展历史文化村镇的评选活动逐步增加。

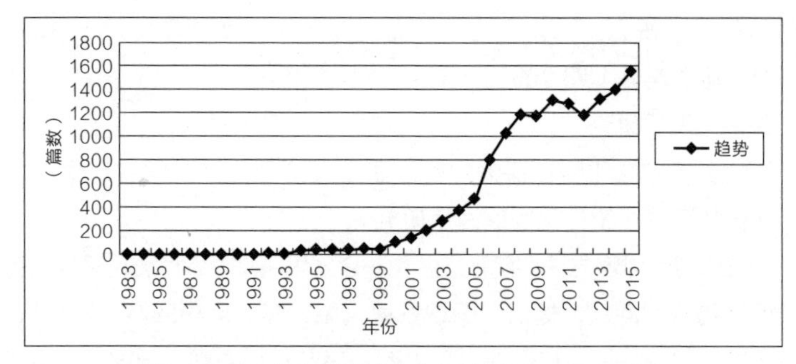

图 1-1　国内有关古村镇论文发表统计（1982～2015 年）

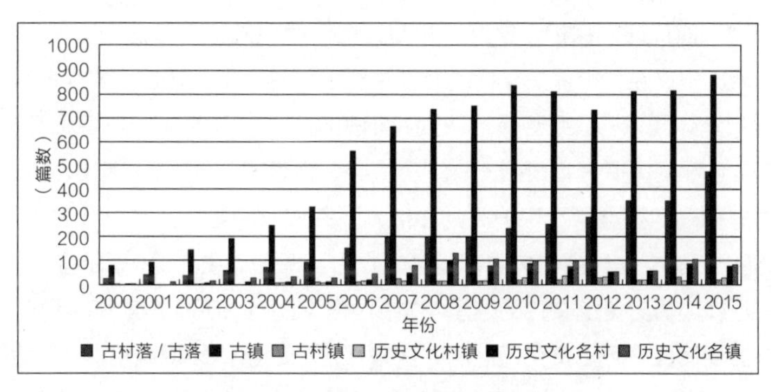

图 1-2　国内对古村落、古镇、历史文化村镇发表论文统计（2000～2015 年）

国内学者对有关古村镇的研究主要以保护规划编制、旅游开发居多（图 1-3）。这与国家制定的政策制度有关①。还有部分学者对历史文化村镇评价体系、对策措

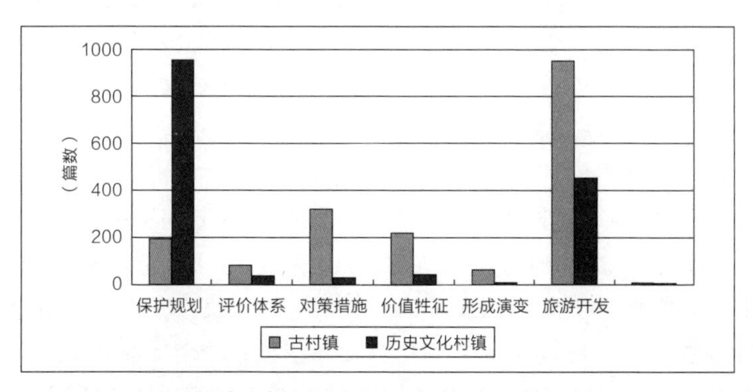

图 1-3　国内有关古村镇论文研究内容的分类（1982～2015 年）

① 《历史文化名城名镇名村街区保护规划编制审批办法（2014）》明确指出："历史文化名镇、名村批准公布后，所在地的县级人民政府应当组织编制历史文化名镇、名村保护规划。保护规划应当自历史文化名镇、名村批准公布之日起 1 年内编制完成。"

施、价值特征做了研究。总体而言，研究主要集中在保护与发展、价值与特征、形成与演变、旅游与开发四个方面。

（1）保护与发展研究

保护规划在历史文化村镇保护中扮演着重要角色，许多学者对保护规划的内容方法、评价体系、对策措施等展开了研究。

关于保护规划的内容方法。阮仪三（1996，1999，2001）较早地探讨了江南水乡古镇保护与规划问题，提出了保护古镇风貌、整治历史环境、提高旅游质量、改善居住环境的保护纲领，将保护规划内容分为宏观、中观、微观三个层次，主张保护范围划定要遵循历史真实性、生活真实性和风貌完整性的标准；要根据建筑保存状况分别采取保存、保护、整饬、暂留、更新等不同保护方法。仇保兴（2004）强调了今后历史文化村镇保护工作的必要性和迫切性，提出了历史文化名镇（名村）保护规划和具体要求：①完善保护法规和相关制度；②改善人居环境和基础设施条件；③多渠道筹集保护资金；④鼓励公众参与。赵勇等（2004）提出历史文化村镇的概念类型和确认标准以及保护原则和措施，并发表专著《历史文化村镇的保护与发展》，提出历史文化村镇保护内容包括文物古迹保护、重点保护区保护、风貌特色的保持与延续、历史传统文化的继承与发扬。王景慧（2006）指出，历史文化名镇（村）的保护要按保护历史文化街区的办法来保护它的整体环境风貌。方明等（2006）提出，历史文化村镇中的传统建筑保护可采用修复性再利用、改建性再利用和废物利用三种方式。也有不少学者进行古村镇规划案例研究（赵光辉，1987；刘炳元，2001；李艳英，2004；周芃，2006；等）。有的学者对古镇古村保护与发展存在问题展开讨论（朱光亚，1998；阳建强，2001；吴承照，2003；单霏翔，2004；等）。

关于评价体系。朱晓明（2001）从古村落的历史价值、基础评价和居民意向三部分价值评估内容，提出古村落的评价标准。赵勇等（2006）从物质文化遗产和非物质文化遗产两个方面遴选了15项指标构建历史文化村镇保护评价指标体系，运用因子分析方法对首批名镇（村）的保护状况进行分析评价。汪清蓉等（2006）提出采用层次分析法和模糊综合评判相结合的古村镇模糊综合评判模型。

关于对策措施。归纳起来，历史文化村镇保护与发展对策措施主要包括保护整治、经济社会、生态环境等方面。在保护整治方面，主要从空间形态、环境要素、文化古迹等几方面进行整治（王颖，2000；等）。阮仪三（1999）提出了对古镇区风貌整治主要包括建筑整治、空间整治和绿化整治等内容。张凡（2006）从城市设计的角度探讨了城市发展中的历史文化保护对策，提出城市历史要素的空间整合分为关联耦合法和步行网络法，并提出多模式的历史建筑及环境保护方法，包括隐喻法、立面嫁接法、埋地法、协调法和映射衬托法。经济社会方面，陈志华（1999，2001）指出，要采取另建新村以保旧村的方法解决保护和生活发展的矛盾。朱晓明（2000）探讨了古村落的土地整理问题，围绕传统民居建筑的宅基地使用及明晰房屋产权提出了相应对策。许抄军（2003）利用产权经济学的相关原理分析了古村落居民产权现状，提出了民居产权重新界定及其相关政策建议。生态环境方面，李晓峰（1996）认为，按照生态控制论原理来控制聚落发展是解决文化传承和持续发展的有效途径。邓晓红等（1999）研究了徽州传统聚落对自然生态、建成环境、社会生态的适应。赵万民（2001）提出了对山地环境、城镇形态和空间建筑进行有机整合和保护修复的措施。宋乐平等（2002）研究了水乡古镇水体保护和水污染控制规划等问题。

（2）价值与特征研究

历史文化村镇价值主要体现在历史文化、美学艺术、科学教育、游憩体验等多方面，具有以村落为主的聚居形态、强烈的地缘性、完整的规划布局和反映传统生活的真实性等特征（朱晓明，2002；等）。

不少学者从美学、文化、地域、形态等方面对历史村镇的特征进行分析归类。彭一刚（1992）从美学的角度分析了传统村镇聚落物质空间形态特征。刘沛林（1998，1999）验证了传统村镇感应空间具有宗教文化特点。段进等（2001）以太湖流域古镇为例系统研究了古镇空间结构与形态、群序结构和拓扑关系。阮仪三（2002）认为江南水乡城镇特色集中表现为根植于“水”环境中的独特自然景观和生活特征。赵勇等（2004）将历史文化村镇的类型划分为建筑遗产型、民族特色型、革命历史型、传统文化型、环境景观型、商贸交通型。孙大章（2004）将聚落按布局形制分为自由式、线型式、街巷式、梳式、组团式、轴线式和围堡式。还有的学者对不同地域的传统村镇特征进行总结（李和平，2000；等）。

民居是聚落的基本单元。近年来我国学者对乡土建筑（民居）的类型特征、空间形态、生态环境、文化内涵等做了大量的研究（王其钧，1991，1996，2005；陆元鼎，1988，1990，1991，1992，2002，2003；单德启，1992，1998，1999，2000，2003，2004等）。传统民居特征是历史文化村镇特征的重要体现，对传统民居的研究有助于历史文化村镇研究的开展。

（3）形成与演变研究

历史文化村镇的形成演变受到自然、经济、文化、宗教等诸多因素的影响。传统村镇布局形成的主导因素，可归纳为生产、地形与精神中心三方面（孙大章，2004）。中国古村落的主要成因可以归结为地理环境封闭、自然资源禀赋好、宗法制度较严和文化的认同（赵勇，2005）。中国传统的乡村属于自然发展的性质，人口的聚集主要依据三个原则：生产方式的需要、防御自卫的需求、亲属联系的需要（林世超，1996）。

不同地域的历史文化村镇成因、演变及其发展历程存在一定差异。徽州古村落的形成与演变是伴随两次文化嬗变发生的（陈伟，2000）。贵州民族村镇的形成是军事防御需要、商业贸易发展和民族歧视的结果（罗德启，2004；等）。此外，陈志刚（2001）概述了水乡历史城镇的演变因素。王韡（2006）等论述了徽州聚落变迁过程。阮仪三教授2003年出版《护城纪实》一书，对江南古镇从20世纪80年代后开展的艰辛保护历程做了纪实性论述。

（4）旅游与开发

历史文化村镇旅游研究近来成为学术界研究的热点。不同专业背景的学者纷纷从不同的角度对传统村镇旅游进行研究和探讨，这些成果主要集中在：传统村镇旅游资源特点和价值、传统村镇旅游资源保护和开发、旅游对传统村镇的影响、传统村镇旅游流和客源市场、传统村镇旅游存在问题及对策（卢松，2005）。对古村落进行旅游开发应以历史保护为基础，旅游开发为手段，以彻底改善居住环境，提高居民的物质和精神生活水平为最终目的（胡道生，2002）。

近年来，伴随旅游发展而来的文物单位所有权和经营权的问题引发学者激烈讨论，以地方政府和旅游部门为代表普遍赞成文物单位的所有权和经营权分离；以社科、文化和文博界为代表则坚决反对。自1997年以来，这场争论一直在持续，在不同部门之间以及不同专业界之间始终未达成统一意见（陆建松，2003；等）。

近年来，随着古村镇成为旅游热点，不少古村落、古镇的旅游专著相继出版，如《名镇天下——33个广东历史文化村镇》《中国古村落丛书》《老城古镇》《中国古镇游》等，各地也开始组织人员编写有关村镇历史文化的书籍。

1.2.2.3 有关历史文化村镇保护制度的研究现状

以往的历史名城、历史村镇保护研究大多集中在建筑技术的层面，忽略了制度因素的影响；借鉴制度经济学的新进展，开拓城市规划的视野，建立起城市规划的制度分析框架，是一个对未来规划理论具有重大意义的学术方向（赵燕菁，2005）。中国现行的历史环境保护制度建立于1980年代初，历史较短，至今仍处于发展和完善阶段。健全法规体系是目前发展中国历史环境保护制度的关键（阮仪三，2000；王景慧等，1999）。历史文化遗产保护制度通常包含法律制度、行政管理制度、资金保障制度这三项基本内容（阮仪三等，1999）。刘沛林（1998）提出了建立“中国历史文化名村”保护制度的构想，但并未提出具体的保护制度理论。我国学者有关历史文化村镇保护制度的研究集中在法律政策、管理实施、资金保障以及国外保护制度研究几方面。

（1）法律制度

我国历史文化村镇保护法律制度主要体现在相关法律的颁布、各省市保护条例、政策的颁布以及规划规范上。到目前为止，我国颁布与历史文化村镇保护相关的法律、法规有《中华人民共和国文物保护法》（2002年版）、《历史文化名城保护规划规范》(GB50357-2005)、《城市紫线管理办法》(2003 年版)、《中华人民共和国环境保护法》(1989 年版)等。相关保护规划规范有《全国重点文物保护单位规划编制要求》《中国文物古迹保护准则》《村镇规划编制办法》等。2008 年 4 月 2 日作为我国第一部历史文化村镇保护的行政法规《历史文化名城名镇名村保护条例》在国务院常务会议通过。该保护条例在制度上明确了历史文化名城、街区、村镇的申报、批准、保护规划、保护措施，在法律上明确了违反此条例的法律责任。

目前有关保护的法规文件多以国务院及其部委或地方政府及其所属部门颁布、制定的“指示”、“办法”、“规定”、“通知”等文件形式出现，大部分文件由于缺乏正式的立法程序，严格意义上都不能算作国家或地方的行政法规，法律和法规的比例很少，上述政策性文件和措施则在相当长一段时间内行使着国家或地方法规的职能，由此反映出我国的保护仍过多依赖于行政管理，过多依赖于“人治”而不是“法制”(李其荣，2003)。

赵勇(2005)认为历史文化村镇的保护立法一般有两个层面:①社会层面——培养公众对于遗产保护参与的责任感，建立有管理有组织的社区参与活动和系统化的活动规则。②政府层面——政府制定完善的、操作性强的遗产保护条例;短时间内要形成全国性的完善的法律是不现实的，但可根据当地实际情况出台地方性法规，以控制和引导当地的遗产保护和旅游开发行为朝有利于遗产保护的方向发展，最终在各地方性法规的基础上，将保护遗产方法条例进一步法制化。朱晓明(2002)认为中央集权的封建制度对村落面貌产生巨大的影响，在明清时期尤为明显。国家通过非专业的文人官僚直接管理各个小单位的农户，士大夫的管理阶层与广大农民阶层有很大的隔阂，管理阶层无法从技术上长期规划指导农民的发展，只能通过道德这一手段。张松 2007 年出版的《城市文化遗产保护国际宪章与国内法规选编》，全面收录了有关城市文化遗产保护的代表性国际公约、宪章和国内法规、条例(包括台湾地区的相关法规)，对我们学习领会国际保护宪章的原则精神，开展历史文化村镇保护工作有积极作用。朱光亚(2007)将广东省历史文化村镇政策性保护体系分为起步阶段、酝酿阶段和开始建立阶段。王杰指出，城市保护立法往往滞后于城市保护实践的要求(王爱杰，2003)。越来越多的学者认识到历史文化村镇法律制度缺失所带来的弊端。李昕(2006)对江南六镇 20 多年来的古镇保护制度变迁历程进行了历史解析。

(2)管理制度

我国历史文化村镇保护管理的主体一是建设行政管理部门、规划行政管理部门和文物行政主管部门，二是设立专门的保护机构。这些保护机构又分两类：一类是协助行政主管部门做好保护工作，另一类协作城建规划部门等监督、检查名城管理实施（赵勇，2005）。我国对文物资源实行属地管理、分级负责的行政管理体制、新时期我国文物管理制度建设主要集中在以下几方面：①进一步宣传保护文物对于社会主义两个文明建设的重要意义和作用；②进一步加强法制建设；③进一步宣传、贯彻、落实“保护为主、抢救第一、合理利用、加强管理”的文物工作方针；④进一步加强中央政府对文物工作的高层协调和宏观控制；⑤进一步做好文物保护“五纳入”工作（张文彬，2003）。伍江、王林（2007）认为，相关法规的完善和细化是保护规划管理实施的基础，管理机构及咨询评议结构的健全与整合能够充分发挥保护规划实施效能，并提出在保护规划管理中建立特别论证制度。赵勇（2008）提出通过建立历史文化村镇保护预警机制为管理提供依据，并提出时保护管理实施及动态进行监测，包括保护机构、保护措施、保护资金、历年保护实施情况及监测记录。

名城保护的管理方面存在的问题主要包括：①管理职能分工不明确，造成城市与文物管理部门共同主管的体制与机制；②缺乏科学的管理依据和管理程序；③缺乏完善与健全的管理立法，对于保护管理的体制、机制和管理人员的职业规范等都没有相应的法律规定（刘敏等，2002）。因为缺乏有效的监管机制，实际上保护规划的实施情况不容乐观（董艳芳，2006）。按现有体制操作，如对文化遗产实施整体保护，势必会钻进多头管理的老路；要想从根本上改变这种管理上的混乱局面，一个最为简单的做法便是设立文化遗产部，负责对文化遗产及自然遗产的整体保护（顾军等，2005）。现代的遗产管理理念是科学性、经营性、文化背景、价值独特（罗佳明等，2003）。

（3）资金保障制度

历史文化村镇保护资金可分为政府投入、民间投入、经营性投入和其他资助方式。政府资金投入分为中央投入资金、省级投入资金和市、县（市）级投入资金。吸纳资金另外两种方式包括发行文化遗产保护公益彩票、给予捐助遗产保护的法人和企业一定的税收优惠。新时期文物工作必须在文物遗产经营问题上有制度创新，从而既能有效解决遗产事业财政问题，又能确保遗产地经济和社会的发展（赵勇，2005）。桂晓峰、戈岳（2005）从资金构成、资金来源和使用、资金筹措、资金管理以及资金回报五个方面，对国内历史文化街区保护的资金问题做了初步的总结和探索。有学者认为，资金到位之后，文化遗产保护工作很可能会因理论准备不足与实践经验欠缺，而给文化遗产带来很大伤害（顾军等，2005）。

（4）对国外保护制度的介绍

王林（2000）对比了中、英、法、日的历史文化遗产保护制度异同，指出我国历史文化遗产保护的法律制度仍显得很不健全：①与我国历史文化遗产保护体系相对应的全国性法律、法规不完善；②法律和法规的比例很少；③法规文件涉及内容的广度与深度不足，可操作性不强。朱晓明（2000）对比了中、日、英三国的古村落保护制度，提出我国历史文化村镇保护应借鉴的经验：①国家和地方紧密协作；②国家和地方政策法规有效衔接；③加强基础设施和环境适应性投资；④公众广泛参与；⑤从社会、经济和文化等多方面开展保护工作。张松（1999，2001）对英、美、日三国文物登录制度进行比较，指出文物登录制度的意义在于：①扩大了以往的文物概念和范畴，将单一的文物保护推向全面的历史环境保护。②对文物建筑进行合理的再利用是对历史建筑的一种柔性保护机制。顾军（2005）从文化遗产保护史、组织建构、法律建设以及成功经验等多个角度，对意、法、英、美、日、韩等遗产保护先进国、联合国教科文及相关国际组织近百年来的文化遗产保护经验，进行了翔实解读。张剑涛（2005）介绍了马耳他、德国、西班牙、荷兰、丹麦的历史环境保护制度，指出目前中国与欧洲各国在历史环境保护方面的主要差距在于：①制度不够健全；②相关法规执行效果不佳；③缺乏制裁和强制措施；④资金投入不足；⑤缺少公众关注和参与；⑥缺少专业人员以及相关培训。还有学者介绍了日本的《古都保存法》（王景慧，1987；张松，2000；等）、英国的街区保护制度（刘武君，1995）、法国历史文化遗产保护制度（邵甬等，2002）。

1.2.2.4 有关珠三角历史文化村镇的研究现状

（1）历史形态演进

刘晖（2005）分析了珠三角城市边缘传统聚落形态的城市化演进规律，指出珠三角传统聚落形态演进的特殊路径是自下而上的形态变迁和自上而下的制度变迁之间反复博弈的结果，是一系列深刻的社会问题和矛盾的反映。这些问题的彻底解决不可能仅仅依靠城市规划和形态设计的手段。引入制度因素，从制度变迁的背景出发，以交易成本的节约为线索，才有可能理清复杂的聚落形态形成和演进的原因。朱光文（2002）从番禺沙湾古镇的形成发展和遗产特色入手，探讨了珠江三角洲乡镇聚落的兴衰与重振。朱光文（2003）又从大岭村的宗族历程分析了乡村的迁居与制度化建设的关系。陈华佳（2004）详实记录了大岭村的历史发展以及祠堂、门楼、庙宇、街巷、文塔的建设和修缮过程。张海（2005）探讨了沙湾古镇形态的演进。朱晓明（2006）探讨了唐家湾镇的历史形态及其社会特征。李凡等（2005）对大旗头村开村历史变迁、氏族源流、村落形态、风水格局、建筑文化意涵、礼仪宗教、风俗活动展开探讨，通过文化景观图谱的分析方法将大旗头村与广府其他古村落进行对比，探求其历史文化价值特色，并根据定性和定量相结合的方法，对大旗头村历史文化价值作了综合评价，明确指出它的文物保护价值、旅游开发应遵循的原则、对策和措施。陈绍涛（2006）对珠三角若干历史村镇街市展开研究。郑洵侯（2007）对大旗头村郑氏史料的历史真相展开追踪。苏禹（2007）以碧江人精神核心的转变轨迹——从耕读文化到儒商文化再到西方文化——为线索探索了碧江村从南宋至今的历史发展沿革，并对碧江祠堂文化、古民居景观以及杰出人物进行论述。黄健敏（2008）从翠亨村祖庙北极殿的三次重修碑记和华侨对故乡的影响中追述了翠亨村的历史沿革、村落选址、规划，描述了中西文化交融下的传统建筑与华侨建筑的艺术风格、特征以及民间信仰和民俗，重点论述了中西合璧的孙中山故居的特色及其几次幸免于难得以保存的历史过程。

（2）景观特征

黄蜀媛（1996）叙述了华南农业聚落大旗头村的环境特征、总体布局及住宅建筑的特点。刘炳元（2001）对东莞塘尾村和南社村等古村落的特征进行分析，并提出保护和利用的规划思路。朱光文（2001）从聚落的形成与分布、选址与形态、空间结构方面探讨了明清广府古村落文化景观。林冬娜（2004）分析了岭南历史村镇的文化背景、形态类型和景观特色，提出历史村镇的保护方法和规划编制。朱光文（2004）分析了大岭村的聚落起源和聚落文化景观特征。楼庆西（2004）追溯了南社村谢氏家族的起源，对南社村的村落规划，特别是水塘两岸分布的十六座祠堂做了详细描述，对美轮美奂的祠堂建筑、众庙、住屋、祖坟的位置、功能、修缮过程做了详实的遵从现实的历史回顾，特别细述了南社村建筑的装饰形象和内容。程存洁（2004）对钱岗古村的构成布局、建筑景观、经济及礼俗文明进行了分析，着重对封檐板上的反映珠江江城风情的画卷进行了历史解读。邱丽（2007）分析了广府民系聚落在建筑选址、布局和建筑构造方面的防御性特征。程健军（2007）对开平碉楼的发展历程、村落规划、建筑艺术、文化景观和营建技术作了详细论述，提出侨居发展的三个阶段：初步模仿阶段，探索尝试阶段，发展高潮阶段。武旭峰（2007）对开平自力村的碉楼、居庐景观进行了游览式叙述。

（3）旅游开发

李凡等（2007）应用利益主体理论，运用通径分析方法对大旗头古村旅游开发中的利益主体展开研究。汪清蓉等（2006）以大旗头村为例提出古村落综合价值的定量评价方法。朱晓明（2006）对广东近代名镇的保护意义和保护价值进行论述，并提出岭南近代名镇文化品牌的塑造思路，指出广东近代名镇的形象优势为广东地区提供了遗产形象的塑造平台，有利于社会和经济的发展。黄小平（2007）对沙湾多姿多彩的民俗文化进行分类描述，包括生产贸易民俗、衣食住行民俗、社会家庭民俗、人生礼仪民俗、生态科技民俗、岁时节令民俗、语言文学民俗和民间游艺、信仰。

（4）规划研究

郑力鹏（2002）以广州聚龙村清末民居群为例，探讨了历史建筑保护与利用方式、资金来源等问题。李军（2004）对沙湾镇的发展战略、主要发展模式展开研究。伊向东（2005）从规划的角度提出了沙湾镇的保护思路。蔡育新（2008）通过对东莞市南社古村保护和开发利用的情况进行分析，提出古村落的保护和开发利用的具体做法和思路。廖志（2008）从功能置换的角度探讨了广州大学城民俗博物村的保护与更新设计。钟国庆（2009）认为那些处于城市化快速发展地区的古村落面临着被边缘化的威胁，并以肇庆蕉园村为例，针对其景观格局从政策和技术角度探讨了这类古村落保护，并用图层分析法进行了研究。

1.2.3　历史文化村镇保护研究的学术缺憾与展望

综观国内历史文化村镇的研究，不难发现，我国历史文化村镇研究尚处于起步阶段。研究成果主要集中在历史文化村镇保护规划、旅游发展、特征价值和形成演变几个方面，并初步形成了多学科参与的局面，但多数缺乏理论的系统性和全面性，对历史文化村镇保护与发展的保障体系、动力机制及保护制度等问题论之不深，对历史文化村镇资源普查鉴定、数理评价系统、非物质文化遗产保护体系缺乏系统研究，离建构我国历史文化村镇保护理论体系的目标相距甚远。在历史文化村镇法律制度研究上，缺乏对地方保护政策的梳理及其实施状况的跟踪分析，对在历史文化村镇中起重要作用的村规民约等民间法律缺少关注；在历史文化村镇管理制度研究上，缺少对管理体制实施效率的实证性分析，对管理体制的变化研究较少立足于我国经济体制从社会主义计划经济向社会主义市场经济制度转变这一大背景；在历史文化村镇资金保障制度研究上，还处于对现状资金投入方式的总结上，未能针对不同地方特点提出有针对性的资金保障制度。

目前我国对历史文化村镇保护制度的研究主要处在引荐国外遗产保护先进国的保护制度阶段，正可谓他山之石，可以攻玉。但不同国情背景下历史文化村镇的发展与保护之间的矛盾毕竟存在差异，我国学者应立足于本国国情和各地方特点开展历史文化村镇保护制度的地域性研究。在我国遗产保护领域，历史文化村镇的保护相对弱于历史文化名城的保护，非物质文化的保护相对弱于物质文化的保护，历史环境的保护相对弱于历史建筑的保护，这三个“相对弱于”是我国遗产保护的软肋，也是我国与国外遗产保护的差距。[①] 国内学者对历史文化村镇保护存在的问题虽已认识到制度上的缺陷，但未能提出系统的、行之有效的保护理论，而现存的有关历史文化村镇的法律具有普遍性而缺乏针对性，对地方历史文化村镇保护的指导性不强。同时，缺少对不同地域的历史文化村镇保护历程、存在问题的实证性研究，而在社会主义市场机制作用下的保护制度问题亦未能引起规划

① 赵勇，张捷，章锦河 . 我国历史文化村镇保护的内容与方法研究 [J]. 人文地理，2005，25（1）: 68–74.

界的足够重视。以前历史文化名镇（名村）的保护都是依靠乡规民约、依靠宗教、依靠当地一批文人志士的聪明才智来保护，没有建立国家的强制保护。这在市场机制作用力日益强大的今天是远远不够的。[①]

有关珠三角历史文化村镇的研究偏重于个案研究，主要研究集中在物质形态方面，未能从社会、经济、制度环境等方面综合研究，理论的系统性和完整性不强。

总的来说，在历史文化遗产保护工作较为先进的西方发达国家，由于已完成快速城市化，且保护制度较为健全，规划编制体系较为完善，民众参与程度较高，历史村镇的保护与城镇化建设并无较大冲突，其主要矛盾和中国的状况有很大的不同，没有表现出中国农村与城市“二元结构”的特点。而中国目前处在城镇化加速推进期，许多地方视历史村镇、古建筑为现代化进程的“绊脚石”，急于建立焕然一新的政绩工程，刷新城镇面貌，因此，历史文化村镇保护工作的开展亟待系统装备、切实可行的保护策略的指导和保护体制的完善。

1.3 珠三角历史文化村镇保护的机遇与挑战

1.3.1 广东对历史文化遗产保护的重视

广东省是我国文物资源大省之一。广东省现有国家级历史文化名城 8 座、省级历史文化名城 16 座、国家级历史文化名镇 15 座，国家级历史文化名村 22 座（表 1-5），全国重点文物保护单位 98 处（表 1-6）、市县级文物保护单位 2000 多处，首批入选国家非物质文化遗产名录的有 29 项，其中珠三角有 11 项（表 1-7），第一批省级非物质文化遗产代表作名录有 78 项。《广东省建设文化大省规划纲要（2003 ~ 2010 年）》提出：“积极发掘、抢救、保护文物资源。制定历史文化保护规划，大力推进历史文化名城、街区、村镇和各级文物保护单位两大保护体系建设，使之对全省文物资源的涵盖率达到 90% 以上。”

目前广东省历史文化村镇保护政策体系尚处于始建阶段。2006 年 12 月 11 日，广东省建设厅和广东省文化厅联合发文《关于组织申报第一批广东省历史文化街区、名镇（村）的通知》（粤建规字 [2006]153 号），开始建立省级历史文化村镇保护名录。2008 年 9 月 17 日，广东省建设厅公布了首批广东省历史文化名镇 3 个，历史文化名村 5 个，其中惠州市惠阳区秋长镇、普宁市洪阳镇、恩平市圣堂镇歇马村等 5 个历史文化村镇也是第四批国家级历史文化村镇。

广东省各市普遍建有市级文物保护单位名录，许多历史文化名村镇的古建筑

① 仇保兴. 中国历史文化名镇（村）的保护和利用策略 [J]. 城乡建设，2004（1）：6-9.

群本身也是文物保护单位。市级的历史文化村镇的评选也陆续展开。珠三角多个城市已经建立由文物保护单位、历史保护区、历史文化名城构成的保护体系。

广东省国家级历史文化村镇名单（截至 2017 年） 表 1-5

村镇名称	公布日期	备注
佛山市三水区乐平镇大旗头村	2003.10.8	第一批中国历史文化名村
深圳市龙岗区大鹏镇鹏城村	2003.10.8	第一批中国历史文化名村
广州市番禺区沙湾镇	2005.9.16	第二批中国历史文化名镇
吴川市吴阳镇	2005.9.16	第二批中国历史文化名镇
东莞市茶山镇南社村	2005.9.16	第二批中国历史文化名村
开平市塘口镇自力村	2005.9.16	第二批中国历史文化名村
佛山市顺德区北滘镇碧江村	2005.9.16	第二批中国历史文化名村
开平市赤坎镇	2007.5.31	第三批中国历史文化名镇
珠海市唐家湾镇	2007.5.31	第三批中国历史文化名镇
陆丰市碣石镇	2007.5.31	第三批中国历史文化名镇
广州市番禺区石楼镇大岭村	2007.5.31	第三批中国历史文化名村
东莞市石排镇塘尾村	2007.5.31	第三批中国历史文化名村
中山市南朗镇翠亨村	2007.5.31	第三批中国历史文化名村
东莞市石龙镇	2008.10.14	第四批中国历史文化名镇
惠州市惠阳区秋长镇	2008.10.14	第四批中国历史文化名镇
普宁市洪阳镇	2008.10.14	第四批中国历史文化名镇
恩平市圣堂镇歇马村	2008.10.14	第四批中国历史文化名村
连南瑶族自治县三排镇南岗古排村	2008.10.14	第四批中国历史文化名村
汕头市澄海区隆都镇前美村	2008.10.14	第四批中国历史文化名村
中山市黄圃镇	2010.7.22	第五批中国历史文化名镇
大埔县百侯镇	2010.7.22	第五批中国历史文化名镇
仁化县石塘镇石塘村	2010.7.22	第五批中国历史文化名村
梅县水车镇茶山村	2010.7.22	第五批中国历史文化名村
佛冈县龙山镇上岳古围村	2010.7.22	第五批中国历史文化名村
佛山市南海区西樵镇松塘村	2010.7.22	第五批中国历史文化名村
珠海市斗门区斗门镇	2014.2.19	第六批中国历史文化名镇
佛山市南海区西樵镇	2014.2.19	第六批中国历史文化名镇

续表

村镇名称	公布日期	备注
梅县松口镇	2014.2.19	第六批中国历史文化名镇
大埔县茶阳镇	2014.2.19	第六批中国历史文化名镇
大埔县三河镇	2014.2.19	第六批中国历史文化名镇
广州市花都区炭步镇塱头村	2014.2.19	第六批中国历史文化名村
江门市蓬江区棠下镇良溪村	2014.2.19	第六批中国历史文化名村
台山市斗山镇浮石村	2014.2.19	第六批中国历史文化名村
遂溪县建新镇苏二村	2014.2.19	第六批中国历史文化名村
和平县林寨镇林寨村	2014.2.19	第六批中国历史文化名村
蕉岭县南磜镇石寨村	2014.2.19	第六批中国历史文化名村
陆丰市大安镇石寨村	2014.2.19	第六批中国历史文化名村

广东各市国家级保护单位统计表（截至 2013 年） 表 1–6

地区	文物保护单位	地区	文物保护单位	地区	文物保护单位	地区	文物保护单位
	国家级（处）		国家级（处）		国家级（处）		国家级（处）
广州	29	梅州	5	清远	1	汕头	3
潮州	9	江门	2	深圳	1	云浮	2
肇庆	5	湛江	4	惠州	1	茂名	1
韶关	9	珠海	3	河源	1	揭阳	3
东莞	7	汕尾	2	阳江	1	中山	3
佛山	7			合计	98		

珠三角国家级非物质文化遗产名录 表 1–7

项目名称	类别	申报地区	公布时间
中山咸水歌	民间音乐	广东省中山市	2006.6
广东音乐	民间音乐	广东省广州市	2006.6
粤剧	传统戏剧	广东省广州市、佛山市	2006.6
龙舟说唱	曲艺	广东省佛山市顺德区	2006.6
佛山木版年画	民间美术	广东省佛山市	2006.6
粤绣	民间美术	广东省广州市	2006.6
象牙雕刻	民间美术	广东省广州市	2006.6
千角灯	民间美术	广东省东莞市	2006.6

续表

项目名称	类别	申报地区	公布时间
石湾陶塑技艺	传统手工技艺	广东省佛山市	2006.6
端砚制作技艺	传统手工技艺	广东省肇庆市	2006.6
小榄菊花会	民俗	广东省中山市	2006.6

1.3.2 珠三角历史文化村镇保护面临的机遇与挑战

目前中国正处于经济社会和城镇化快速发展的时期，历史文化村镇的保护既存在机遇又面临挑战。国家相继公布的一系列历史文化村镇表明，历史文化村镇的保护已经得到国家重视，也必将引起全社会的重视，从而为积极开展历史文化村镇的保护拓宽道路，而先前展开的一系列文物保护单位、历史文化名城、历史文化街区保护的经验教训也将为历史文化村镇保护的理论探索和实践做好铺垫。珠三角经济社会和城镇化的快速发展是历史文化村镇保护的良好机遇，但也面临着极大的挑战。

1.3.2.1 爆发式的乡村—城市转型

珠三角是我国经济高速增长、乡村城镇化加速发展的地区之一，并且是我国乡村城镇化水平最高的地区之一。珠三角特殊的区位优势、政策优势和土地使用权的有偿转让，成为吸引外资、乡镇企业突起的重要因素。在爆发式的乡村—城市转型过程中，各地区普遍面临着巨大的矛盾和危机：城镇规模和人口激增、土地资源进展、生态环境破坏严重、社会问题突出。许多具有传统岭南聚落形态的村镇甚至还未被发现就已经变得面目全非，或被城市“圈地”成为城市的“肿瘤”——城中村，或被城市化的浪潮冲击得支离破碎，幸存下来的被带上“国家历史文化村镇”这个金钟罩的毕竟是少数。珠三角如何应对当前历史文化遗产受到空前重视和空前破坏并存的局面①，既顺应城镇化的进展又能保全具有传统文化特征的古村镇，既保护村镇的历史文化、传统格局又能促进村镇的社会经济发展，改善居住环境，是其面临的巨大挑战。

1.3.2.2 城乡二元结构问题仍然突出

由于长期以来的城乡分治和“重城轻乡”的思想，忽视对村镇规划建设的科学指导和有效调控，村镇发展动力不足。珠三角大量流动人口长期生活工作在城镇，但在就业、住房、医疗、子女入学、社会保障等方面却不能享受与常住人口同等的待遇，不利于城乡的和谐与稳定。

---

① 引自赵中枢.从文物保护到历史文化名城保护——概念的扩大与保护方法的多样化[J].城市规划，2001，25（10）：33-36.

1.4 研究对象、目标、方法、创新点

1.4.1 研究对象

1.4.1.1 珠三角的范围

珠三角的范围有狭义和广义之分，也有地理和行政上的不同划分。地理上的珠三角是指珠江入海口一带，东起东江石龙上游的园洲，西至西江羚羊峡东口，南起珠江八大口门中最南边的鸡啼门，北至北江三水上游的黄塘的广大区域；水文上的珠三角区是指西江、北江、东江、流溪河在高要、石角、石狗、博罗、麒麟咀等水文站以下的地区。[①] 按照 1994 年广东省政府提出的珠三角经济区概念和珠三角城市群规划的定义，珠三角包括广州市、深圳市、珠海市、佛山市、江门市、中山市、东莞市、惠州市的惠城区、惠阳区、惠东县、博罗县和肇庆市的端州区、鼎湖区、高要市、四会市，面积 4.17 万平方公里，占广东全省的 23.4%，2000 年常住人口 4077 万人（其中户籍人口 2306.6 万）。而“泛珠三角”概念包括广东、湖南、福建、海南、江西、广西、云南、贵州、四川 9 省（自治区）和香港、澳门 2 个特别行政区，简称“9 + 2”。

本课题的研究范围界定在 1994 年广东省政府提出的珠三角经济区概念范围基础上包括肇庆和惠州两市的完整区域。

1.4.1.2 概念辨析

（1）“历史文化村镇”概念辨析

“历史文化村镇”（historic towns and villages）: 2002 年全国人民代表大会颁布的《中华人民共和国文物保护法》中第一次明确提出了历史文化村镇的概念，即“保存文物特别丰富并且有重大历史价值或者革命纪念意义的城镇、村庄”。2003 年，建设部和国家文物局发布的《关于公布中国历史文化名镇（村）（第一批）的通知》（建村 [2003]199 号）对历史文化村镇的概念作了进一步完善，即“保存文物特别丰富并且有重大历史价值或者革命纪念意义，能较完整地反映一些历史时期的传统风貌和地方民族特色的镇（村）”。

“历史文化名城”（historic city）: 2005 年中华人民共和国建设部颁布的《历史文化名城保护规划规范》（GB50357-2005）对历史文化名城的定义是“经国务院批准公布的保存文物特别丰富并且具有重大历史价值或者革命纪念意义的城市”。

“历史文化街区”（historic conservation area）:《历史文化名城保护规划规范》（GB50357-2005）对历史文化街区的定义是“经省、自治区、直辖市人民

---

① 广东省地方史志编撰委员会，编 . 广东省志地理志 [M]. 广州：广东人民出版社，1999：211.

政府核定公布应予重点保护的历史地段，称为历史文化街区”。

（2）“保护”概念辨析

参照《历史文化名城保护规划规范》（GB50357-2005），给出相关术语定义。

“保护”（conservation）：对保护项目及其环境进行的科学的调查、勘测、鉴定、登录、修缮、维修、改善等活动。

“修缮”（preservation）：对文物古迹的保护方式，包括日常保养、防护加固、现状修整、重点修复等。

“维修”（refurbishment）：对历史建筑和历史环境要素进行的不改变外观特征的加固和保护性复原活动。

“改善”（improvement）：对历史建筑进行的不改变外观特征，调整、完善内部布局及设施的建设活动。

“整修”（repair）：对与历史风貌有冲突的建（构）筑物和环境因素进行的改建活动。

“整治”（rehabilitation）：为体现历史文化名城和历史文化街区风貌完整性而进行的各项治理活动。

1.4.1.3 研究对象

本课题研究对象是位于珠三角地区的国家级、省级、市级历史文化村镇，其中以国家级历史文化村镇为主要研究对象。自 2003 年首批国家历史文化村镇评选起，至 2017 年，广东省国家级历史文化名镇（村）共有 37 个，其中 21 个位于珠三角，包括 8 个历史文化名镇和 13 个历史文化名村。

1.4.2 研究目标

本课题研究的目标在于通过珠三角历史文化村镇保护历程及其在物质空间、社会经济、保护制度、保护规划以及文化旅游方面现实困境的总结及其原因分析，提出相应的保护对策，以期对历史文化村镇的保护工作有所启示，达到文化保护与经济发展双赢的目标，实现珠三角历史文化村镇的可持续发展。具体包括以下几个目标：

（1）对珠三角历史文化村镇的价值特征、保护历程、保护动力机制进行分析，以期寻求珠三角历史文化村镇最有特色和最值得保护的地方，研究保护历程中所受到的各种作用力，寻求保护的关键动力机制。

（2）通过运用社会学、新制度经济学和产权经济学的分析方法对珠三角历史文化村镇的保护历程及现实困境进行剖析，以期揭示现状保护不力的深层原因。

（3）运用多学科分析的方法，结合岭南地域文化特征，针对珠三角历史文化村镇在物质空间、社会经济、保护制度、保护规划以及文化旅游方面的现实困境，探讨珠三角历史文化村镇在制度策略、技术策略和实施策略三个层次上的保护对策，以期实现文化保护与社会经济发展的协调与同步。

基于上述研究目标，本课题研究内容共分为八章。

第一章简述珠三角历史文化村镇保护的问题与对策研究的背景、意义、国内外现状述评，以及研究的对象、目标、方法和创新点，指出珠三角历史文化村镇保护面临的机遇与挑战。

第二章分析珠三角历史文化村镇的主要特征，包括社会结构特征、经济发展特征和岭南传统聚落景观。根据村镇历史发展、功能特征、自然和人文景观资源以及它们的物质要素等特点，将珠三角历史文化村镇划分为传统农耕聚落文化型、侨乡外来文化型、建筑遗产型、革命史迹型、商贸交通型和名人史迹型六种类型。

第三章对珠三角历史文化村镇的保护历程、保护动力机制和保存状况进行分析。珠三角历史文化村镇的保护历程可分为列入文物保护单位、建立历史文化村镇保护制度、历史文化村镇保护的全面推进三个阶段。历史文化村镇保护的具体动力，概括起来可归为政策力、经济力、社会力三个基本作用力。在分析了珠三角城市化对历史文化村镇产生的负面影响后，对历史文化村镇自身机能的衰退进行了论述，包括物质性衰退、功能性衰退和结构性衰退。

第四章通过深入走访珠三角历史文化村镇政府官员、村镇管理人员、村民、业主、规划专家、学者等，对珠三角历史文化村镇保护所面临的物质空间生存、社会经济发展、保护制度、保护规划以及发展文化旅游事业五个方面的现实困境展开论述，并针对这些现实困境，从社会、经济、行政管理、城市规划等多角度进行剖析，找出产生这些问题的关键因素所在，揭示珠三角历史文化村镇保护不力的根本原因，并对比了江南古镇的保护特点及现状问题。

第五章借鉴国外先进的历史村镇保护制度，从中得出完善珠三角历史文化村镇保护对策的启示。

第六章针对珠三角历史文化村镇保护的制度困境，提出保护制度策略，包括土地流转治理“空心村”、建立明晰的文化遗产保护体系、建立登录制度与指定制度相辅相成的保护机制的法律制度策略；建立责任明晰的管理主体和分权化的管理环境，建立监管制度和古建修缮与新建建设管理机制以及历史文化村镇行政考评指标体系参考模型的行政管理制度策略；建立多元化的资金筹措途径和运作体制的资金保障制度策略以及对非正式制度乡规民约的利用。

第七章针对珠三角历史文化村镇保护的规划困境，提出保护技术策略。结合规划新理念进行理性思考和适应性归纳，提出历史文化村镇保护规划系统的技术流程模式和保护规划实施评价以及公众参与模式，并以大屋村保护规划和塘尾村保护规划为实证案例研究。此外，针对珠三角炎热、多雨、潮湿的气候环境，对古建筑修缮技术的运用加以论述，使得技术策略更加完善。

第八章提出实施策略。实施策略包括三大部分：针对物质空间采取城乡一体、有机更新的策略；针对社会经济采取动态保护、协同发展的策略；针对文化旅游采取以文养文、建立文化产业集群的策略，并最终在综合制度、技术和实施三层次策略的基础上建立起相关多学科，构筑历史文化村镇保护策略体系。

1.4.3　研究方法

1.4.3.1　研究方法

（1）跨学科研究方法的综合运用。历史文化村镇保护的问题复杂，涉及社会、经济、管理、建筑、法规等方方面面，牵涉到政府、村委、民众、开发商、乡镇企业等许多利益相关主体，仅靠单一学科知识无法厘清其中的复杂关系，本课题以建筑规划学科的专业知识为基础，借鉴社会学、经济学、地理学、管理学等交叉学科的理论分析珠三角历史文化村镇保护存在的问题与对策，力求提出问题准确，分析问题到位，解决问题实用。

（2）理论分析与实证考察相结合。本课题在对珠三角历史文化村镇样本的实地考察基础上，运用制度经济学、社会学、建筑学等学科理论对其存在问题进行分析，再将理论分析的结果与现实相对照，力求实现理论与实践的统一。

（3）宏观环境与微观主体分析相结合。宏观上主要是分析国家的政策环境，如制定的一系列法规政策、地方政府颁布的管理条例对于历史文化村镇的影响，而微观上则以实际案例分析个体如何在宏观环境背景下具体发生作用，以及对于政策环境的反作用。

（4）共性研究与个性研究相结合。珠三角历史文化村镇在同一地域、文化背景下其形态特征、保护历程、存在的矛盾与问题有统一性，也有多样性，有共性，也有个性。而历史文化村镇的保护又是一个跨越时空的漫长过程，本课题的研究不但分析了这些历史文化村镇在整个城市化进程中的保护历程，也选取了当前处于不同社会背景下历史文化村镇的个案进行详细研究，使得问题和对策的提出既有一定的普适性又有针对性。

1.4.3.2　资料来源与评估

（1）资料来源

本课题研究所依据的资料主要是笔者（与研究小组）对历史文化村镇调查的第一手资料，也包括一些其他机构和人士进行的调查所取得的二手资料。它们可以分为以下几类：

1）对珠三角历史文化村镇的实地考察。包括对珠三角及其周边地区国家级和省、市级的历史文化村镇进行概貌式的考察和对若干特定的历史文化村镇进行详细考察。这些详细考察的历史文化村镇包括广州市番禺区的沙湾镇、石楼镇大岭村以及肇庆市北市镇大屋村、东莞市石排镇塘尾村等，将对其的所观所感所闻作为论文的基础。

2）对历史文化村镇居民的访谈和问卷调查。珠三角历史文化村镇保护问卷调查采取封闭式与开放式相结合的设计方式，共计发放问卷403份，有效回收377份，有效率达93.5%。有效回收问卷中，151份关于珠三角历史文化村镇问卷调查（附录3），95份关于肇庆市广宁县大屋村居民问卷调查（附录4），131份关于东莞市石排镇塘尾明清古村保护与发展调查问卷（附录5）。在拟作为典型案例研究的沙湾镇、大岭村、大屋村、塘尾村，对居民和暂住人口进行了随机访谈，对个别熟悉本村、镇情况的居民进行提纲式的详细访谈。

3）对于相关政府部门和其他组织的访谈。对部分省、市、区、镇、村的建设、规划、文化、国土、博物馆、村委会、管理委员会等部门相关负责人进行了访谈；特别是对亲自参与历史文化村镇申报和管理实施的关键人物进行详细座谈，对参与历史文化村镇保护规划的专家学者以及设计人员进行访谈。

4）规划设计资料和申报材料的收集。本课题收集研究了珠三角内及其周边地区历史文化名城、历史文化村镇的总体规划、保护规划、新农村建设规划和建筑修缮设计方案，对历史文化村镇的申报材料进行收集分析。

5）统计资料。宏观方面主要是国家、省、市政府发布的统计公报和年鉴；微观方面主要是各研究对象村镇最近几十年的统计年报、人口资料（包括公安机关登记的户籍人口资料、计划生育部门提供的人口自然增长率资料和统计部门提供的第五次人口普查资料）、申报材料和地方年鉴史志等资料。

6）文献查阅。本课题研究过程中几乎查阅了所有与历史文化村镇有关的文献著作，查阅了从1980年以来城市规划、建筑学、经济学、地理学、社会学等不同学科对历史文化村镇研究的学术刊物，此外还对相关专题的学位论文、会议论文和政策文件在互联网上和部分报刊上进行了检索。经过对这些文献的分类整理可知：出于自身研究方法的学科差别和实地调研的局限，经济学、社会学领域的研究和城市规划建筑学方面的研究基本是互相独立进行的。在城市规划和建筑学领域主要对历史文化村镇（过去称古村落、古镇）的形态演变、建筑特征、保护方法进行研究，对于历史文化村镇的社会、经济、制度与保护问题等进行跨学科的研究较为罕见。

（2）资料评估

1）关于现场调查。历史文化村镇现场调查所收集的资料是相对客观可信的。

但由于时间和精力有限，笔者的现场观察一般只能对珠三角历史文化村镇的表象做初步了解。但是选取个案进行深入调查和探访在一定程度上弥补了面上调研深度的不足。

2）关于问卷访谈。考虑到访谈对象样本的数量有限，访谈对象选取的偶然性因素可能会造成某些访谈项目的结论存在局限性；问卷调查的发放同样存在以上问题。对政府部门和其他组织的访谈主要是为了了解某些制度、政策出台和实施背后的详情，为管理、建设补充鲜活的素材，弥补统计资料的不足。但这些访谈材料也同样存在着由于被访谈人的因素而带来的误差。对此，笔者对同一问题采取多次访谈、多方论证的方法，力求客观、科学。

3）关于规划设计资料。规划和设计资料所能体现的主要是规划委托方（一般是各级政府、村委会）和编制单位对于历史文化村镇发展的期望，并不一定意味着事实如此或者必将向这种方向发展。由于我国尚缺乏对于规划实施效果的制度化跟踪评价机制，规划的实施情况和规划对于村镇所发生作用都是因时因地而异。但是，这些规划和设计所收集的基础资料对于研究特定村镇的历史演进和现状面临的问题很有帮助。

4）关于申报材料。历史文化村镇的申报材料包含历史文化名镇（村）申报表、历史文化名镇（村）评价指标体系表、历史文化名镇（村）基础数据表、介绍村镇情况的申请报告、保护规划、能反映传统建筑群风貌的多媒体光盘、电子幻灯片等。申报材料对了解村镇规模、历史传统建筑群的原貌保存情况、现状规模、空间分布以及村镇环境条件、社会经济建设状况很有帮助，从申报文件下达的时间可以反映出部门领导的重视程度和行政效率问题。个别村镇因为换届、没有备案等原因，申报材料已经丢失，这也反映出管理不到位的问题。对申报材料的研究发现，有的村镇为了满足历史文化村镇的评选条件不惜篡改数据、造假材料，这不仅削弱了评选的权威性和严肃性，偏离了文化遗产保护的原真性原则，更与评选历史文化村镇的目的背道而驰。

5）关于统计资料。对于政府公布的统计数据、地方年鉴、史志等，一般而言具有较高的权威性和可信度。但对于基层单位上报的经济统计数据则存在人为调整的因素。在人口方面，由公安机关提供的户籍人口数通常是准确的，但是暂住人口由于流动变化迅速、统计口径不一和部门利益的影响，很难得到准确的数字。

6）关于文献研究资料。独立机构和学者的研究有着相对客观中立的价值取向，不存在自身的利益驱动而带来的主观性，但是这也不能保证他们所引用的原始素材的客观性，况且许多珍贵的历史资料已经无从考证。总体来说，目前历史文化村镇研究的理论系统性和调查数据的覆盖面都是很有限的。

1.4.3.3 技术路线

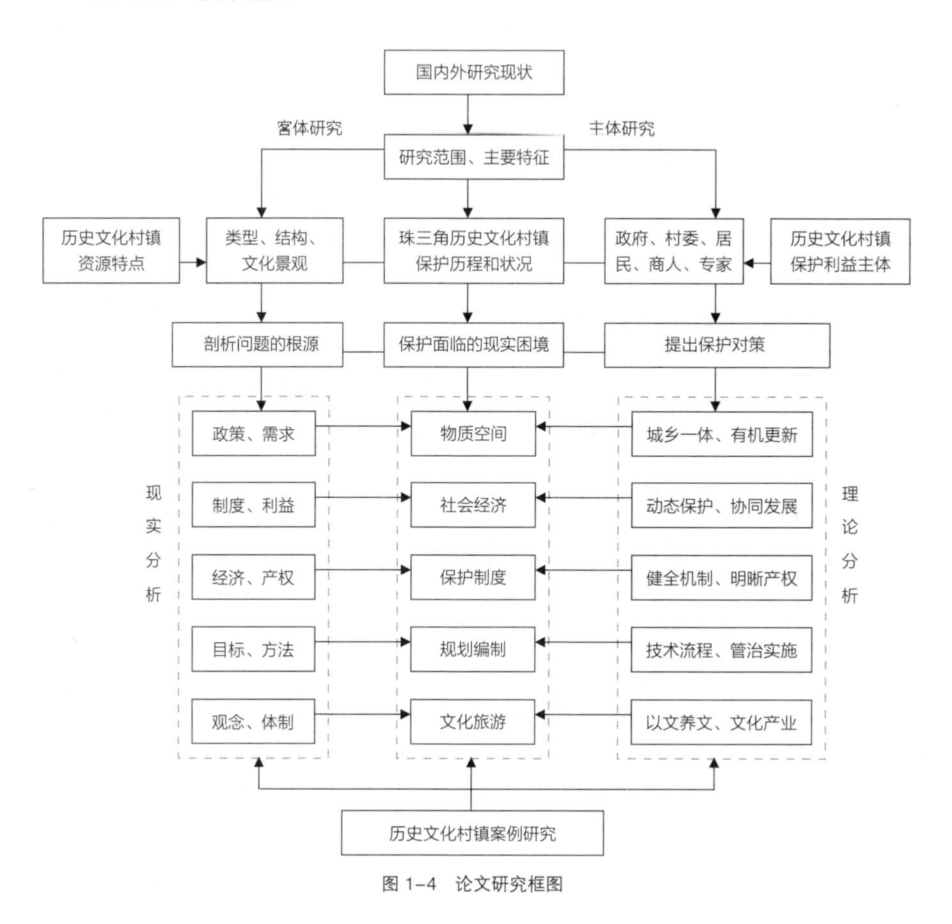

图 1-4 论文研究框图

1.4.4 研究创新点

本课题的研究紧密结合历史文化村镇保护的现实需求，运用多学科的分析方法对珠三角历史文化村镇的保护历程、现实困境及内在原因进行分析，提出促进珠三角历史文化村镇可持续发展的对策和建议。

本课题的创新之处主要体现在以下几个方面：

（1）研究内容：较为系统地研究了近三十几年来珠三角历史文化村镇的保护历程，动态地考察了保护过程中相关利益群体的行为，将其划分为列入文物保护单位、建立历史文化村镇保护制度、保护的全面推进三个阶段，在剖析了其保护中面临的物质空间、社会经济、保护制度、保护规划以及文化旅游的现实困境及深层原因的基础上，提出建立制度策略、技术策略和实施策略的相关多学科构筑历史文化村镇的保护策略体系。

（2）研究理论：

①根据珠三角历史文化村镇的历史发展、功能特征、自然和人文景观资源以及物质构成要素特点，将其划分为传统农耕聚落文化型、侨乡外来文化型、建筑遗产型、革命史迹型、商贸交通型和名人史迹型六种类型。

②在借鉴国外历史村镇保护制度下，提出建立在新制度经济学、产权经济学和公共管理学等学科理论基础上的制度策略。包括土地流转治理“空心村”、建立明晰的文化遗产保护体系、建立登录制度与指定制度相辅相成的保护机制及法律制度策略；建立责任明晰的管理主体和分权化的管理环境、建立监管制度和古建修缮与新建建设管理机制以及历史文化村镇行政考评指标体系参考模型的行政管理制度策略；建立多元化的资金筹措途径和运作体制的资金保障制度策略以及对非正式制度乡规民约的利用。

③回顾了历史文化村镇保护规划的发展，总结了现行珠三角历史文化村镇保护规划存在的问题，结合规划新理念进行理性思考和适应性归纳，提出历史文化村镇保护规划技术流程模式、保护规划实施评价模式和公众参与模式的技术策略。

④在全球文化产业发展的大背景下提出以文养文的实施策略，通过产业区位理论的解释，以产业集群理论为基础，提出利用珠三角作为广东省历史文化遗产集中地的优势，以及良好的区位、便利的交通、开放包容的政策环境发展与文化保护相适应的主导产业，构建文化产业集群的理论。

（3）研究方法：结合新制度经济学、社会学、行政管理学等相关学科的有关知识对珠三角历史文化村镇的保护进行研究，对于珠三角历史文化村镇的社会、经济、制度、文化等方面进行跨学科研究，拓展了城市规划学科对历史文化村镇保护的研究视角。

本章小结

本章简述了历史文化村镇保护研究的背景、意义，总结和分析了国内外相关的研究现状，分析了珠三角历史文化村镇保护面临的机遇与挑战，概括了本课题研究对象、目标、方法和创新点。

第二章

珠三角历史文化村镇的主要特征

2.1 类型划分

2.2 社会结构特征

2.3 经济发展特征

2.4 典型的岭南传统聚落景观

2.5 明确保护对象

2.1 类型划分

根据珠三角历史文化村镇的形成历史、村镇功能、自然和人文景观及物质要素等综合特点，可以将其划分为传统农耕聚落文化型、侨乡外来文化型、建筑遗产型、革命史迹型、商贸交通型和名人史迹型六种类型。

2.1.1 传统农耕聚落文化型

珠三角乡土聚落因自然地理差异、地域开发不平衡、族群构成不同、外来文化等因素影响形成不同的文化景观。总体上遵循中国传统宗法礼制思想，以“秩序化”的整体思想来指导营建，形成以里巷为单位、规整的聚落结构。村落顺坡而建，前低后高，地高气爽，利于排水。它坐北向南，朝向好，通风好，村落前面有广阔的田野和大面积的池塘，东西和背面则围以树林，村落主要巷道与夏季主导风向平行。[①] 这种聚落形态被陆元鼎教授称为“梳式布局”，是广府地区一种普遍的聚落形式。如佛山大旗头村是典型的梳式布局（图 2-1），平面规整，村落巷道如梳齿般纵向排列。建筑群密集整齐，内部布局采用广东民居典型的三间两廊式。村落集民居、祠堂、家庙、第府、文塔、广场、晒坪、池塘于一体，小巷纵横，是珠三角典型的传统农业聚落文化景区。

图 2-1 三水大旗头村总平面

资料来源：三水大旗头村文物保护规划 . 2004

① 陆元鼎，魏彦钧 . 广东民居 [M]. 北京：中国建筑工业出版社，1990：22.

虽然不同村落组成的主体元素各有不同，如东莞南社村由祠堂、书院、家庙、古榕、楼阁、寨墙、里巷、牌门等构成，东莞塘尾村则由围墙、炮楼、里巷、祠堂、民居、古井、池塘等组成，但我们可以从中找出珠三角具有农耕聚落文化景观村镇的共性特征，那就是祠堂、民居、水塘、榕树。此外，珠三角传统建筑都具有石雕、砖雕、木雕、灰塑及陶塑等具有岭南艺术特色的装饰构件。

图 2-2　番禺大岭村总平面
资料来源：广州市番禺区大岭村历史文化保护区保护规划 .2005

有的村镇在保持了梳式布局的基本特征以外，又与岭南水乡的地形有很好的结合。广州番禺大岭村聚落总体布局既类似于珠三角的平原、丘陵交错地带的传统规整梳式布局（后倚菩山，前对河涌），又有玉带河、石楼河涌埠头景观的岭南水乡之小桥、流水，属介于自由式岭南水乡布局与规整梳式布局之间的过渡聚落类型（图 2-2）。[①]

2.1.2　侨乡外来文化型

具有外来文化特征的历史文化村镇主要分布在我国著名的侨乡江门市，开平赤坎镇有海外华侨、港澳台同胞 7.2 万人。20 世纪 20 ~ 30 年代大量归侨华人回到家乡，沿赤坎镇堤西路一带修筑了他们在海外所见的西洋建筑（图 2-3），当时的建材多是从国外进口经香港转运过来的，结构坚固，造型精美，沿江马路遍植水桐树。潭江连接香港商运，商船来此装卸，底层的商铺直接进出货，赤坎因此商贸发达。

图 2-3　开平赤坎镇堤西路

分布江门开平城乡各地的 1833 座碉楼更是开平华侨文化的结晶，它具有独特的地域性，既深含中国传统文化、侨乡文化的底蕴，又带有浓郁的欧美文化气息，被誉为“华侨文化的典范之作”，是建筑艺术中外合璧的完美融合，其建筑之精美，风格之多样，保存之完好，分布之集中，在国内是独一无二的。开平自力村拥有碉楼和居庐 15 座，包括龙胜楼、养闲别墅、云幻楼、铭石楼、兰生居庐、湛庐

① 朱光文 . 广府传统的复原与展示——番禺大岭古村聚落文化景观 [J]. 岭南文史，2004（2）：25-34.

等等。这些碉楼和居庐错落有致地分布在大量的良田和草地中，具有浓郁的田园风光（图 2-4）。

2.1.3 建筑遗产型

建筑遗产型村镇是遵循我国传统规划布局模式、已形成一定规模、反映着不同时期文化特征的历史建筑群（图 2-5 ~图 2-7）。如广州沙湾镇始建于宋代，自古商业繁荣，八百多年来孕育了沙湾独具广府乡土韵味的文化，是闻名遐迩的珠三角古镇之一。沙湾古镇至今完整保存着“三街六市”的粤中地区典型商业市镇格局。沙湾镇现有 7 万平方米的古建筑群，反映了古沙湾从南宋以来，各个历史时期的传统风貌和地方特色、民族风情，是沙湾及广府民间文化多种类型的物化表现。

图 2-4 开平自力村碉楼

图 2-5 番禺沙湾镇安宁西街

图 2-6 深圳鹏城村大鹏所城

图 2-7 珠海唐家湾镇

元初，沙湾何族修建始祖祠堂留耕堂；元末明初，沙湾东向建有李忠简祠，以忠简祠为中心，形成了最初的东村村落，也形成了较早的小集市和街市；明代，留耕堂分支的孔安堂成为西村的中心，西村向东又形成一列小祠堂扩展到安宁市的中心，建成衍庆堂；明清至民国，萝山里猪腰岗的山脊向东顺斜坡发展成鹤鸣巷及青萝大街，延伸成为长长的坡脊主道，称之为“陂”，因行车马而称为“车陂”。为出入方便，有钱人家沿车陂建大屋，形成车陂街。车陂街前安宁街中段随之形成集市，称为安宁市，西段形成安宁西街，随即成为西村乃至沙湾古镇区最主要的街道(图 2-8),是明清至民国沙湾主要的产业街,至今仍是沙湾的商业中心之一。

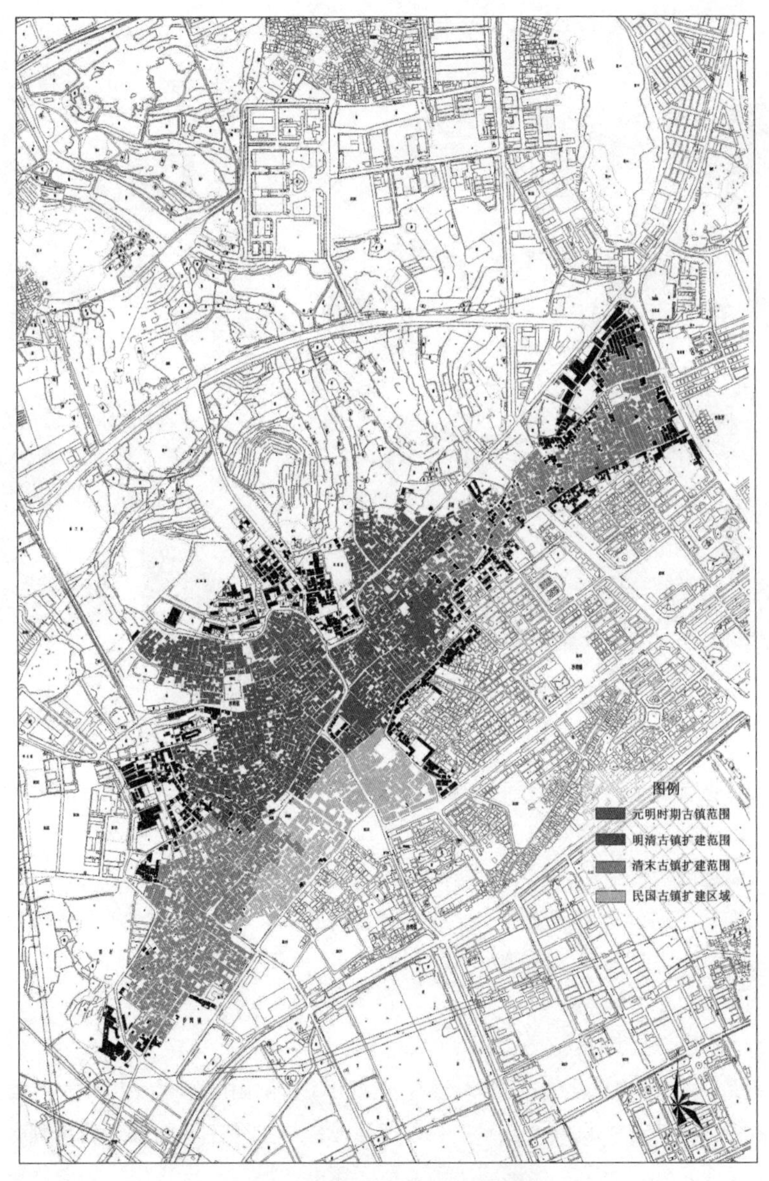

图 2-8　番禺沙湾古镇城镇建设扩建图

资料来源：沙湾古镇安宁西街历史街区保护规划（终审成果）.2006

2.1.4 革命史迹型

革命史迹型的村镇在历史上曾担任过重要的抵御外侵功能，发生过重大的战役事件或政治事件。如深圳大鹏镇鹏城村的大鹏所城始建于明洪武 27 年（公元 1394 年），当年全称为“大鹏守御千户所城”（图 2-9）。自明初建城以来，大鹏所城一直担负着深港地区的海防安全，多次抵御和抗击了葡萄牙、倭寇和英国殖民主义者的入侵，是明清时期反抗外侮、捍卫主权的主要海防堡垒之一。

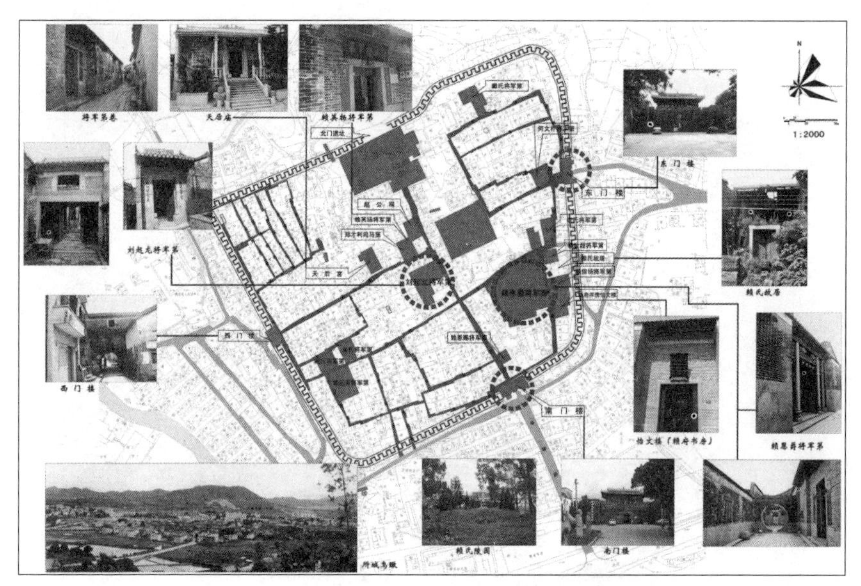

图 2-9 深圳鹏城村大鹏所城主要古建筑分布图

资料来源：广东省深圳市大鹏所城保护规划 . 2004

珠海唐家镇从近代开始闻名于世。唐家湾镇地处珠三角近海地带的要隘，鸦片战争前夕，广东水师提督李增率大军驻唐家，指挥运载沙石堵塞金星门，阻止英国人偷运鸦片。继后，邑人轮船招商局总办唐廷枢开辟了唐家湾至香港、上海航线，加强了对外界的经济交往。辛亥革命胜利后，孙中山先生在《建国方略》中认为唐家环是广东第二重门户，要“设置要塞，藉固吾圉”。

2.1.5 商贸交通型

商贸交通型村镇对区域经济发展有较大影响。佛山顺德碧江村属于此类历史文化名村。清咸丰《顺德县志》中载碧江属龙头堡，民夹水而居，百货辐辏。由于水上交通方便，历史上已形成集市，百多年前已形成三圩六市，为顺德县农村四大圩镇之一，素有“文乡雅集”之称。造纸、腌笋非常有名，米行等各业兴盛，为广州货物的大中转站之一。

东莞市石龙镇地处东江咽喉，自明代建圩以来一直是东江流域的重要交通枢纽和商业重镇（图 2-10）。清末民初石龙以商贸驰名，曾与广州、佛山、顺德陈村并称广东四大名镇（旧称“省、佛、陈、龙”）。“石龙今日市廛开，车马纷纷涌进来，午后酒阑人尽散，白云依旧锁苍苔”是石龙当时繁华情景的真实写照。

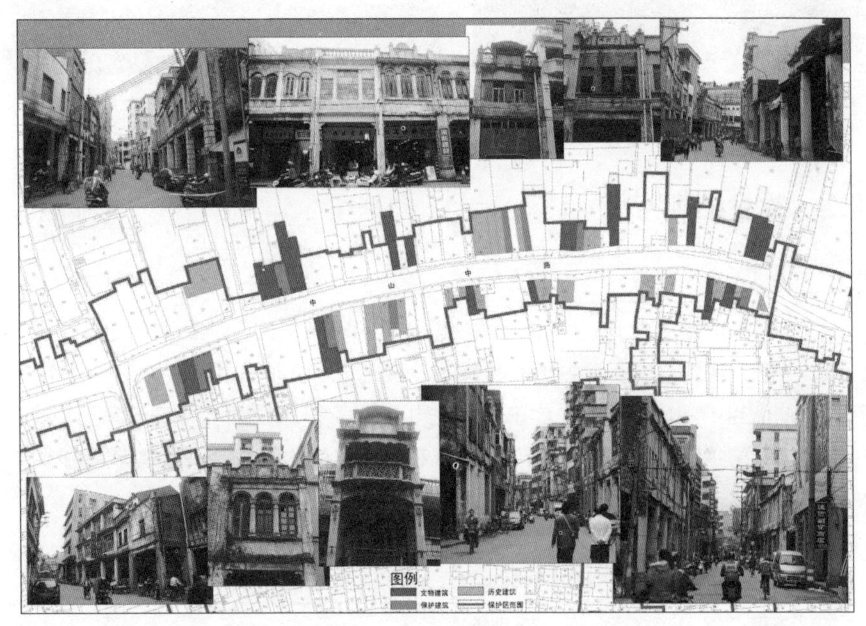

图 2-10　东莞石龙镇中山中路传统商业街平面

资料来源：东莞市石龙古镇保护规划 .2007

2.1.6　名人史迹型

中山市因为孙中山的故乡南朗镇而举世闻名，南朗镇因为孙中山先生而名噪天下。在南朗镇翠亨村的西南边，有一座占地面积 500 平方米、建筑面积 340 平方米、坐东朝西、窗多门多、屋内纵横相通的建筑，这就是名扬天下的孙中山故居（图 2-11）。翠亨村也因有了孙中山故居而吸引了无数游客、学者。

位于广东惠阳秋长镇周田村的叶挺故居是叶挺祖父叶沛林所建（图 2-12）。一百多年来，虽战火频繁，叶挺故居却没有被破坏，中华人民共和国成立后一直得到党和人民政府的保护。1986 年叶挺故居被列为广东省重点文物保护单位，2006 年列为国家重点文物保护单位。2002 年 9 月 10 日，江泽民同志亲笔为故居题匾。故居内有 150 多件文物、照片。叶挺将军从小在这里立下救国救民的崇高理想，从一个民主主义者成长为伟大的共产主义战士。

图 2-11 中山翠亨村孙中山故居

图 2-12 惠州秋长镇叶挺故居

2.2 社会结构特征

2.2.1 人口结构

广东省人口密度为 511 人／平方公里，其中珠三角人口密度为 832 人／平方公里。[①] 据五普资料揭示，中国目前有 1.2 亿流动人口，其中跨省流动的达 4000 万人，他们当中 1160 万流入广东，其中约 90% 流入珠三角。[②] 珠三角历史文化村镇人口结构中，有相当部分是外来人口。在村镇居住的原居民多数是老人和小孩。村镇户籍人口自然增长缓慢，而流动人口往往缺乏统计数据（表 2-1）。

按照综合特色分类法划分的珠三角历史文化村镇类型　　表 2-1

类型名称	典型特征	实例
传统农耕聚落文化型	总体上遵循中国传统宗法礼制思想，以“秩序化”的整体思想来指导营建，形成以里巷为单位、规整的聚落结构	大旗头村、南社村、塘尾村、大岭村、西溪村、歇马村等
侨乡外来文化型	以吸取海外文化而建造的中西合璧的建筑	赤坎镇、自力村等
建筑遗产型	运用我国传统的规划布局理论建成，较完整地保留了反映着不同历史时期文化特征的历史建筑群	沙湾镇等
革命史迹型	在历史上曾担任过重要的抵御外侵功能，发生过重大的战役事件或政治事件	鹏城村、唐家湾镇等
商贸交通型	历史上曾经以商贸交通作为主要职能，对区域经济发展有较大影响	碧江村、石龙镇等
名人史迹型	历史上曾经出现过闻名天下的重要人物	翠亨村、秋长镇等

① 中华人民共和国国家统计局．广东省 2005 年全国 1% 人口抽样调查主要数据公报．http：//www.stats.gov.cn/tjgb/rkpcgb/dfrkpcgb/t20060320_402311911.htm

② 桑东升．珠三角地区村镇可持续发展的实践反思 [J]. 城市规划汇刊，2004，151（3）：30-32.

2.2.1.1 历史文化名村人口

珠三角历史文化名村人口随各村规模、经济不同，差异较大。多数自然村人口规模上千，如南社村从 1999 年开始人口超过了 3000 人（图 2-13），现籍人口 3500 多人，其中一半以上是外来人口（图 2-14），塘尾村现有人口 1000 多人。有的行政村人口接近 1 万，如碧江行政村，共有 8780 人，其中非农业人口 4690 人。但有的自然村常住人口只有几百人，如自力村，虽然由和安里、合安里和永安里 3 个自然村组成，但现有常住人口只有 179 人，农户 63 户，海外侨胞 248 人，翠亨村常年居住人口才 200 人。

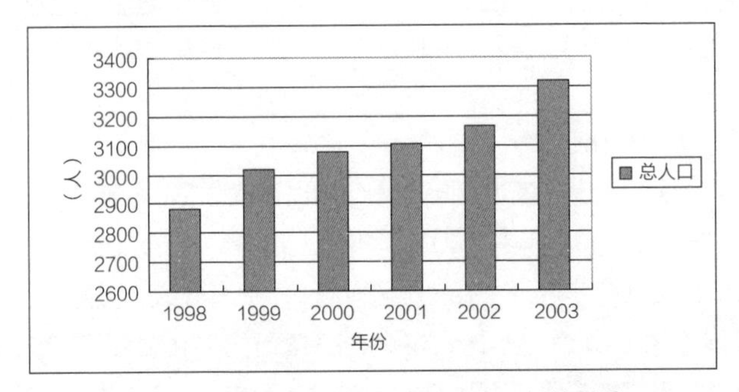

图 2-13 东莞南社村 1998 ~ 2003 年总人口增长统计

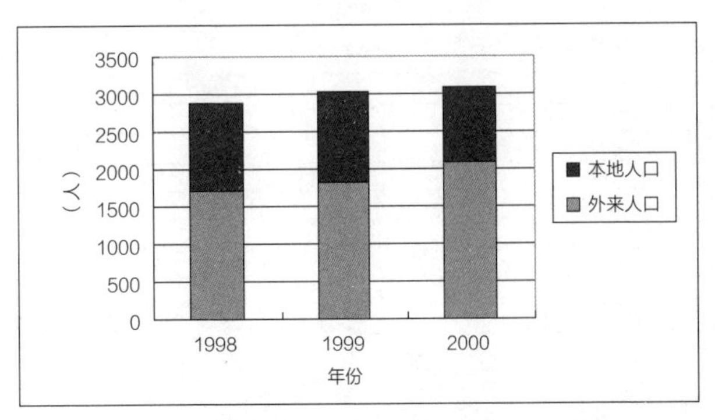

图 2-14 东莞南社村 1998 ~ 2000 年外来人口比重图

大鹏所城内现状居住人口约 1600 人，其中大部分为外来临时租住的人口，只有大约 20 个高龄原居民还住在古城老宅中。由于城市化进程以及古城本身的基本居住环境得不到有效改善，本地居民大都移居他处，迁入的居民多为鹏城附近工厂和核电站的民工，他们大部分来自湖南、四川、江西等地，文化水平普遍较低。

大旗头村总人口在过去的 20 年间基本维持在 1200 ~ 1500 人之间，自 1985 年开始维持缓慢而小幅度增长的趋势（图 2-15）。

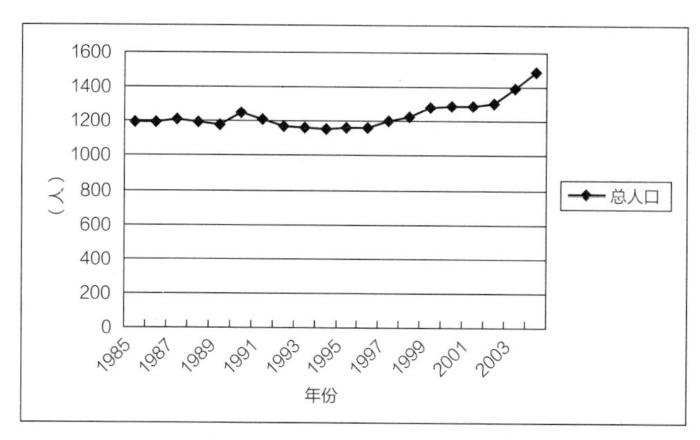

图 2-15 三水大旗头村 1985 ~ 2004 年总人口增长统计

2.2.1.2 历史文化名镇人口

珠三角发达地区的中心镇近几年来人口明显激增，2000 年以前许多中心镇人口在 10 万人左右，2000 年到 2003 年期间大部分中心镇人口呈成倍增长态势，如虎门镇人口由 2000 年的 11.1 万人猛增到 2003 年的 70.5 万人，这归因于簇群经济的发展（图 2-16）。相比之下，珠三角历史文化名镇多年来总人口增幅不大，有的镇区自然增长率甚至呈负增长趋势，而外来人口比重占总人口的 70% 左右。

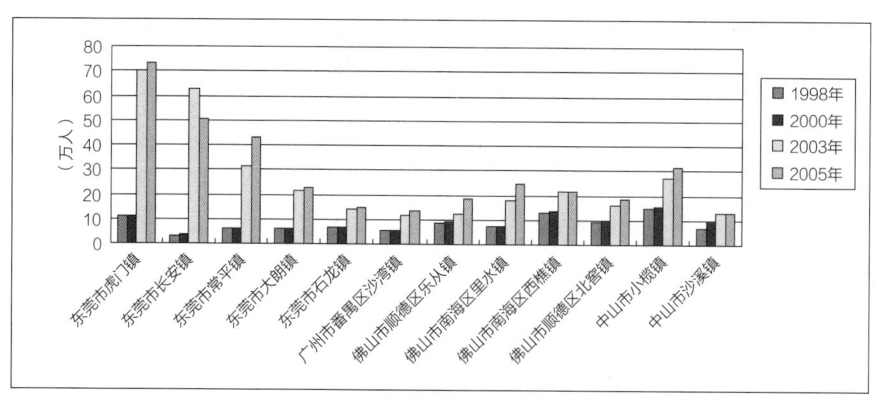

图 2-16 珠三角中心镇 1998 ~ 2005 年总人口增长统计

广州番禺沙湾镇也是中心镇，总面积 52.5 平方公里，有 17 个行政村和 5 个社区居民委员会。1990 年沙湾镇常住总人口 4.9 万人，非农业人口 1.6 万人。2000 年常住人口 5.58 万人，其中外来人口 4.88 万人，2003 年常住人口增至 6.05 万人，其中外来人口 5.93 万人，平均每平方公里 1152 人。从图 2-17 可以看出沙湾镇常住总人口从 1990 ~ 2003 年呈缓慢增长趋势，1996 年到 1997 年总人口出现了负增长，1997 年以后总人口增长相对较快（图 2-17）。

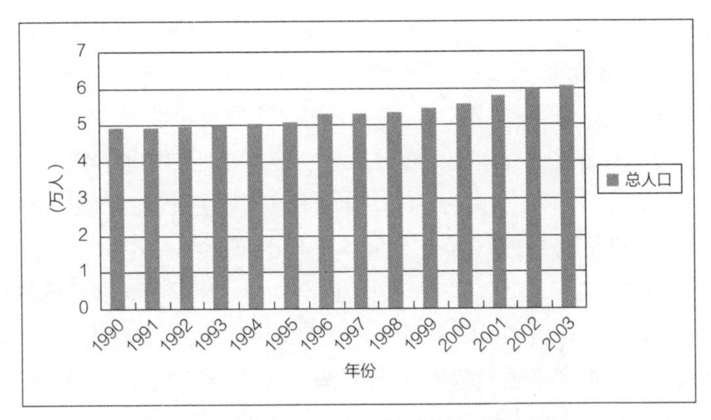

图 2-17　番禺沙湾镇 1990 ~ 2003 年总人口增长统计

开平赤坎镇全镇总面积 61.4 平方公里，2004 年的赤坎镇婴儿出生率为 0.778%，计划生育率 91.15%，自然增长率为 -0.038%。2006 年总人口 4.8 万人，海外华侨、港、澳、台同胞共 7.2 万人。

珠海市香洲区唐家湾镇由唐家、金鼎和淇澳三部分组成，面积 130 平方公里，设镇一级人民政权，下辖 16 个社区居民委员会。2002 年唐家湾地区总人口 8.97 万人，其中户籍人口 2.68 万人；2004 年唐家湾总人口增至 9.6 万人，其中户籍人口 3.25 万人。

东莞石龙镇户籍常住人口 6.7 万，外来常住人口 7 万多，旅居海外的华侨和港澳同胞 2 万多人。

总的来说，珠三角历史文化村镇人口结构特征是总人口增长缓慢，外来人口比重增大，人口呈老龄化趋势。人口密度每平方公里 500 ~ 1000 人左右。

2.2.2　宗族结构

自从封建家族制度形成以后，中国村落结构的基本构成就有一个十分显著的特点，即以村落为单位的聚族而居。绝大多数村落，从男系方面来说，都是同姓，同一个家族，都有着或亲或疏的血缘关系。人口众多的大家族，还可以聚居于附近的几个甚至十几个村落。少数村落即使众姓杂居，也必有一姓占多数。村落逐渐发展成为圩镇，虽然居民不断扩充，但主导势力依然是开村的主要姓氏家族。如大旗头村由广东水师提督郑绍忠晚年回乡建成，村内现存 60 多座、200 余间的古屋均为郑绍忠及其四子、家族的故宅。

2.3 经济发展特征

2.3.1 经济来源

改革开放以来，珠三角许多村镇依靠毗邻港澳的地缘优势、开放的政策环境以及廉价的土地和劳动力，吸引了大量外商投资，依靠“三来一补”的工业，使经济迅速发展起来（图 2-18）。珠三角大部分历史文化村镇近几年经济增长较快，农村人均年收入在 5000 元以上，经济来源主要是工业和农业，第三产业所占经济比重不大（表 2-2），如大岭村 2007 年全村工农业总产值 4553 万元，其中工业 3260 万元，农业 1293 万元。人均收入 8456 元，劳动力平均收入 14375 元，村委会财政纯收入 257 万元。[①] 有的村镇如自力村、歇马村，多数农户都有亲人在海外，侨汇是他们重要的经济来源之一。大旗头村自 20 世纪 80 年代以来，村民人均收入呈明显的递增发展趋势，20 年来村民人均年收入增加了近 10 倍（图 2-19）。2001 年大旗头村所在地佛山乐平镇工农业总产值 33.228 亿元，农民人均年收入 5612 元。2003 年，唐家湾镇农民年人均收入 5960 元。

依靠商贸发展起来的碧江村工商业是全村主要的经济来源。2003 年，碧江全年工商业总产值将超过 12 亿元。所在镇区北滘镇 2002 年，全镇国内生产总值 49.03 亿元，户籍人均国内生产总值 6080 美元。工农业总产值 200.3 亿元，其中工业产值 193.9 亿元，农业产值 6.4 亿元。工商税收收入 10.46 亿元，职工人均工资收入 11200 元，农民人均收入 5150 元，比去年增长 5%。

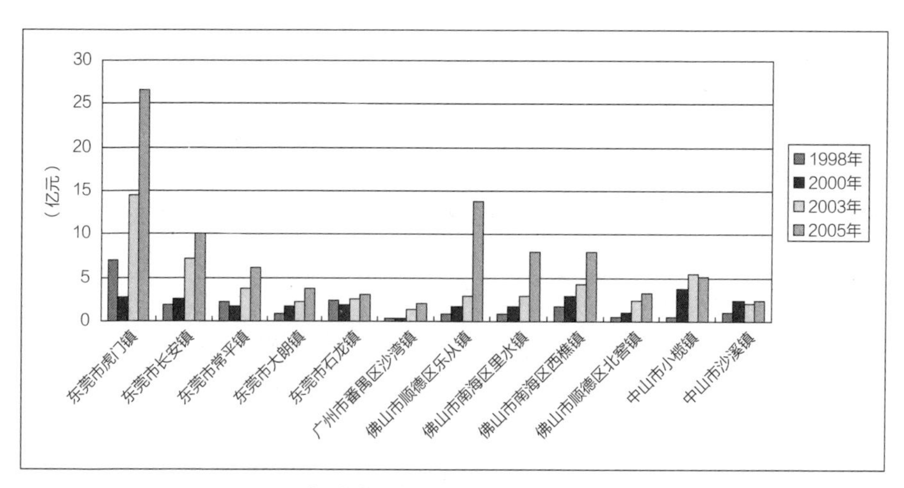

图 2-18 珠三角中心镇 1998 ~ 2005 年财政收入增长统计

① 引自《广州市番禺大岭村社会主义新农村建设规划》（评审稿）.2008.

珠三角历史文化名镇 1998 年主要经济指标　表 2-2

历史文化名镇	总人口（人）	总劳动力（人）	农村社会总产值（元）	农业总产值（元）	工业总产值（元）	财政收入（元）
广州市番禺区沙湾镇	53775	27218	478642	33238	404224	2586
珠海唐家湾镇	7900	3289	82775	2901	32388	1294
江门开平赤坎镇	50437	23292	155915	9668	101760	1128
东莞市石龙镇	65627	3970	17390	414	217533	23548
惠州市惠阳区秋长镇	29235	18430	150119	10413	135476	645

（资料来源：根据《广东统计年鉴 1999》资料整理）

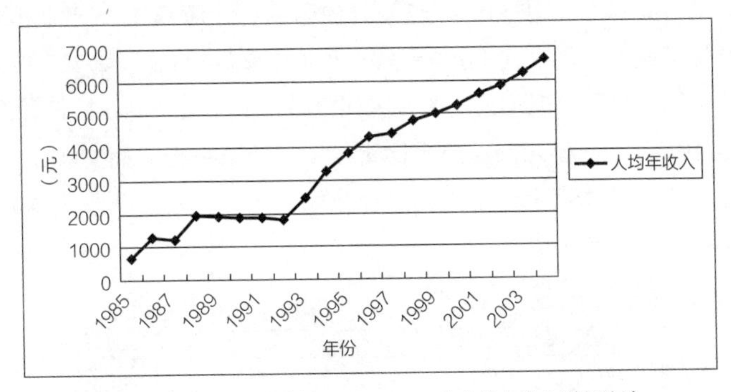

图 2-19　三水大旗头村 1985～2004 年人均年收入增长统计

沙湾镇自 1990 年以来经济增长势头良好，国内生产总值呈平稳增长趋势（图 2-20），2003 年，沙湾镇国内生产总值实现 28.8 亿元，比十年前增长了 10 倍以上，较上年增长 15.9%；工农业总产值 89.1 亿元，增长 13.7%；财政收入 1.36 亿元，增长 10.3%；职工年人均收入 12783 元，增长 6.6%，农民年人均收入 8977 元，比去年增长 5.6%。2005 年沙湾镇农民年人均纯收入增加至 10282 元。

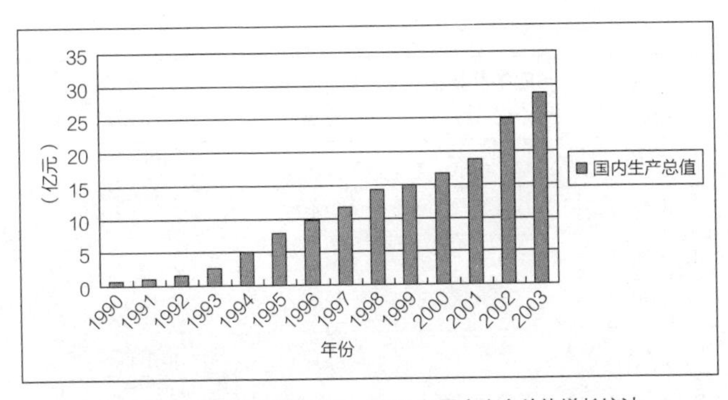

图 2-20　番禺沙湾镇 1990～2003 年国内生产总值增长统计

2.3.2 产业结构

珠三角的工业化进程和经济发展具有明显的“外向”带动特征，是经济全球化背景下，承接香港、台湾等地产业转移，引进欧美日等发达国家资本而发展起来的。其中，香港发挥了“核心”作用，一方面，大批港资企业北上珠三角，成为珠三角工业化进程的主导力量；另一方面，香港大力发展总部经济，台湾地区、欧美等跨国公司也纷纷把香港作为辐射大陆的区域性中心，通过强化货物运输、转口贸易、金融和股票市场发展，为珠三角工业提供产前、产后服务，形成区域分工互补格局，令珠三角工业走强而服务业趋弱。

珠三角历史文化村镇三大产业中第二产业所占比重较大，第一产业和第三产业所占比重较小。以沙湾镇为例，改革开放以后，沙湾镇三大产业的发展加快，产业结构发生了很大变化，总的趋势是第一产业比重有所下降，第二产业比重增大，第三产业比例稳中有升，但第三产业在国民经济中的比重仍然比较低（图 2-21），在第三产业中传统行业，如商业所占比重较大，而新兴行业如文化、信息、咨询等所占比重较小。总体而言，沙湾镇产业结构不合理，第三产业的发展与发达地区相比差距还很大（表 2-3）。

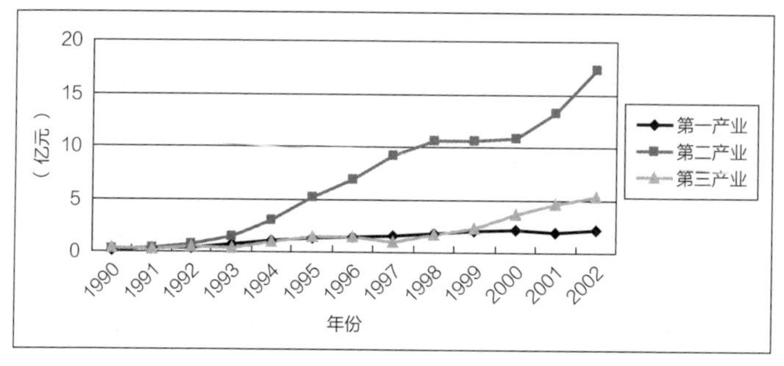

图 2-21 番禺沙湾镇 1990 ~ 2002 年三大产业国内生产总值

沙湾镇 1990 ~ 2002 年人口、经济增长 表 2-3

年份	总人口（万人）	国内生产总值（亿元）	第一产业（亿元）	第二产业（亿元）	第三产业（亿元）
1990	4.9491	0.6935	0.0859	0.225	0.3826
1991	4.9546	0.9833	0.3427	0.3906	0.25
1992	4.9716	1.5821	0.3721	0.7489	0.4611
1993	5.0236	2.5954	0.7109	1.4893	0.3943
1994	5.0579	4.9982	1.0321	3.0623	0.9038
1995	5.0914	7.9158	1.2917	5.1546	1.4695

续表

年份	总人口（万人）	国内生产总值（亿元）	第一产业（亿元）	第二产业（亿元）	第三产业（亿元）
1996	5.3198	9.7089	1.433	6.8583	1.4176
1997	5.3194	11.703	1.5663	9.1422	0.9945
1998	5.3674	14.2093	1.8281	10.6475	1.7283
1999	5.4471	14.9222	2.0309	10.6043	2.287
2000	5.5887	16.6398	2.123	10.8768	3.64
2001	5.7996	18.8237	1.9362	13.2395	4.558
2002	5.9764	24.84	2.1686	17.3584	5.313

资料来源：广州市番禺区沙湾镇总体规划（2003～2020）

2.4 典型的岭南传统聚落景观

2.4.1 岭南文化特征

岭南地区根据它的特殊地理环境和气候条件，综合形成的岭南文化特征可概括为三大文化体系和四大文化特征。三大文化体系即多元文化、海洋文化和商业文化。四大文化特征即兼容性、务实性、世俗性和创新性。① 早在古代，地处南海之滨的岭南地区商贸发达，岭南中心广州是古代“海上丝绸之路”的重镇，吸收外来文化的窗口，岭南又因大山阻隔而较少受到北方战乱和政治风波的干扰，逐渐形成重利实惠、灵活变通的社会风尚。近代西方资本主义生产方式和经济贸易进入岭南，进一步助长了岭南人务实求利，经世致用的价值观念，而珠三角历史文化村镇正是岭南文化特征的物化表征。

2.4.2 村镇整体格局特征

封建礼教是岭南古建筑设计的中心思想。中轴对称、方整有序、融合协调是岭南群体建筑布局的主流。广东农村村落布局形式大致有四种（图 2-22）：一是梳式布局系统，有的地区称为耙齿式布局，在广东大部分地区都有，是本省平原地区农村中最典型的村落布局形式；二是密集式布局系统，在粤东地区较多，是该地区代表性的村落布局形式；三是围拢式组团布局，是客家地区村落的代表形式；四是自由散点式或排列式布局，一般在少数民族地区采用较多。②

① 陆元鼎 . 岭南人文·性格·建筑 . 北京：建筑工业出版社，2005：42.

② 陆元鼎，魏彦钧 . 广东民居 . 北京：中国建筑工业出版社，1990：18.

a）梳式布局

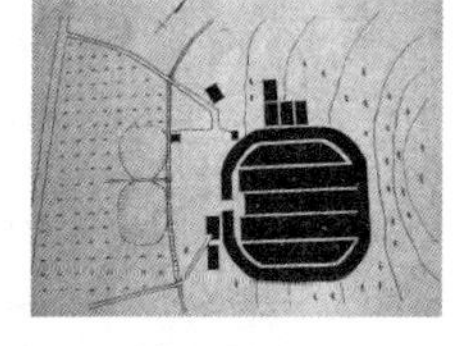

b）密集布局

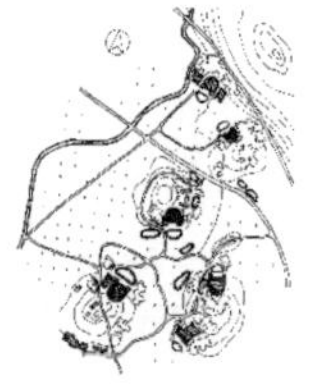

c）围拢式组团布局

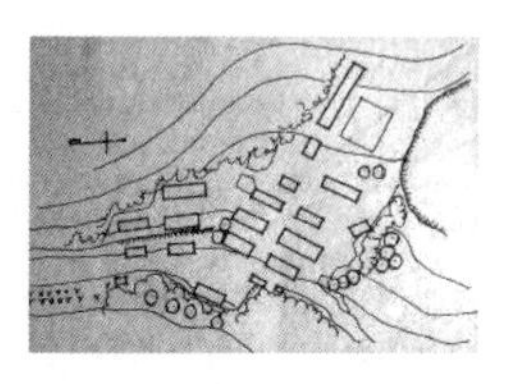

d）散点式或排列式布局

图 2-22 广东农村村落布局四种形式

资料来源：陆元鼎，魏彦钧．广东民居 [M]. 北京：中国建筑工业出版社，1990：19-35.

珠三角历史文化村镇受到中原文化、岭南文化的影响，有着共同的特征，同时又受到外来文化的影响，呈现出不拘一格、灵活变通的特性。村落多以祠堂为中心，按南北主轴，左右对称配置建筑。前有池塘蓄水，后有山林衬托。民居多为定型化，朴素自然，绕祠堂层层拱卫，并以庭院为核心，建筑绕院环列，形成了有秩序的岭南村落普遍格局。但由于岭南气候炎热潮湿，要求室内通透凉快，创造了外封闭内开敞的布局形式。巷道纵横有序、网脉清晰，主要巷道与夏季主导风向平行，南北排列成行，并留出“火巷”作为聚落内的防灾疏散通道。

2.4.2.1 以水为脉

水乃万物生长之源，我国自古以来选址定居都十分讲究近水，或靠近江河，或挖池引水，形成临近水塘格局，孔子有曰“仁者乐山，智者乐水”。《水龙经》曰“后有河兜，荣华之宅；前逢池沼，富贵之象。左右环抱有情，堆金积玉。”水在中国传统文化中是财富的象征。珠三角本是由珠江的西江、北江和东江入海时冲击沉淀形成，水系发达，因此，每个传统村镇都临近自然水系，沿水生长，并在村镇前挖池傍水（图 2-23），以“荫地脉，养真气”，或聚财、兴文运，利用气流经水降温的原理调节村镇气候。有的村镇将水置于村的中间，与日常生活息

图 2-23 惠州秋长镇碧滟楼

相关。如东莞南社村的中间由四个不规则的水塘构成一个相对独立而又连成一体的长形大水塘，既美化了村落景观，又利用水塘养鱼以改善村民生活。有的村镇建于沙田之上，如古镇沙湾因位于古海湾半月形的沙滩之畔而得名。

2.4.2.2　以祠为宗

珠三角历史文化村镇的规划几乎都是血缘宗族之族长根据族谱族规、乡约的宗规组织完成的。祠堂（家庙）是珠三角历史文化村镇人文景观的重要表征。古镇几乎有街必有祠堂，而村落则无堂不成村（图 2-24 ~图 2-26）。宗祠家庙既是纪念和拜祭族人先祖之堂、族人喜事聚会之地，更是教育后人不要数典忘祖之所。清咸丰《顺德县志》留下“俗以祠堂为重大，族祠至二三十区，其宏丽者，费数百金，而莫盛于碧江”的记载。南社村的祠堂主要分布在古村中心的长形水塘南北两岸，

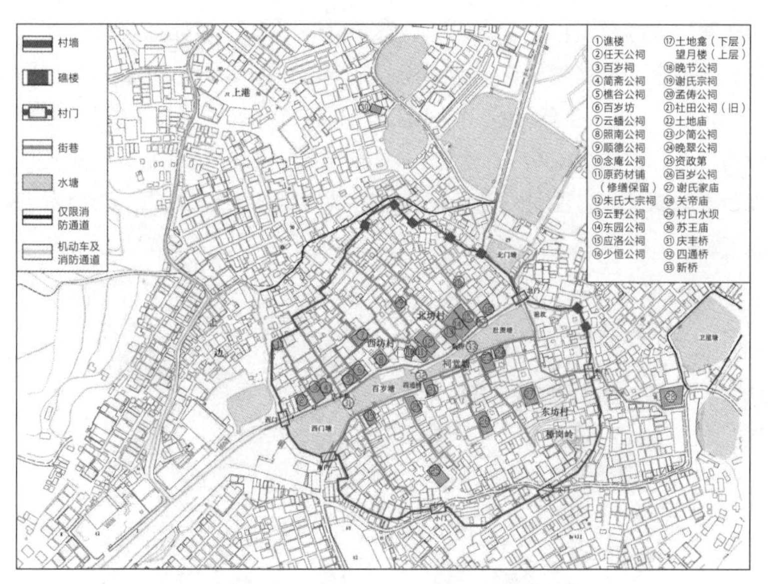

图 2-24　东莞南社村祠堂寺庙分布图

资料来源：广东省东莞市茶山镇南社村古建筑群保护规划方案 .2002

图 2-25　东莞南社村祠堂

图 2-26　番禺沙湾镇留耕堂

水塘两岸排列了 16 座祠堂，构成了独特的宗法文化祠堂景观。厅堂与天井关系密切，是求“天官赐福”敬神祈福的场所。南社村每一民居都单家独户设家庙，家庙建筑多为四柱三间三楼砖石牌坊式建筑。沙湾镇几乎有街必有祠堂，而建于元朝的何氏大宗祠即留耕堂，被誉为“岭南综合艺术之宫”，祠堂两侧对联“荫德原从宗祖种，心田留与子孙耕”反映了祠堂寓意。

2.4.2.3 以墙为围

自古以来人们立村建宅都非常注意村界和宅界的划分，为免受外族侵犯和外人滋扰，往往采用建墙的方式将村、宅围合起来。珠三角真正的开发始自宋代，这同宋代北方士民的集团性南迁亦即所谓的“珠玑巷移民”密切相关，与在此之前或因官宦，或因经商而留居者不同，珠玑巷移民往往以家庭或家族为单位，举家搬迁，其中不乏“中原衣冠华胄”，素质较高的集团性移民，他们给珠三角地区带来的丰厚的人力资源和资金，但毕竟属于“外来人”，为加强团结保族人安全，往往在选定的定居地外围加建一道围墙。如塘尾村围墙长达 900 米（图 2-27），高 5 米，厚 0.35 米，红石墙基，青砖墙体，每隔 4 米有一附墙，并在东、西、南、北各设门楼一座，围墙附有 28 个谯楼，以 28 个天文星宿命名，一般尺寸为长、宽各 4.5 米，高 7 米，围墙、门楼和炮楼组成完整的防御设施，近百年来先后成功抵御了 1911 年清军的抢劫和 1944 年石碣吉州土匪李朝的侵犯。

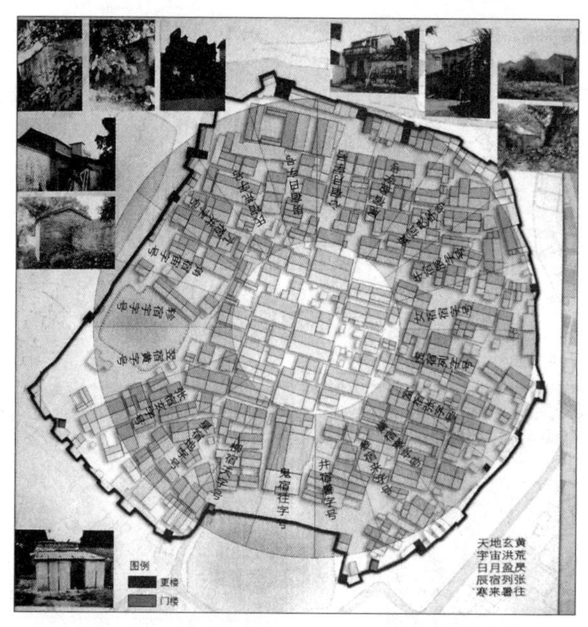

图 2-27 东莞塘尾古村门楼更楼分析图

资料来源：东莞市石排镇塘尾明清古村保护规划方案 .2003

2.4.2.4　以巷为网

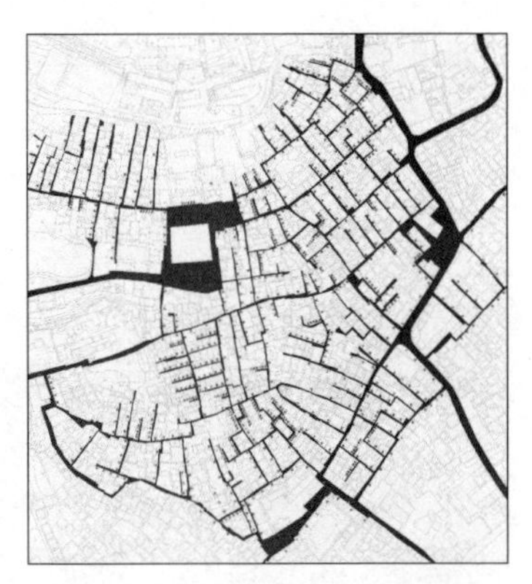

图 2-28　番禺沙湾镇核心地段街巷图

资料来源：沙湾古镇安宁西街历史街区保护规划 .2006

中国自古以来许多城镇按照《周礼·考工记》的“匠人营国，方九里，旁三门。国中九经九纬，经涂九轨”，被规划成方整的格局加上棋盘式的道路网形式。方格网里巷道路系统是我国宋代以后街坊布局的主要形式，可供两头牛并肩而过的南北走向的宽里，以及东西走向的窄巷使交通便利，有利于建造大片南北向住宅。而这些里巷，又成为防火通道。珠三角历史文化村镇虽然结合自然地形加以改进，但无论是梳式布局还是密集式布局，也无论该村镇的功能是为了防御还是经商（如沙湾古镇典型的三街六市的商业市镇格局），以巷为网的规划格局仍十分明显（图 2-28 ~ 图 2-31）。大旗头村古建筑群共有 6 条自西向东的笔直巷道，与前面的横巷街道构成了钉耙式结构，最具代表性的是长兴里、积善里和安宁里，长约 120 米，青砖墙麻石铺地。街道东莞西溪古村除了一条宽 4.8 米的横巷外，其余均由 11 条宽 1.8 米的直巷和 15 条宽 1.1 米的横巷组成巷网。除了个别村自身独立性和防御性极强，呈散点式分布在田间，如自力村。

图 2-29　碧江村心街巷道

图 2-30　歇马村举人巷

图 2-31　大旗头村长兴里巷道

2.4.3　文化景观特征

2.4.3.1　仿生象物的营造意匠

中国古代城市村镇园林建筑的营造，受到各种思想体系的影响，其中最主要的三种思想体系是：1）体现礼制的思想体系；2）重环境求实用的思想体系；3）追求天地人和谐合一的哲学思想体系。仿生象物主要在第三种思想体系指导下产生，其渊源于中国古代的生命崇拜。①

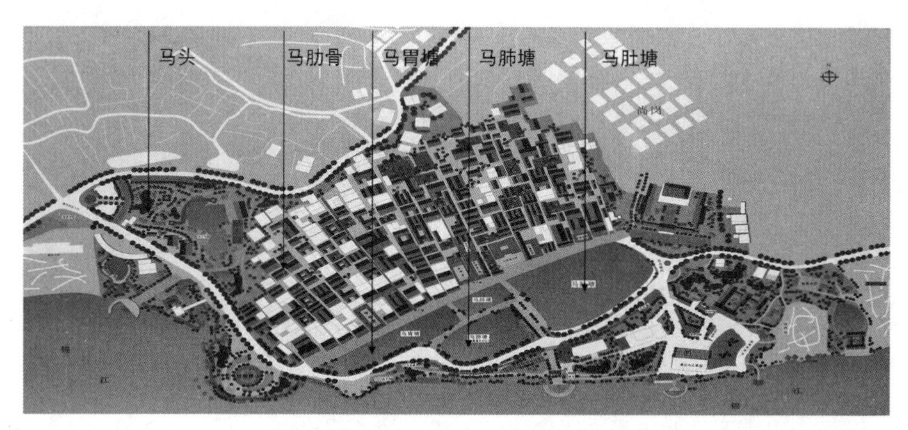

图 2-32 恩平歇马村——以“马”为精神图腾

1）仿生法动物意匠。马寓意忠诚、勇敢、腾飞。恩平歇马村以马为精神图腾，以雄马形态布置村落。全村分为东、西、中三社，居西社者称为马头，居东社者称马尾，居中社者称马中。以马头明渠和纵向巷道为马肋骨，村头池塘为“马胃塘”、中间2口叫“马肺塘”，村尾大池塘叫“马肚塘”，以塘基为“马脚”（图2-32）。《易.说卦》“离，为蟹”。螃蟹有甲壳、双钳，横着爬行，筑城以蟹为意匠，有横行不怕侵犯之意。②东莞塘尾村依自然山势缓坡而建，围前三口鱼塘一大二小，分别代表蟹壳与两只蟹钳，围面两口古井代表两只蟹眼（图2-33），仿生喻义巨蟹守护着村落和千亩良田。南方多雨、潮湿，春夏成涝，许多村镇巷道内相隔十数米就设置一个钱眼形排水“渗井”，还有多处下水道出口和地下管网相连，室内有滴水线槽，总体排入水塘，俗称“四水归塘”。

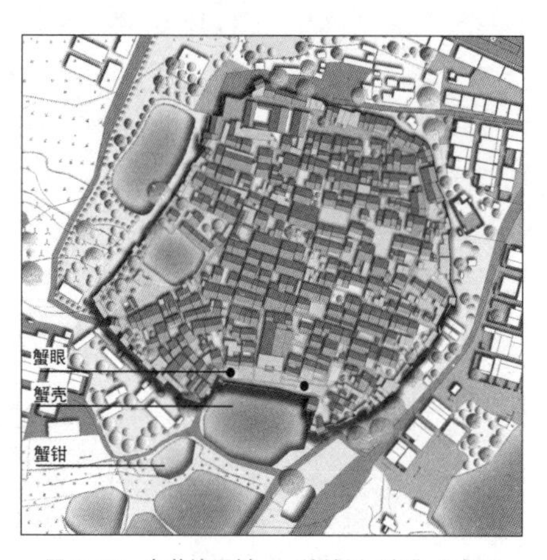

图 2-33 东莞塘尾村——筑城以“蟹”为意匠

2）象物的意匠。佛山大旗头村为清末广东水师提督加尚书衔的郑绍忠所建。

① 吴庆洲.建筑哲理、意匠与文化[M].北京：中国建筑工业出版社，2005：412.
② 吴庆洲.建筑哲理、意匠与文化[M].北京：中国建筑工业出版社，2005：427.

其在主持规划设计大旗头村时，特意在村前建一组意为“文房四宝”的景观，即祠堂前设石地堂如白纸；挖一池塘寓意洗墨池；建一座“文塔”作笔；塔前一晒坪取名墨砚墩，希望本村“文风昌盛”，鼓励族人崇儒学文。村头老榕，池塘涟漪，塘边文塔，塔旁砚台巨石，组成一组纸、墨、笔、砚的人文景观（图 2-34）。

图 2-34　三水大旗头村——“文房四宝”的寓意

农耕文化决定了农民以人丁兴旺、财源茂盛、人文发达为理想追求，在聚落建设方面，力图与风水学说相吻合，“枕山、环水、面屏”成了聚落选址的依据和空间模式。在山环水抱的自然环境下，古榕树则是珠三角农耕聚落文化景观的又一特色。不少传统聚落都有枝繁叶茂的村头榕，为村口提供很好的领域感和归属感。镬耳墙又称“鳌背墙”，相传鳌鱼喜吞火降雨，因而被广府地区形象地应用于风火山墙。镬耳墙、蚝壳墙、祠堂、明清古井、古榕树、池塘等勾勒出具有岭南水乡特色的珠三角农耕聚落文化景观。

2.4.3.2　灵活变通、中西合璧的建筑特色

岭南传统文化的基本精神是“经世致用”，主动以务实、灵活的姿态适应不同的地域气候。如粤中的竹筒屋、明字间、三间两廓，粤东潮汕地区的爬狮、四点金，客家的土楼、围垅屋等传统民居建筑灵活变通，满足遮阳、隔热、通风、防风、防盗等生活功能要求。珠三角历史文化村镇侧面山墙和大门往往是小巷内各民居的重点装饰，山墙材料、构造、墙尖形式以及大门的门楣、屋檐等组成了巷道内富有节奏和韵律的艺术效果（图 2-35）。厅堂、廊庑、斋室、厢房等建筑中广泛采用木雕（图 2-36）、石雕、砖雕（图 2-37）、陶塑、灰塑、铁铸等不同风格的工艺做装饰，梁架、斗栱、驼峰、墙壁、墀头、踏道等均以梅兰菊竹、花鸟虫鱼、岭南佳果、历史典故、戏曲人物等题材为装饰内容。

图 2-35　肇庆大屋村江咀公祠屋顶装饰

图 2-36　顺德碧江金楼木雕

图 2-37　三水大旗头村砖雕

2.4.3.3　人文底蕴深厚

珠三角历史文化村镇以深厚的文化底蕴著称，历史名人辈出。据《顺德县志》载，碧江村素有“文乡雅集”之称，科名从宋代就开始彰显，共走出了 26 位进士和 145 位举人。由于经济与科名、文化的发达，碧江给后代留下了丰厚的古建筑资源。

沙湾镇历来重教育、兴科举，尤其在宋明两代培育出不少科宦名人，如明洪武三年何字海中举人，次年中进士，安宁西街现存“进士里”巷，为何子海故居所在，科举仕途的成功是沙湾得以繁荣发展的重要原因之一。

南社村自建村以来，有 8 人中进士，有多人成为文武举人，其中谢遇奇为同治四年（1865）的武进士，曾随左宗棠平乱西北，历任副将。而大岭村历史上有进士、举人、贡生、知县 131 名。

歇马村历史上出了二品官 6 人，六品至三品 56 人，七品以上官员数名，进士、举人、秀才 680 多人，仅明清两代就出了 285 名举人，这在全国来看都是前所未有的，因此成为远近闻名的“举人村”。

2.4.3.4　多姿多彩的民俗文化

广东民俗文化历史悠久，无论衣食住行、岁时节日、婚育丧祭、社会礼仪、宗教信仰乃至生产民俗、文化娱乐都很有地方特色，历史文化村镇自然也不例外，珠三角每一个历史文化村镇都有独具特色的民风民俗（表 2-4）。如流传于广州民间的一种传统艺术活动——沙湾飘色就是沙湾镇民俗文化的一大特色。沙湾飘色于清代由员岗传入，由色柜、屏、飘组成（图 2-38）。飘与屏由色梗相连接，在色柜上坐立的人物称“屏”，屏

图 2-38　广州番禺沙湾飘色
（资料来源：http://images.google.cn）

以道具凌空撑的人物称“飘”，每两板飘色之间配有一台八音锣鼓柜，形成声、色、艺组合表演的流动立体舞台，其内容所表现的均为除恶扬善的神话、小说。

珠三角部分历史文化村镇的风貌特征　表 2-4

村镇名称	兴建年代	面积（公顷）	风貌特征
佛山市三水区乐平镇大旗头村	清代光绪年间	5.2	梳式布局，建筑群采用硬山顶锅耳式风火山墙，内部采用广东民居典型的三间两廊式。
深圳市龙岗区大鹏镇鹏城村	明洪武二十七年	11（大鹏所城面积）	明清海防军事城堡，大鹏所城内保存近十座清代将军府第式建筑以及传统民居 1024 座。
广州市番禺区沙湾镇	南宋绍定六年	5380（其中安宁西街面积 7 公顷）	梳式布局，古镇三街六市的粤中地区典型商业市镇格局，拥有何氏大宗祠、安宁西街、三稔厅、宝墨园等具有岭南传统文化特色的古建筑、古街巷和岭南园林。民间艺术有沙湾飘色、沙坑醒狮。
广州市番禺区石楼镇大岭村	北宋宣和元年	357.3	典型的岭南古村落，现保存较完好的岭南风格建筑群约 9000 平方米。拥有显宗祠、陈氏大宗祠、两塘公祠、陈永思堂等十几处古迹。
东莞市茶山镇南社村	南宋初年	6.79	古围墙内的古建筑群面积 96000 平方米，建筑风格以广府建筑文化为主，有祠堂 30 座、庙宇 3 座、古民居 250 多间、古井 40 多口、古墓 36 座。具有浓郁珠三角的农耕聚落文化景观特色。
东莞市石排镇塘尾村	宋末	3.9	明清古村落依自然山势缓坡而建，围前三口鱼塘分别代表蟹壳与两只蟹钳，围面两口古井代表两只蟹眼。古村落由围墙、炮楼、里巷、祠堂、书室、民居等组成，是很有特色的聚族而居的农业村落文化景观。
开平市塘口镇自力村	清道光十七年	8.3	现存碉楼和居庐 15 座，碉楼和居庐保存完好，布局和谐，错落有致，四周有大量良田和草地，有着浓郁的田园风光。
开平市赤坎镇	清顺治年间	6140	大量的华侨建筑，中西合璧，保留碉楼有 200 多座，堤西路绵延 3000 多米的骑楼街，保存完好的 600 多座古建筑。
佛山市顺德区北滘镇碧江村	南宋初年	590	拥有碧江金楼等七处省级文物保护单位，现存祠堂、宅第、民居、书塾、园林等明清古建筑共有一万多平方米。
珠海市唐家湾镇	南宋绍兴二十二年	13000	建筑布局是典型的岭南传统民居平面布局：一明两暗三开间的“三间两廊式”三合院或者是“三间四廊式”四合院。
中山市南朗镇翠亨村	清康熙年间	29.8	以中西合璧的孙中山故居著称，村内还有陆皓东故居、杨殷烈士故居，民间艺术有崖口飘色
东莞市石龙镇	明嘉靖年间	1383	中山路存有完整、规模宏大、风格统一的岭南特色骑楼。镇内拥有历史遗迹、文物近百处，革命旧址、遗迹 20 多处

续表

村镇名称	兴建年代	面积（公顷）	风貌特征
惠州市惠阳区秋长镇	南宋末年	12100	粤东地区客家围屋最集中和保存最完好的地区之一，现存各式客家围龙屋有 100 多幢，其中规模较大、保存完好、具有较高文化艺术价值的有 40 多幢。
恩平市圣堂镇歇马村	元顺帝至正七年	47.7	古宅成群，排列有序，老树葱郁，一派水乡田园、人与自然和谐的秀丽景色。建筑集中华传统文化与侨乡文化于一体。
东莞市寮步镇西溪村	明天启元年	2.45	现存明清古建筑总面积达 2.71 万平方米，祠堂 14 间，古民居 193 间，古井 37 口

舞山狮是广宁县北市镇的大屋村江氏客家人春节的活动项目。狮队用的狮头称作“狮猫”，形状酷似猫头，张开的大口上唇露两颗长牙，串有狮被（狮身）、狮尾组成，舞姿仿猫走步、猫洗面、猫噬脚等动作。舞狮猫采用中鼓、大锣、大钹、运锣，敲起来疏密有序，声音浑厚。锣鼓的套路分别有行路锣鼓、入屋拜年锣鼓、打狮锣鼓、功夫锣鼓等。

南社村至今还保留着古老纯朴的民俗，其中的“卖身节”（即出卖劳动力）便是一朵奇葩。卖身节也称泼水节。当时，一些没有自家田地的青壮年，在农历二月初二这一天纷纷到街边，头戴斗笠，身披粗布巾，以示“卖身”，等着财主前来雇请。后来，人们又传说有天上的神仙在这一天下凡到东坑来普济众生，于是，卖身节便越传越开，也越传越神奇。

2.5 明确保护对象

受到岭南多元文化、海洋文化和商业文化影响下的村镇整体格局、文化景观、民风民俗构成了珠三角历史文化村镇的地域特征，表现出岭南文化的兼容性、务实性、世俗性和创新性。保护珠三角历史文化村镇，就要保护这些能体现地域历史文化特征的物质和非物质要素。物质要素具体分为构成珠三角历史文化村镇生态环境的山、水、田、塘，反映空间格局的风水意匠、村镇肌理、空间格局、街巷尺度、古建筑（祠堂、书院、庙宇、古民居、蚝壳屋等），等等。非物质要素包括乡风民俗（沙湾飘色、沙坑醒狮、客家山歌、喜庆节日等）、民间工艺等（图 2-39）。此外，还要维护村镇人口结构，保持村镇的活力。珠三角历史文化村镇重点保护对象的调查中显示，过半数的人认为应重点保护历史建筑，其次有 28% 的人认为应重点保护民俗文化，有 19% 的人认为应将村镇格局重点保护（图 2-40）。

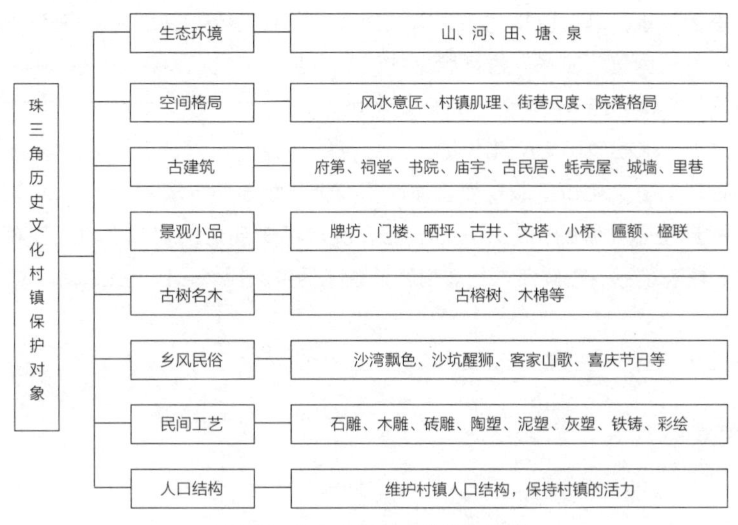

图 2-39　珠三角历史文化村镇保护对象

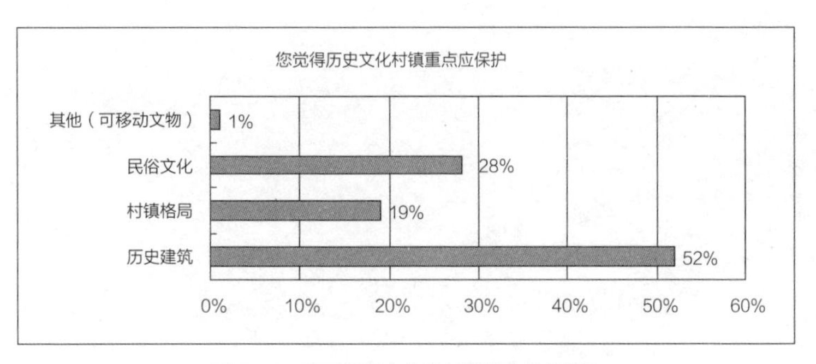

图 2-40　珠三角历史文化村镇保护重点调查

本章小结

本章根据珠三角历史文化村镇的历史发展、功能特征、自然和人文景观资源以及它们的物质要素等特点，将珠三角历史文化村镇划分为：传统农耕聚落文化型、侨乡外来文化型、建筑遗产型、革命史迹型、商贸交通型和名人史迹型六种类型。

珠三角历史文化村镇的社会结构特征包括了人口结构特征和宗族结构特征。珠三角历史文化村镇的人口结构特征为：人口增长缓慢，外来人口比重增大，人口呈老龄化趋势，宗族结构特征为同姓聚族而居。经济发展特征包括经济来源和产业结构特征，村镇经济来源多元化，农业已经远非村民主要的经济收入，产业结构中第二产业比重较大，一、三产业比重较小。珠三角历史文化村镇的村镇整体格局特征为以水为脉、以祠为宗、以墙为围、以巷为网，其表现出来的岭南农耕聚落文化景观为灵活变通、中西合璧的建筑特色、饱含风水寓意的景观特色、底蕴深厚的人文特色和多姿多彩的民俗文化。

在分析了珠三角历史文化村镇主要特征的基础上，明确了保护对象是能体现珠三角地域历史文化特征的物质和非物质要素。物质要素具体分为构成珠三角历史文化村镇生态环境的山、水、田、塘，反映历史演进的村镇肌理、空间格局、古建筑、景观小品、古树名木。非物质要素包括乡风民俗和民间工艺。

第三章

珠三角历史文化村镇保护历程

3.1　保护历程

3.2　保护的动力机制

3.3　保存状况

3.1 保护历程

珠三角历史文化村镇的保护历程大致可以分为列入文物保护单位、建立历史文化村镇保护制度、历史文化村镇保护的全面推进三个阶段。

3.1.1 列入文物保护单位

新中国成立以来，我国城市中传承着城市文脉的历史古建筑和遗迹受到三次严重的破坏：第一次是新中国成立初的大建设到大炼钢铁，许多古建筑被拆毁，布满精美雕刻的梁柱门窗被用来“炼钢”；第二次是“文化大革命”破四旧，大批红卫兵几乎是横扫一切古建筑，许多文物古迹难逃被破坏的厄运，仅部分被“实用化了”的建筑得以保留，许多历史街坊由于地方政府财政困难无钱进行改造而使风貌得以留存。但改革开放之后兴起的第三次破坏浪潮几乎是灭绝性的，借着“改造旧城，消灭危房”的动人口号和“为民办实事、旧貌变新颜”的雄心壮志，再加上众多房地产商人的利益引诱（因而也萌发不少腐败现象），从而使由许多历史古建筑组合而成、历代许多能工巧匠精心打造的历史街区毁于一旦，不少历史文化名城文脉之根再也无法找寻。①

中华人民共和国成立后，历经“土地改革”、“文化大革命”等一系列政治运动，许多村镇历史文物遭受到摧毁性的破坏。如“文革”期间，大旗头村古建筑群被当时中山大学中文系的评《红楼梦》六组定为“地主庄园”、“四旧典型”，令村落的历史文物遭受到摧毁性的破坏。②建威第一直用作大旗头小学，内部结构有较大的破坏。尚书第仅存第一进，后进已经被毁，成为大旗头村小学的篮球场，首进现在作为仓库使用，“文革”时也曾用作村里的食堂。③碧江村土地改革把全部祠堂收归公有，祠堂里的硬木构件首先成了兴建水闸、修造农具船艇的原料；最严重的是建设“新生机械厂”、“万头猪场”和“大会堂”时，所有建材都在这些古老祠堂的身上打主意，碧江一下子成了“无叶林场”（取木料）、“无声石矿”（取石料）、“无烟转窑”（取砖瓦），一座座宏伟的祠堂被拆卸，只有那些被用作生产队址、仓库、校舍、厂房的祠堂，建筑主体才得以保存。④

1986 年，国务院在公布第二批国家级历史文化名城时，指出“对文物古迹比

---

① 仇保兴．追求繁荣与舒适——转型期间城市规划、建设与管理的若干策略 [M]. 北京：中国建筑工业出版社，2002：5.

② 郑润侯．还原中国历史文化名村的历史真相——大旗头村郑氏史料的追寻过程 [J]. 广东档案，2007（2）：42-45.

③ 李凡，郑坚强，等．探幽大旗头——历史、文化和环境研究 [M]. 香港：中国评论学术出版社，2005：154.

④ 苏禹．历史文化名村碧江 [M]. 北京：人民出版社，2007：51.

较集中，或能较完整地体现出某一历史时期传统风貌和民族地方特色的街区、建筑群、小镇、村落等也予以保护，可根据它们的历史、科学、艺术价值，核定公布为地方各级‘历史文化保护区’”，自此珠三角许多地方陆续开始将村镇中文物古迹丰富或传统建筑（群）保存较完整的列入文物保护单位加以保护（表 3-1）。

珠三角历史文化村镇中的文物保护单位统计表　表 3-1

名称	始建年代	类别	地址	公布时间	保护级别	备注
苏兆征故居	清	近现代重要史迹及代表性建筑	珠海唐家湾镇	1979.12	省级	
共乐园	中华民国	近现代重要史迹及代表性建筑	珠海唐家湾镇	1987.9	市级	
唐绍仪故居	中华民国	近现代重要史迹及代表性建筑	珠海唐家湾镇	1994.8	市级	
淇澳白石街	清	近现代重要史迹及代表性建筑	珠海唐家湾镇	1994.8	市级	
刘起龙墓	清	古墓葬	深圳龙岗区鹏城村	1983.5	市级	
赖恩爵振威将军第	清	古建筑	深圳龙岗区鹏城村	1984.9	市级	
刘起龙将军第	清	古建筑	深圳龙岗区鹏城村	1984.9	市级	
大坑烟墩	清	古建筑	深圳龙岗区鹏城村	1984.9	市级	
振威将军赖恩爵墓	清	古墓葬	深圳龙岗区鹏城村	1984.9	市级	
赖太母墓	清	古墓葬	深圳龙岗区鹏城村	1984.9	市级	
东纵军政干校旧址	现代	近现代重要史迹及代表性建筑	深圳龙岗区鹏城村	1984.9	市级	
大鹏所城	明、清	古建筑	深圳龙岗区鹏城村	1988.7	市级	1989 年列为省级，2001 年列为国家级
孙中山故居	1892 年	近现代重要史迹及代表性建筑	中山南朗镇翠亨村	1988.1	国家级	
陆皓东故居	清	近现代重要史迹及代表性建筑	中山南朗镇翠亨村	1989.6	省级	
杨殷烈士故居	清	近现代重要史迹及代表性建筑	中山南朗镇翠亨村	1989.6	省级	

续表

名称	始建年代	类别	地址	公布时间	保护级别	备注
冯氏宗祠	清	古建筑	中山南朗镇翠亨村	2000.11	市级	
留耕堂	清	古建筑	广州番禺区沙湾镇	1989.6	省级	
鳌山古建筑	清	古建筑	广州番禺区沙湾镇	2002.7	市级	
广游二支队司令部旧址	1938 年	近现代重要史迹及代表性建筑	广州番禺区沙湾镇	2002.7	市级	
关族图书馆	1929 年	近现代重要史迹及代表性建筑	江门开平赤坎镇	1983.3	市级	
司徒氏通俗图书馆	1925 年	近现代重要史迹及代表性建筑	江门开平赤坎镇	1983.3	市级	
邓一飞烈士祖屋	中华民国	近现代重要史迹及代表性建筑	江门开平赤坎镇	1983.3	市级	
1938～1940 年开平县委所在地	中华民国	近现代重要史迹及代表性建筑	江门开平赤坎镇	1983.3	市级	
司徒美堂故居	清	近现代重要史迹及代表性建筑	江门开平赤坎镇	1989.6	省级	
赤坎旧镇近代建筑群	近代	近现代重要史迹及代表性建筑	江门开平赤坎镇	2002.7	省级	
开平碉楼	近代	近现代重要史迹及代表性建筑	江门开平自力村	2001.6	国家级	
碧江金楼及古建筑群	清	古建筑	佛山顺德区碧江村	1991.5	县级	2002 年列为省级
大旗头村古建筑群	清	古建筑	佛山三水大旗头村	1994.5	市级	2002 年列为省级
百岁坊	明	古建筑	东莞茶山镇南社村	1993.6	市级	
谢遇奇家庙	清	古建筑	东莞茶山镇南社村	1993.6	市级	
南社村古建筑群	明、清	古建筑	东莞茶山镇南社村	2002.7	省级	2006 年列为国家级
塘尾明清古村	明、清	古建筑	东莞石排镇塘尾村	2002.7	省级	2006 年列为国家级
欧仙院	中华民国	近现代重要史迹及代表性建筑	东莞市石龙镇	1989.5	市级	

续表

名称	始建年代	类别	地址	公布时间	保护级别	备注
周恩来演讲台	现代	近现代重要史迹及代表性建筑	东莞市石龙镇	1993.6	市级	
李文甫纪念亭	现代	近现代重要史迹及代表性建筑	东莞市石龙镇	1993.6	市级	
中山路民国建筑群	中华民国	近现代重要史迹及代表性建筑	东莞市石龙镇	2004.1	市级	
孙杜古桥	明	古建筑	东莞市石龙镇	2004.1	市级	
叶挺将军故居	现代	近现代重要史迹及代表性建筑	惠州惠阳区秋长镇	1986.6	省级	2006 年列为国家级
会水楼	清	古建筑	惠州惠阳区秋长镇	2004.8	市级	
二圣宫	明末	古建筑	惠州惠阳区秋长镇	2004.8	市级	
周田廖屋	清	古建筑	惠州惠阳区秋长镇	2004.8	市级	
碧滟楼	清	古建筑	惠州惠阳区秋长镇	2004.8	市级	
会新楼	清	古建筑	惠州惠阳区秋长镇	2004.8	市级	
蒋田南阳世居	南宋末年	古建筑	惠州惠阳区秋长镇	2004.8	市级	
铁扇门南阳世居	清	古建筑	惠州惠阳区秋长镇	2004.8	市级	
桂林新居	清	古建筑	惠州惠阳区秋长镇	2004.8	市级	
梁元桂故居	清	古建筑	恩平圣堂镇歇马村	2007.1	市级	
秋官第	清	古建筑	恩平圣堂镇歇马村	2007.1	市级	
缉熙堂祠堂	清	古建筑	恩平圣堂镇歇马村	2007.1	市级	
振韬祖祠	清	古建筑	恩平圣堂镇歇马村	2007.1	市级	
西溪古村	明	古建筑	东莞寮步镇西溪村	2004.1	市级	

3.1.2 建立历史文化村镇保护制度，编制保护规划

2002 年颁布的《中华人民共和国文物保护法》中第一次明确提出了历史文化村镇的概念，明确将“历史文化街区、村镇”作为文物保护的对象，并提出“历史文化名城和历史文化街区、村镇所在地的县级以上地方人民政府应当组织编制专门的历史文化名城和历史文化街区、村镇保护规划，并纳入城市总体规划”。2003 年，建设部和国家文物局开始了中国历史文化名镇（村）的评选活动，标志着我国历史文化村镇保护制度的正式建立。2000 年以后，为积极申报，珠三角多个具有文化遗产的古村镇开始成立保护小组和管理委员会，安排专职保护人员，并组织编制保护规划，制定保护办法（表 3-2）。

如广州市早在 1998 年就制订了《广州历史文化名城保护条例》，提出要保护体现传统特色的街区、地段、村寨等。1999 年广州市成立历史文化名城保护委员会，负责名城保护的协调、指挥、监督工作，2000 年大岭村被广州市定为首批内控历史文化保护区，随后陆续编制了几轮保护规划。广州市沙湾镇从 2000 年以来致力于开展筛选文物点、测量、拍摄、音像资料、编制保护性规划等一系列历史文化保护工作，2002 年沙湾镇成立历史街区管理委员会，专门负责沙湾镇历史街区和历史文物的规划、保护和管理工作。

珠三角历史文化村镇保护规划一览表 表 3-2

村镇名称	时间	委托单位	编制单位	保护规划名称
佛山市三水区乐平镇大旗头村	2004.12	佛山市三水区文化局和佛山市规划局三水分局	华南理工大学建筑设计研究院	三水大旗头村文物保护规划（2004～2020）
深圳市龙岗区大鹏镇鹏城村	2002.10	深圳市规划与国土资源局联合深圳市文物管理委员会	中国城市规划设计研究院	深圳市大鹏所城保护规划
	2005.7	深圳市龙岗区大鹏古城博物馆	华南理工大学建筑学院民居研究所和广东中煦建设工程设计有限公司	深圳龙岗区大鹏所城重点历史街巷保护与修缮工程
	2005.10	深圳市龙岗区大鹏所城博物馆	东南大学建筑设计院	全国重点文物保护单位深圳大鹏所城保护规划
广州市番禺区沙湾镇	2003.1	广州市番禺区沙湾镇人民政府	广州市番禺城镇规划设计室和广东省城乡规划设计研究院	广州市番禺区沙湾镇总体规划（2003～2020）
	2003.6	广州市番禺区沙湾镇人民政府	广州市番禺城镇规划设计室	广州市番禺区沙湾镇历史文化名镇保护规划

续表

村镇名称	时间	委托单位	编制单位	保护规划名称
广州市番禺区沙湾镇	2004.3	广州市城市规划局、广州市城市规划编制研究中心、广州市番禺区沙湾镇人民政府	华南理工大学建筑设计研究院	沙湾古镇安宁西街历史街区保护规划
	2008.7	广州市沙湾古镇旅游开发有限公司	广州中大旅游规划设计研究院有限公司、广州市智景旅游策划设计咨询服务有限公司	沙湾镇历史文化街区保护与整治规划
	2008.7	广州市沙湾古镇旅游开发有限公司	广州中大旅游规划设计研究院有限公司、广州市智景旅游策划设计咨询服务有限公司	沙湾镇历史文化街区旅游研究策划
佛山市顺德区北滘镇碧江村	2004.3	佛山市顺德区北滘镇人民政府	华南理工大学东方建筑文化研究所	佛山市顺德区北滘镇碧江历史文化保护区保护规划
东莞市茶山镇南社村	2002.7	东莞市茶山镇南社村村民委员会	清华大学建筑学院建筑历史与文物建筑保护研究所	广东省东莞市茶山镇南社村古建筑群保护规划方案
	2003.9	东莞市茶山镇南社村村委会	中国科学院地理科学与资源研究所旅游研究与规划研究中心	南社古村落旅游开发概念规划、南社古村旅游区建设规划
	2003.10	东莞市茶山镇南社村村委会	华南理工大学建筑学院建筑文化遗产保护设计研究所	简斋公祠勘察维修方案、晚节公祠勘察维修方案
开平市塘口镇自力村	2001.8	开平市人民政府	北京大学世界遗产研究中心	开平碉楼与村落保护管理规划（自力村部分）
	2002.1	开平市人民政府	华南理工大学建筑设计研究院	广东开平碉楼及其环境的保护与整治
	2007.7	开平市旅游局	广东省旅游发展研究中心	开平碉楼文化遗产旅游开发总体规划
开平市赤坎镇	2003.3	开平市赤坎镇人民政府	中山大学城市与区域研究中心	开平市赤坎镇总体规划（2003～2023）
	2006.7	开平市赤坎镇人民政府	广东省城乡规划设计研究院	开平市赤坎镇历史文化保护规划
	2006.7	开平市赤坎镇人民政府	广东省城乡规划设计研究院	开平市赤坎旧镇区控制性详细规划
珠海市唐家湾镇	2004.4	珠海市规划局及香洲区人民政府	同济大学国家历史文化名城研究中心	唐家湾历史文化资源保护与利用概念规划

续表

村镇名称	时间	委托单位	编制单位	保护规划名称
珠海市唐家湾镇	2004.4	珠海市规划局及香洲区人民政府	同济大学城市规划设计研究院	唐家湾历史文化名镇保护规划
广州市番禺区石楼镇大岭村	2003.6	广州市番禺区石楼镇大岭村村委会	华南理工大学东方建筑文化研究所	大岭村历史文化区保护规划
	2004.9	广州市城市规划编制研究中心	广州市城市规划自动化中心规划设计所和广州大学建筑设计研究院	广州市番禺区大岭村历史文化保护区保护规划
	2007.9	广州市城市规划编制研究中心	广州市城市规划设计所和广州大学建筑设计研究院	广州市番禺区大岭村历史文化保护区保护规划
	2008.8	广州市规划局番禺分局和广州市番禺区石楼镇人民政府	华南理工大学建筑设计研究院	广州市番禺区石楼镇大岭村村庄规划（2007～2010年）
	2009.5	广州市番禺区石楼镇大岭村村委会	华南理工大学建筑设计研究院	番禺石楼镇大岭村景观设计研究
东莞市石排镇塘尾村	2003.9	东莞市文物管理委员会办公室	华南理工大学建筑设计研究院	东莞市石排镇塘尾明清古村保护规划方案
中山市南朗镇翠亨村	2006.8	中山市规划局、中山市文化广电新闻出版局等	华南理工大学建筑设计研究院	中山市翠亨村历史文化保护规划（2006～2025）
	2007.8	中山市规划局	中山市规划设计院	南朗镇翠亨故居片区控制性详细规划
	2009.5	中山市人民政府	广东省城乡规划设计研究院	中山市南朗镇翠亨村村庄规划
东莞市石龙镇	2002.4	东莞市石龙镇人民政府	深圳市龙规院规划建筑设计有限公司	东莞市石龙镇总体规划修编（2002～2020）
	2007.11	东莞市石龙镇人民政府	中国城市规划设计研究院	东莞市石龙历史古镇保护规划
	2008.2	东莞市石龙镇人民政府	中国城市规划设计研究院	石龙镇中山路历史街区保护整治修建性详细规划
惠州市惠阳区秋长镇	2003.2	惠阳市秋长镇人民政府	惠阳市规划设计室	惠阳市秋长镇历史文化保护规划
恩平圣堂镇歇马村	2008.1	恩平市建设局、恩平市规划办	江门市规划勘察设计研究院	恩平市歇马村历史文化保护规划

2003 年 1 月沙湾镇人民政府委托广州市番禺城镇规划设计室和广东省城乡规划设计研究院共同编制了《广州市番禺区沙湾镇总体规划（2003 ~ 2020）》，2003 年 12 月由广州市人民政府批准实施。2003 年 6 月，《广州市番禺区沙湾镇历史文化名镇保护规划》经广东省建设厅粤建规函 [2003]320 号文批复实施，并提出了项目的保护范围及有关要求。2004 年已编制完成《沙湾古镇车陂街历史街区保护规划》、《安宁西街历史文化保护区规划》、《鳌山古庙历史文化保护区规划》等专项规划。

茶山镇党委于 2000 年 7 月成立了由镇长担任组长的南社古建筑群保护与利用领导小组，副组长为茶山镇党委副书记、南社村党委支部书记。党委支部书记、村委会主任除了直接抓之外，还派一名党支委具体负责管理所的工作。2002 年 7 月由清华大学编制了《广东省东莞市茶山镇南社古建筑群保护规划方案》，已经由广东省规划厅和广东省文化厅批准实施。2003 年村委会成立了南社古建筑群管理所，专职管理人员有 3 人，兼职管理人员有 3 人，制定了文物保护的村规民约。2003 年 10 月，村委会委托华南理工大学建筑学院建筑文化遗产保护设计研究所编制了《简斋公祠勘察维修方案》、《晚节公祠勘察维修方案》，已获广东省文化厅批准实施。

2004 年大旗头村被广东省文化厅确定为“广东第一村”。同年 12 月佛山市三水区文化局和佛山市规划局三水分局共同委托华南理工大学建筑设计研究院编制《三水大旗头村文物保护规划（2004 ~ 2020）》，总体目标是正确处理大旗头村古建筑群保护与利用的关系，严格控制大旗头村内的基本建设，适当发展大旗头村的文化和旅游产业，积极改善大旗头村的生态环境。实现对大旗头村古建筑群历史遗产的有效保护和对历史文化资源的有效利用，推动本地的文化建设和社会综合发展，从而促进大旗头村成为岭南文化特色鲜明的文化名村。

3.1.3　历史文化村镇保护的全面推进

2008 年 4 月 2 日作为我国第一部历史文化村镇保护的行政法规《历史文化名城名镇名村保护条例》在国务院第 3 次常务会议通过，自 2008 年 7 月 1 日起施行。《保护条例》在制度上明确了历史文化名城、街区、村镇的申报、批准、保护规划、保护措施，在法律上明确了违反此条例的法律责任，对历史文化名城、名镇、名村的保护提出“应当遵循科学规划、严格保护的原则，保持和延续其传统格局和历史风貌，维护历史文化遗产的真实性和完整性，继承和弘扬中华民族优秀传统文化，正确处理经济社会发展和历史文化遗产保护的关系。”

广东省目前已经建立国家级—省级—市级三个层级的历史文化村镇（表 3-3），至 2017 年，国家级历史文化村镇共 37 个，其中有 21 个位于珠三角地区。

2006 年 12 月 11 日广东省建设厅和广东省文化厅联合发文《关于组织申报第一批广东省历史文化街区、名镇（村）的通知》（粤建规字 [2006]153 号），开始建立省级历史文化村镇保护名录。2008 年 8 月两厅联合公布了首批广东省历史文化村镇 8 个，其中位于珠三角地区有 3 个。各市也纷纷开始评选市级历史文化村镇，如肇庆市 2006 年 6 月发出《关于命名肇庆市第一批历史文化名村的通知》（肇府办 [2006]71 号），公布了肇庆市第一批历史文化名村共 26 个。

珠三角部分历史文化村镇的保护历程　　表 3-3

村镇名称	保护历程
佛山市三水区乐平镇大旗头村	1994 年 5 月 30 日被三水市人民政府公布为第二批重点文物保护单位；2002 年 7 月 17 日被广东省人民政府（粤府办〔2002〕56 号文）公布为第四批省级文物保护单位；2003 年 10 月 9 日被中华人民共和国建设部和国家文物局联合发文授予全国首批“中国历史文化名村”称号。
深圳市龙岗区大鹏镇鹏城村	1988 年大鹏所城被深圳市人民政府公布为市级文物保护单位；1989 年被广东省人民政府公布为省级文物保护单位；1996 年成立大鹏古城博物馆直接负责所城的保护；2001 年大鹏所城被国务院公布为全国重点文物保护单位；2003 年 10 月 9 日被中华人民共和国建设部和国家文物局联合发文授予全国首批“中国历史文化名村”称号。
广州市番禺区沙湾镇	1989 年 6 月留耕堂被评为第三批广东省级文物保护单位。2000 年沙湾成为广东农村综合实力“经济强镇”；2003 年成为广东省教育强镇；2002 年和 2004 年又先后被确定为广州市首批中心镇试点和广东省中心镇；2002 年 7 月鳌山古建筑、广游二支队司令部旧址被广州市人民政府公布为第六批文物保护单位。2004 年底，沙湾镇的安宁西街和鳌山古庙群成为广州市第一批内部控制历史文化保护区。2005 年 11 月成为由建设部、国家文物局确定的第二批中国历史文化名镇之一，获得了“国家历史文化名镇”的称号。
佛山市顺德区北滘镇碧江村	1991 年，碧江金楼被列入顺德县第一批文物保护单位。金楼及古建筑群包括金楼、泥楼、见龙门、慕堂苏公祠、砖雕大照壁、苏三兴大宅等建筑，已于 2002 年 7 月 17 日成为广东省文物保护单位。2005 年 11 月成为由建设部、国家文物局确定的第二批中国历史文化名镇之一，获得了“国家历史文化名村”的称号。
东莞市茶山镇南社村	百岁坊、谢遇奇家庙 1993 年被列为东莞市文物保护单位。茶山南社村古建筑群 2002 年被评为广东省省级文物重点保护单位。2004 年东莞市人民政府评定“南社遗韵”为东莞文物八景之一。2005 年 11 月成为由建设部、国家文物局确定的第二批中国历史文化名村之一，获得了“国家历史文化名村”的称号。
开平市塘口镇自力村	2001 年村内 14 座碉楼成为国家级文物保护单位。2005 年 11 月成为由建设部、国家文物局确定的第二批中国历史文化名村之一，获得了“国家历史文化名村”的称号。
开平市赤坎镇	1989 年赤坎镇司徒美堂故居被广东省人民政府公布为省级文物保护单位。2002 年赤坎旧镇近代建筑群被广东省人民政府公布为省级文物保护单位。2007 年 5 月成为由建设部、国家文物局确定的第三批中国历史文化名镇之一，获得了“国家历史文化名镇”的称号。

续表

村镇名称	保护历程
珠海市唐家湾镇	1979年唐家湾镇苏兆征故居被广东省人民政府公布为省级文物保护单位。1987年唐家共乐园被珠海市人民政府公布为市级文物保护单位。1994年唐家湾镇唐绍仪故居、淇澳白石街被珠海市人民政府公布为市级文物保护单位。2007年5月成为由建设部、国家文物局确定的第三批中国历史文化名镇之一，获得了“国家历史文化名镇”的称号
广州市番禺区石楼镇大岭村	2000年大岭村被广州市政府定为首批内控历史文化保护区。2002年大岭村被评为广州市历史文物保护村。2007年5月成为由建设部、国家文物局确定的第三批中国历史文化名村之一，获得了“国家历史文化名村”的称号。
东莞市石排镇塘尾村	塘尾明清古村落2001年被广东省政府评定为省级重点文物保护单位。塘尾古建筑群于2006年5月被国务院公布为第六批全国重点文物保护单位。2007年5月成为由建设部、国家文物局确定的第三批中国历史文化名村之一，获得了“国家历史文化名村”的称号。
中山市南朗镇翠亨村	1986年中山故居被国务院列为全国重点文物保护单位。1989年6月29日陆皓东故居、杨殷烈士故居被广东省人民政府公布为省级重点文物保护单位。2007年5月成为由建设部、国家文物局确定的第三批中国历史文化名村之一，获得了“国家历史文化名村”的称号。
东莞市石龙镇	2000年石龙镇周恩来演讲台、李文甫纪念亭、欧仙院被列为东莞市重点文物保护单位。2004年中山路民国建筑群、孙杜古桥，2008年10月成为由建设部、国家文物局确定的第四批中国历史文化名镇之一，获得了“国家历史文化名镇”的称号。
惠州市惠阳区秋长镇	1979年12月叶挺将军故居被广东省人民政府公布为省级重点文物保护单位，2006年被列入全国重点文物保护单位。2008年10月成为由建设部、国家文物局确定的第四批中国历史文化名镇之一，获得了“国家历史文化名镇”的称号。
恩平圣堂镇歇马村	2005年被歇马村评为广东省文明村。2007年梁元桂故居、秋官第、缉熙堂祠堂、振韬祖祠被列为恩平市第四批文物保护单位。2008年被评为“敬老模范村”。2008年10月成为由建设部、国家文物局确定的第四批中国历史文化名村之一，获得了“国家历史文化名村”的称号。
东莞市寮步镇西溪村	2004年1月西溪古村被确定为东莞市第四批文物保护单位。2008年10月成为由广东省建设厅、广东省文化厅联合公布的第一批广东省历史文化名村

3.2　保护的动力机制

3.2.1　历史文化村镇的价值

在当今物欲横流的社会，如何提高人类的物质文明和精神文明，如何构建和谐社会，在满足人们基本生活需求的同时提升精神文化世界成为时代的热点话题。历史文化村镇同时拥有乡土建筑、文物古迹、街巷空间、田园环境等物质文化遗产和民间工艺、民俗文化等非物质文化遗产，所承载的深厚的中华文化使其如酒一般历久弥香，所负载的巨大的精神价值在未来将不断得到彰显。

历史文化村镇的价值可分为历史价值、艺术价值、科学价值和社会价值。历史文化村镇的历史价值是在其历史演变的过程中所产生、积淀的主要价值，它对应于历史时期，只可以保护，而无法修复和创造，具有独特性和不可恢复性。它保留了历史的原始信息并记录了历史活动，是决定其他价值的基础。

艺术价值与村镇保存状况密切相关，一座保存完整的村镇比只保留了几栋历史建筑的村镇无疑更具有艺术价值。历史文化村镇中造型优美的建筑、精美的传统建筑装饰、巧妙的景观风水格局都具有独特的地域性和美学艺术内涵。历史文化村镇是人类智慧的结晶，是人类历史发展的见证，对于研究人类社会发展、科学技术发展、文化艺术发展具有重要的实证价值，是传承地方民族文化的重要载体。历史建筑群作为传统社会文化的载体，其社会价值反映了文化主体的公共情感与价值认同。

近年来学界开始关注历史文化遗产的经济价值，认为文化遗产的经济价值是由社会经济发展水平和需求市场决定的，由于遗产的稀缺性、易损性、不可再生性以及对遗产认识的不确定、不完整性，文化遗产往往容易遭到市场的破坏性利用或利用不足。

除此以外，历史文化村镇随着历史的推进、时代的发展，其所拥有很多的现代内涵逐渐得到彰显。首先，历史文化村镇的营建符合生态环保理念。历史文化村镇往往择址于依山傍水之地，自然环境极佳。中国传统的风水说使历史文化村镇在营建过程中追求“天人合一”的精神理念，许多亲山亲水的乡土建筑是“环境友好型”建筑的典范。其次，建造历史文化村镇往往就地取材或就近取材，使用的木材、生土、砖石等基本取自当地。当这些建筑“老去”时，这些材料又返回大地或是被重新利用于修缮建筑，而不会污染环境。另外，历史文化村镇内许多传统建筑的建造适应当地的气候环境，如珠三角许多历史文化村镇的传统建筑利用凉庭、冷巷等营建手法使其具有冬暖夏凉，自动调节温度的作用，相比于现代的钢筋混凝土建筑无疑更具优势，这是“资源节约型”建筑的典范。再次，历史文化村镇的营建有利于促进人际交往，塑造和谐的人居环境。与现代城市单元式“蜗居”相比，乡土建筑，如客家土楼等能最大限度地促进人与人之间的交往与沟通。天井、祠堂的公共空间以及面向巷道的布局方式可以保证居民拥有足够的人际交往空间，而睦邻友好的乡土建筑无疑能为追求“空间和谐型”建筑的现代建筑师们提供创作灵感。

3.2.2 保护的动力分析

历史文化村镇保护的动力来源于人类在历史长河中生存和发展的要求，来自于人类对自身文化的继承和发扬的要求，历史文化村镇保护的具体动力在不同国家、不同时期存在着差别，但抽象概括起来可归为政策力、经济力、社会力三个基本作用力。

3.2.2.1　政策力

政策力是来自政府方面的自上而下的作用力，包括与历史文化村镇保护相关的制度、法律、规章、条例等。中国目前历史文化村镇的保护还处在依靠政府主导的阶段，地方政府保护村镇历史文化的动力来源于自上而下的行政执行力，中央政策的颁布就是地方行动的导航，因此政策力在目前中国历史文化村镇的保护事业中起到至关重要的作用。

3.2.2.2　经济力

历史遗产保护是一项必须从现实利益入手，实现某种非现实利益目标的工作，是一项必须在明晰和权衡各方利益权属的基础上谋求历史保护共识的复杂社会博弈过程。[①] 在市场经济社会中利益的驱动力在人类活动中起着重要作用。针对历史文化村镇的保护而言，只有当参与保护所获得利益大于参与保护所付出的代价时，保护才具有内在动力。当然，利益是广义的，包括经济利益和社会利益两方面。而经济利益是最为直观的，也是村民最容易理解和接受的。以开平自力村为例，2004 年开平市政府决定将自力村作为旅游试点进行开发，希望筹集到更多的资金对当地碉楼和环境进行保护。开平市旅游开发总公司与自力村村民达成协议，门票收入与农民利益挂钩，2004、2005 年村里提成 7 万多元，人年均提成 750 ~ 1000 元，在近几年的时间内，自力村村民完成了从极端抗拒到自觉保护的积极转变。[②]

在任何文化或自然资产的管理中所存在的一个最大挑战是如何调停众多的利益相关者。从表面上看，利益相关者的咨询协调似乎是一个颇为直接的程序。通常的假设是，利益相关者的数量仅限于两个方面，资产的传统拥有者和使用者为一方，旅游业则为另一方面，然而事实上，大多数资产都有众多的利益相关者，他们与资产有着不同程度的联系，具有作为利益相关者的不同程度的合法性，而且在资产如何管理的问题上观点也大不相同。此外，利益相关者之间常有缔结正式的和非正式联盟的历史，这有可能使一些问题难以得到快捷的解决。[③] 在历史文化村镇保护活动的过程中，利益的驱使能使得经济力成为强大的保护动力或是破坏力。

---

① 李昕 . 转型期江南古镇保护制度变迁研究（博士论文）[D]. 上海：同济大学，2006：1.

② 2004 年 7 月，开平政府决定将自力村作为旅游试点进行开发，以便筹集更多的资金对当地碉楼和环境进行保护。刚开始村民对此极不理解，认为搞旅游破坏了村里的环境，干扰村民生活，经过政府大量的说服工作，旅游公司最终与村里达成协议，门票收入与农民利益挂钩，村民们敞开了村门。

③（加）Bob Mckercher，（澳）Hilary du Cros. 文化旅游与文化遗产管理 [M]. 天津：南开大学出版社，2006：68.

3.2.2.3 社会力

社会力是由整个社会机体内部积淀和孕育的，包括社会约定俗成的道德标准、价值观和社会心理等方面，与历史、文化、传统密切相关。历史文化村镇保护的社会力主要体现为市民的利益和意愿，以及保护历史文化传统的要求等。过去许多历史文化村镇得以保存都是依靠民间自发形成的乡规民约以及传统道德准则，这种观念习俗一旦形成就会世代影响后人的行为。

3.2.2.4 三力的相互关系

在历史文化村镇保护中，政策力、经济力、社会力三者之间是相互影响、渗透的。正确的历史文化村镇保护政策能够引导村镇的可持续发展，使得保护和发展相辅相成，但保护和修缮古村镇需要大量的资金支持，经济的发展能对历史文化村镇的保护提供积极的资金来源。社会力量是监督和促使历史文化村镇健康有序发展的保证，三力之间是相互作用、互相促进和相互制约的（图 3-1）。

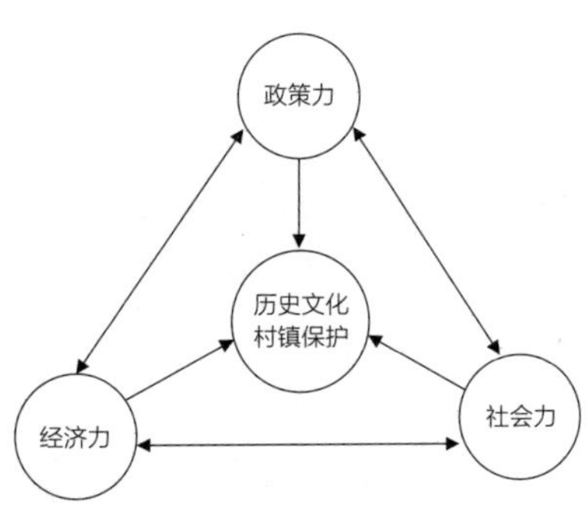

图 3-1 历史文化村镇保护动力机制

3.3 保存状况

3.3.1 城市化对历史文化村镇保护的负面影响

自 1980 年以来，随着各地经济发展水平的提高，城镇化进程加速进行，城乡建设浪潮迅速席卷全国。我国现在每年的住宅和建设量在 20 亿平方米左右。在这种史无前例的大面积改造和建设过程中，决定了我们众多的历史文化名镇（名村）、优秀的文化、历史建筑正处在非常危急的阶段，如果不以国家的强制力、不能动员千百万人民群众认识到历史文化遗产的不可再生性、重要性、不可替代性，那我们将会永远地失去这批宝贵的、不断增值的、实实在在的、可供人们世代享用的无价之宝。①

珠三角是我国经济高速增长、乡村城镇化加速发展的地区之一，城市的急剧扩张迅速吞噬着周边原本宁静安详的村镇，许多美丽的村镇在不知不觉中消失，而有幸保存下来的历史村镇也危机重重。美国宇航局（NASA）网站曾公布了 1979 年和 2003 年分别两次在同一准确角度拍摄的太空鸟瞰中国珠三角的照片（图 3-2）。照片非常明显地见证了中国改革开放的 24 年里，在珠三角这片热土

① 仇保兴. 中国历史文化名镇（村）的保护和利用策略 [J]. 城乡建设，2004（1）：6-9.

上发生的巨大变化。当年的万顷良田被今朝的都市和工厂覆盖，江湖河流为之变形变色。农民世代赖以生存的土地被城市的建筑物所填满，传统的村落生产生活方式因而发生根本的改变。务农已非村民主要的谋生方式，村镇产业结构向着工商业和服务业转移，房屋出租、兴办工业、发展旅游正时刻冲击着自给自足小农经济模式下的传统村落，生产方式的改变造成了村镇景观翻天覆地的变化。在缺乏规划指导和建设控制的情况下，许多现代建筑拔地而起，犬牙交错在传统建筑中，极大地破坏了千百年来遗留下来的传统村镇形态和乡土风貌，村镇的文化景观特色逐渐丧失。大量的古村镇已满目疮痍，面目全非。

图 3-2 1979 年和 2003 年的珠江三角洲太空鸟瞰

资料来源：中国新闻网 . http: //news.21cn.com/tupian/huabianpic/2007/08/24/3437393.shtml

3.3.2 自身机能的衰退

3.3.2.1 物质性衰退

珠江三角洲保留有大量的古建、民居、祠堂。据不完全统计，仅佛山地区就有 1500 多处。其中少量建筑已列入国家或省、市级文物保护单位，但大多数建筑仍无人问津。即使是被列入省、市级文物保护单位的项目也处于缺乏维修、自生自灭的状况。[①] 随着时间的推移，建筑物和设施常常会因超过使用年限而结构破损、外观破旧，无法再继续使用，导致城市的老化。这是一种绝对的老化，是物质的有形磨损，在任何时代，任何类型的城镇、村落中都会发生。由于岁月的流逝，修缮的不利，保护意识的淡薄，古村镇环境与风貌正逐渐失去其昔日的风采（图 3-3、图 3-4）。有的古建筑因年久失修，倾塌现象不时发生，不少极富保存价值的古建文物也因此而急剧消失。珠三角历史文化村镇古建筑普遍破旧不堪，每年都有一些因自然原因损坏而坍塌的，文物资源日渐减少。由于岭南潮湿炎热的气候条件，古建筑都不同程度地存在墙体裂缝、柱子霉烂、蚁蚀、屋顶漏水等现象。

---

① 赵红红，阎瑾 . 世界遗产、亚太地区文化遗产与一般民居保护——以广东省从化市广裕祠保护修复为例 [J]. 规划师，2005，21（1）: 25-27.

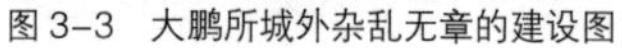

图 3–3　大鹏所城外杂乱无章的建设图

图 3–4　大鹏所城内古建筑日益破败

3.3.2.2　功能性衰退

由于受到外部优越生活条件和良好就业机会的强大吸引，珠三角许多村镇中青年劳动力背井离乡，到经济发达的城区谋生，多年来“离土不离乡”的传统模式被打破，取而代之的是“离土又离乡”的新模式，本地村镇人口急剧减少，古村镇老龄化倾向日趋严重。由于未能采取有效的调控措施，人口结构的变化和村镇外延式的发展，致使古村镇内部自我更新能力逐渐下降，物质的老化和功能性的衰退使得珠三角许多历史文化村镇出现了较为严重的村落“空心化”现象，房屋的空置率逐年增高。

3.3.2.3　结构性衰退

古村镇结构具有相对稳定的特点，有一种维持原来内部组织系统秩序和相互关联的倾向，使结构具有较高的有序性和较严密的组织性。在快速城市化的进程中，珠三角历史文化村镇的经济结构和社会结构都应功能结构的改变而随之变化，但由于惯性作用，原有的村镇结构往往难以适应快速发展变化的要求。村镇内部组织系统的变化往往滞后于经济、社会的发展变化，从而导致村镇结构性衰退。

本章小结

本章对珠三角历史文化村镇的保护历程、保护动力机制和保存状况进行分析。珠三角历史文化村镇的保护历程可分为列入文物保护单位、编制历史文化村镇保护规划、历史文化村镇保护的全面推进三个阶段。

历史文化村镇之所以要受到保护，原因在于其存在的价值，在分析了历史文化村镇的历史价值、艺术价值、科学价值、社会价值和经济价值后，提出了历史文化村镇保护的具体动力，概括起来可归为政策力、经济力、社会力三个基本动力，三力之间的关系是相互作用、互相促进和相互制约。此外，分析了珠三角城市化对历史文化村镇产生的负面影响，对历史文化村镇自身机能的衰退，包括物质性衰退、功能性衰退和结构性衰退进行了论述。

第四章

珠三角历史文化村镇保护的现实困境

4.1 困境一：村镇遭遇肌理破坏，文化丧失

4.2 困境二： 村镇“空心化”“出租化”现象严重

4.3 困境三：保护制度不健全，资金匮乏

4.4 困境四：保护规划易编制，难落实

4.5 困境五：文化产业缺乏竞争力，旅游开发体制未理顺

4.6 对比江南古镇

历史文化村镇的保护绝非单一的物质保护，它还涉及社会、经济、文化、管理等众多领域，涉及包括居住于其中的本地居民、外地居民、当地政府、村委会、开发商、旅游公司等众多方的利益，因而需要全盘考虑。通过实地调查和访谈，我们发现珠三角历史文化村镇的保护还存在不少现实困境。

4.1 困境一：村镇遭遇肌理破坏，文化丧失

历史文化村镇物质空间实体存在的问题是最直观的，也最容易引起人们的关注。虽然近几年历史文化村镇保护体系日趋完善，取得了突飞猛进的发展，但毕竟还是处于起步阶段，许多历史文化村镇的保护状况令人堪忧，自然损毁和人为破坏令村镇昔日的风光不再，村镇肌理逐渐丧失，人居环境日益恶化。

4.1.1 拆旧建新，得难偿失

4.1.1.1 城市用地扩张对村镇用地的蚕食

1978 年改革开放以来，珠三角地区由于乡镇企业的发展，小城镇的吸引力增大，众多的城镇迅速扩展起来。人口密度增加，土地利用率直线上升，城市建设用地进一步扩张。由于快速城市化，疾风暴雨式的城市建设和城市用地急剧膨胀，边缘地带的部分村落和耕地逐渐被“圈”到了城市建设用地范围内。近 10 年来，广东省耕地净减数高达 434 万亩，平均每年净减 43.4 万亩，人均耕地从“七五”初期的 0.67 亩降至 1996 年的 0.5 亩，已远远低于联合国粮农组织划定的人均耕地 0.795 亩的“警戒线”。[①] 在性质上，这些耕地权属大多由农村集体所有转化为城市的全民所有。大量兴建的厂房和廉价住屋，破坏了村镇原有的肌理。在以大城市为中心的聚集城镇群的发展趋势以及人们对提高生活质量的渴求下，若干的古村镇被放弃了，或被推土机铲平或遭遗弃或变成了被城市圈入的村落，但保留一定的土地、特权和经济利益所形成的不同于一般城乡社区的“城中村”。外质的介入使村镇归属感降低，这一系列的变化不仅消磨着村镇的传统风貌，而且也吞噬着村镇的地域文化。

珠三角地区的古村镇经过多年演化，其用地已在总体上呈现出了下述特征：以居住用地为主，同时交织混杂了相当规模的工业用地与各类公共设施用地。具体有：①土地非农化。城市用地的拓展、村落用地的出租及普遍化的建房行为，致使农业用地不断减少。②混合性。对外城市用地与农村用地彼此交错，对内居住用地、

① 房庆方，马向明，宋劲松．城中村：从广东看我国城市化进程中遇到的政策问题 [J]. 城市规划，1999，23（9）：18-20.

工业用地与各类公共设施用地相互混杂，彼此交叉，内部空间布局混乱。③无序性。主要表现为对宅基地的审批、分配与管理混乱，违章私搭乱建行为屡禁不止，导致整体形态无序。

珠三角部分历史文化村镇土地资源由于缺乏统一的规划、建设与管理，形成土地占有率高、利用率低、产出率更低的局面，破坏了土地的完整性，从而造成土地资源的严重浪费。严重的超标违章建设、良莠不齐的建设质量，以及滞后的设施配套等，造成居住环境恶化。大量外来暂住人口的流入给当地带来一定的负面影响，另一方面，当地村民在坐享土地房租带来的收益时，也有不少因为文化技能较低难以找到合适工作而成为无业的食利阶层，由此滋生的吸毒贩毒、超生超育、聚众赌博等问题，给社会造成不良影响。

4.1.1.2 传统建筑群遭遇建设性破坏、保护性破坏

长期以来由于传统聚落的发展缓慢，文物古迹受到的不利影响主要是材料的腐朽、自然风雨的侵蚀。然而随着城镇化进程的加快，许多历史文化村镇面临着建设性破坏、保护性破坏和旅游开发性破坏，村镇乱拆乱建情况严重，整体历史文化风貌遭到破坏。

（1）建设性破坏

历史文化村镇的破坏有一个共同特点，几乎就是在开发利用和建设中遭到破坏，这些行为很难得到监督，更谈不上制止和纠正。[①] 有些地方为了建政府办公楼，树立城市形象，将古老的民居拆除，造成了极大的损失。如肇庆市大屋村所属的北市镇政府大楼就是在拆除一片古民居中建立起来（图 4-1），政府大楼外观与毗邻的福安里古村落风貌极为不衬。广州市沙湾镇目前陷入一种“修的不如拆的快”的恶性循环。政府平均每年投入大量的资金修缮文物建筑 3 ~ 5 间，而其周边每年被拆除的古民居多达几十间（图 4-2）。据了解，2003 年整个沙湾古镇区有 400 多间古建筑，但现在已经有 1/10 消失了。据不完全统计，20 多年来，广东省有 30 处文物保护单位被完全毁坏，数百处古遗址、古墓葬、近现代重要史迹及代表性建筑已消失。[②] 而一些无规划、无秩序的新建筑充斥在名镇名村的各个角落，新老建筑犬牙交错，参差不齐，原有村镇格局、自然环境和历史风貌被破坏殆尽。

（2）保护性破坏

虽然保护观念越来越普遍地为人们所接受和重视，但“好心办坏事”的情况却时常发生。村民由于自身文化水平有限，本着保护祖业的善良愿望自发维修岌

---

① 赵勇，骆中钊，张韵 . 历史文化村镇的保护与发展 [M]. 北京：化学工业出版社，2005：45.

② 20 年 30 处文物被毁 省政协：应支持私人办博物馆 [M]. 南方都市报 .2004-01-01. http：//www.southcn.com/news/dishi/guangzhou/shizheng/200401010100.htm

图 4-1 在拆除古民居上建立的北市镇政府大楼

图 4-2 沙湾镇新老建筑混杂

岌可危的古祠堂，但在没有古建保护专业人员的指导下反而造成了对文物的破坏。珠三角许多村镇古建筑青砖墙上水泥作灰浆勾缝泛滥成灾。[①]

4.1.2 设施落后，环境恶化

4.1.2.1 交通不便，居住环境恶化

过去由于陆路交通闭塞，与外界联系不便，处在偏远地区的历史文化村镇长期处于缓慢稳定的自然状况，这也是其能完整保存的主要原因。随着城市的发展和评上国家级历史文化村镇后知名度的提高，外部施加影响也越来越大。

珠三角许多历史文化村镇原居民因不堪忍受不便利的交通、落后的基础设施、恶劣的卫生条件以及局促的居住空间（图 4-3），纷纷搬离旧村，这也进一步加速了古民居建筑的老化。在珠三角历史文化村镇改善意见的调查中，有 22% 的人希望村镇的道路交通有所改善，其次是公共设施、卫生环境和景观绿化的改善（图 4-4），这说明许多历史文化村镇与外界联系不便，设施落后，卫生环境较差。事实上许多古老的建筑年久失修，古民居采光通风不足，已经远远不能满足现代生活的要求。一些具有保护价值的古村镇因未能列为保护对象而被拆除或不合理地改造；一些具有历史价值的传统乡土建筑因为长期无人居住或年久失修而日益破败。

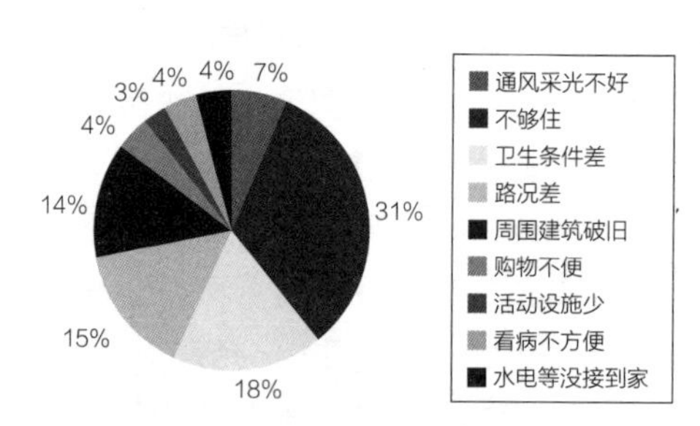

图 4-3 大屋村居住环境调查

① 由于水泥与原胶结材料的粘结力不一致，产生了更为严重的剥落与损坏。

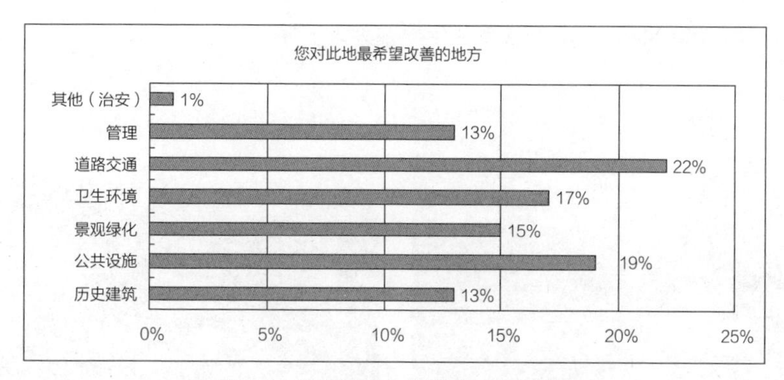

图 4-4　珠三角历史文化村镇改善意见调查

4.1.2.2　基础设施落后，安全隐患突出

珠三角历史文化村镇普遍存在供水、排水、供电等市政基础设施落后的问题，许多地方公共服务设施缺乏。商业设施普遍规模小，标准低，面貌陈旧。文化、体育设施缺乏。医疗设施十分简陋。只有少数村镇内设有幼儿园、小学等教育设施。

珠三角历史文化村镇中大多数建筑为砖木结构，古建筑上一道道蜘蛛网式的电线令人触目惊心（图 4-5、图 4-6），乱拉电线破坏了村落整体形象；另一方面大多电珠直接钉在建筑的墀头上，甚至钉在建筑前檐装修的花板上，严重破坏了建筑墙体和构件。村镇巷道宽度多数小于 4 米，消防车根本无法开进，一旦引起火灾后果将不堪设想。许多古井或被重物压盖，或已干枯，根本无法起到救火作用。

图 4-5　鹏城村古民居随意拉牵电线图

图 4-6　沙湾古建筑上电线杂乱

4.1.2.3　工业污染对村镇环境的影响

珠三角历史文化村镇土地利用现状中普遍工业用地比例较大，并与居住用地混杂在一起。许多村镇盲目发展工业，造成厂房、仓库、企事业单位等与传统村镇风貌完全相异的建设行为大量出现。如广州市大岭村村域工业构成中，有相当一部分是重污染型工业（图 4-7），许多工业废物废水未经处理便直接排出，卫生

环境日益恶化（图 4-8），居民的生活质量大大下降。

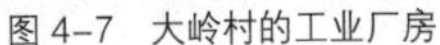
图 4-7　大岭村的工业厂房

图 4-8　受到工业污染的大岭村玉带河

佛山市碧江村心河是流经碧江村落的主要河涌，自 1980 年以来受到越来越严重的污染，村里的生活污水直接排入河涌，1990 年以后碧江工业区的工业污水排放量增大，到 90 年代末村心河已经臭不可闻。1997 ~ 1998 年，村民将其盖板改为暗渠，渠顶修成村心街，破坏了旧村聚落的生存环境。

4.1.3　意境破坏，文化丧失

4.1.3.1　传统营造意匠遭建设性破坏

如前文所述，恩平市歇马村是以马为精神图腾而建，然而在社会主义新农村的建设浪潮中传统风水意匠却遭遇建设性破坏。歇马村是新农村示范点，多部门共同管理。由于缺乏保护意识以及审美观点不同，部门官员认为新农村就要与旧农村区别，所以歇马村古村落对面都是新建的广场、桥梁、篮球场（图 4-9）等。2006 年归国华侨出于对家乡建设的热情，捐款总数 280 万元，却用于填埋中间一口“马肺塘”建设篮球场（图 4-10），致使传统仿生象物意匠丧失，文化内涵无法得以延续。

图 4-9　歇马村新建广场

图 4-10　歇马村“马肺塘”被填建篮球场

4.1.3.2 非物质文化遗产后继无人

据了解，沙湾飘色、广东音乐等传统艺术后继无人，现在只靠老一辈在经营，民间艺术靠艺人自发表演，缺少积极的探索和创新。沙湾飘色技艺制作骨干近 20 人，艺人年龄多在 40 岁以上，沙湾镇年轻人很少学习传统艺术，传统艺术处在青黄不接的尴尬状态。

随着社会的发展，大部分的传统行业、传统工艺都难觅其踪影。很多高巧精湛的手工技术难以找到后人继承，现有的手工艺品资源都是老一辈的艺术家所创作的，传统工艺的传承已经迫在眉睫。如今，科技发达，流行歌曲盛行，导致青少年对传统民歌、地方戏剧失去兴趣。如客家山歌在年轻人中会唱的很少。

4.1.4 肆意改建的反思——政策与需求的矛盾

对于珠三角历史文化村镇物质生存空间遭遇的威胁，除了自然老化这一表象之外，为何会频繁遭到人为损毁，背后的深层原因究竟是什么？仅仅是人们的保护意识不够吗？为何建设性破坏屡禁不止？

4.1.4.1 政策力主导文化遗产保护的方向

1978 年 12 月召开的党的十一届三中全会决定停止使用“以阶级斗争为纲”的口号，作出了把全党工作的着重点转移到经济建设上来的决策，开始了中国从“以阶级斗争为纲”到“以经济建设为中心”的转变。在“一切以经济建设为中心”的号召下，许多城市开始盲目开发，大拆大建。战争、政治变革和经济发展是古村镇遭到破坏的三大原因，其中经济发展破坏力尤大，因为其破坏时是理直气壮的（罗哲文，2006）。改革开放以前，我国城市发展长期推行“变消费城市为生产城市”的建设方针，致使许多村镇盲目发展工业，造成厂房、仓库、企事业单位等与传统村镇风貌完全相异的建设行为大量出现，破坏了古村镇原有的格局和肌理，出现用地布局零乱的现象，并带来一定的环境污染问题。

陈志华分析说，20 世纪 90 年代中期之后，古村镇遭破坏的情况明显，主要原因是在 GDP 的攀比中，地方领导希望出政绩，三年一小变，五年一大变，大拆大建，令古村镇风貌断裂。此外，还有旅游冲动下带来的破坏性开发。最根本的原因还是拍板的人文化素质差，人文底子薄，没有意识到历史文化遗产的真正价值。领导们更多的是关注立竿见影的政绩工程，而对于修旧如旧——既需要花费大量财力而效果又不明显的保护工程则不热心。

总结中华人民共和国成立以来特别是改革开放以来的历史经验和教训，我们认识到，党在社会主义初级阶段的基本路线不能只是“一切以经济建设为中心”。党的十七大报告提出，科学发展观的核心是以人为本。以人为本、以民为本是中国优秀传统文化的基本精神之一。我国古代的思想家，特别是儒家学派，一贯反对以神为本，坚持以人为本、以民为本的人文主义、民本主义立场。我国古代早就有“敬天保民”，“民惟邦本，本固邦宁”的思想，中国传统文化的政治主题和价值主题始终围绕着“人本、民本”思想理论的实现、实践而展开，按传统文化理论建立起来的历史文化村镇是人本思想的物化，在从“以经济建设为中心”的发展观到“以人为本”的科学发展观的转变，古村镇的保护也日益受到人们重视。正是国家政策方针和社会价值取向的转变主导了文化遗产保护的方向。

4.1.4.2 人地矛盾无法解决，古民居成牺牲品

《中华人民共和国土地管理法（1986 年版）》第三十八条规定“农村居民建住宅,应当使用原有的宅基地和村内空闲地。”2004 年修订《土地管理法》规定“农村村民一户只能拥有一处宅基地。农村村民建住宅，应当符合乡（镇）土地利用总体规划，并尽量使用原有的宅基地和村内空闲地。”可见我国对村民自建住宅有严格规定，一户一宅，并鼓励在原宅基地上建住宅，此法对于农村节约用地，集约发展本无可厚非，但对于宅基地上建有古民居的村民来说，随着家庭成员的增加，原有古民居已经不够用。在“一户一宅”的政策下，既然无法择地新建，只有对原宅基地上的古民居进行加建或者扩建、改造，在没有专业人员指导下村民自行改建的古民居自然无法做到保持原真性。更有甚者嫌古民居碍手碍脚，干脆偷偷将其拆毁。

4.1.4.3 传统居住的防御性和聚落的规范性与现代生活的矛盾

古代中国是以家庭为本位的社会，家庭成员间的各种道德准则和行为规范的家庭伦理对聚居形态有着重要的影响。在多代同堂的大家庭中，群体居住的基本结构由“个人—家庭—宗族”组成。据有关学者考证,宋代每个家庭约有子女 5 人，一个三代同堂的标准家庭成员平均为 9 人，如果加上一定数量的小家庭和鳏寡孤独，社会平均家庭人口约为 7 人。这些统计基本可以反映“同居同财”的血缘家庭的真实情况（袁祖亮，1994）。

广府民系的聚居以合族而居为基本社会条件，较多反映居住的组织性和聚落的规范性。[①] 成员个体和家庭组织都会按照基本相同的范型生活，空间形态和规模基本相等。高密度的聚落空间具有维系聚落亲族、团结聚和的精神象征作用。聚落格局不仅要求空间规划与布局合乎礼仪，合乎规范，同时要求村落成员恪守封建等级居住的规范和道德轨仪，不得越位。而将这种传统礼制、宗法制度下产生的居住模式置于现代生活中，则显得格格不入。

首先是家庭规模的变化。过去几代人同堂而居，家族的管理依赖严谨的秩序和家法，房屋的布置则既要满足等级制度的划分，便于管理，又要起到维系和监

① 王健. 广府民系民居建筑与文化研究（博士论文）[D]. 广州：华南理工大学，2002：28-30.

督的作用。如今家庭核心化成为趋势，多子家庭已婚子女与父母分居生活或多兄弟家庭分家现象逐渐普遍。20 世纪 80 年代初期的集体经济组织解体并没有导致农村家庭核心化水平下降，相反多数地区核心化水平得到提升。2000 年，从家庭规模上看，我国家庭的小型化呈继续发展之势。[①] 现代家庭平均人口为 3.5 人，较过去少了一半，几代同堂的大家庭已属于少数。每个小家庭居住内部都需要起居、洁污等日常生活功能的完整，这必然与传统大家族的居住模式有冲突，于是很多古民居为了适应现代小家庭的生活，整体被分隔成一个个独立的小单元。

其次是生活方式的改变。过去男耕女织，日出而作，日落而息，春种秋收，守望相助，如今几代人共守一亩地的家庭已很少见。过去聚居建房是作为宗族集体的事业看待，为了防御外侵，族人必须团结在一起，邻近居住彼此之间相互照应，个人行为遵从礼制、家法。如今现代生活已不是封建社会那种自给自足的小农经济了，衣食住行、生老病死等问题已经不再需要依赖家庭和亲友去解决。随着居住的防御功能逐渐弱化后，继续聚居已不再是必要条件，个性的解放和私密性的追求使得大家庭的聚居模式如细胞分裂一般形成多个小家庭的单元模式。

4.1.5　案例研究：徘徊在拆与建之中的广州大岭村

4.1.5.1　历史沿革

大岭村位于广州市番禺区石楼镇菩山脚下，原名“菩山村”。据《番禺镇村志》记载“大岭许姓，原籍浙江绍兴，于北宋宣和元年（1119 年）经南雄移居大岭开村”。明清两代，大岭村隶属茭塘司大岭堡大岭村。1949 年建国至今，隶属石楼镇。大岭村下辖中约、西约、上村、龙漖 4 个自然村。“砺江涌头，半月古村”是大岭村村落整体格局的特色。

据不完全统计，在历史上大岭村有进士、举人、贡生、知县 131 名。文物古迹有陈氏宗祠、两塘公祠、大魁阁塔、陈永思堂、龙津桥、显宗祠等十几处。2000 年大岭村被广州市定为首批历史文化保护区（内控），2002 年被评为广州市历史文物保护村，2007 年 5 月大岭村成为第三批中国历史文化名村之一。然而在快速城市化进程中，大岭村的保护现状令人堪忧，保护与发展矛盾突出。

4.1.5.2　改革开放前拆砖卖柱

大岭村现存的历史建筑是明、清、民国初期三个时代的遗存。文革时期全国上下许多有价值的历史建筑遭到毁灭性的破坏，与其他建筑带有政治色彩的毁坏不同，大岭村的破坏更多的是在于经济原因。文革时期大岭村许多门楼、祠堂、庙宇被拆，如朝列大夫祠的前进在 1958 年被拆毁，只留墙基门前台阶。近湾祖

① 王跃生．中国农村家庭的核心化分析 [J]. 中国人口科学 .2007（5），10：36–48.

陈公祠1956年被拆毁，尚存基石。究其原因有以下三点：①当时财政困难，上级政府建设公共设施以行政命令的手段要求各村上缴规定数量的砖、柱，为了完成任务，大岭村许多门楼、祠堂、庙宇被拆，其砖头、柱子用来修筑公共建筑和基础设施。②1951年5月，在番禺县的统一部署下，石楼镇全面开展“土地改革运动”。土改时期大岭村许多祠堂分为私有，在贫困生活的压迫下，许多人私自将祠堂拆卸，贩卖其砖头、柱子。如朝列大夫陈公祠在土改时产权部分归村民所有，村民将祠堂私有部分改成民居，将其多余部分拆卸，只剩祠堂后座。③由于生活贫困，村民将家中多余的青砖房拆卸下来贩卖砖头。据不完全统计，改革开放前大岭村拆除的祠堂、牌坊约占原来总数的40%左右，拆除青砖民宅80%左右。[①]

此外，大岭村许多祠堂曾被改作他用。我们从祠堂名称的变迁可窥见一斑。如陈氏宗祠于乾隆三十九年（1774年）甲午仲冬吉日建立，“陈氏宗祠”四字阳文金字书写。1958年将阳文凿去，用油漆改写为“胜洲食堂”；办学校时用油漆写为“胜洲小学”；1985年至1987年时设初中班时用油漆改写为“胜洲学校”；1988年将原有凿字刀印凿回原始大红金字“陈氏宗祠”。柳源堂在1958年拆建成生产队饭堂，命名为“中约饭堂”，后来用作酒堂及仓库之用。[②]

4.1.5.3 改革开放后至2000年拆旧建新

1949年前，农民生活十分贫苦。据《番禺镇村志》记载“佃耕户每年每亩交谷租3.5担至4担，所剩无几。风调雨顺时尚可勉强糊口，遇有天灾人祸，则衣食无保。中华人民共和国成立后，农民分得田地，初步解决温饱。人均收入逐年增加，1965年为122元，1978年为144元，1985年为613元。”中共十一届三中全会后，农民除从事农业生产外，还可经商、务工，或个人承包企业，村民生活渐渐富裕起来。青砖老屋由于设施落后已经不能满足村民生活需求，在当时政策不允许宅基地出租和买卖的情况下[③]，村民大多数拆旧建新（图4-11），改小为大，平房变楼房，许多青砖旧屋

图4-11 大岭村内拆旧建新

---

① 陈来灿，大岭村民委员会书记，2008-2-28个人访谈记录。

② 陈华佳. 大岭村历史文化. 陈坚，陈培康捐资印刷，2004：14-16.

③ 1978年12月22日，中国共产党第十一届中央委员会第三次会议通过了《农村人民公社工作条例》，规定国家和集体建设占用土地，必须严格按照法律规定办理，并尽量不占耕地；农村土地包括宅基地一律不准出租和买卖。

被拆除或改建为砖瓦平房、混凝土结构的小楼房。有的村民把传统民居的二廊坡顶改为混凝土平顶，增加二层使用功能。原来不少民居山墙采用镬耳山墙，后来因台风灾害，拆掉多出镬耳，现绝大多数是普通的人字山墙。[①]

改革开放以后村民拆旧建新的原因可归纳为两点：①经济发展了，村民生活逐渐富裕起来，改善居住环境的愿望变得强烈，而原有旧屋由于居住面积有限，基础设施落后，卫生环境较差，已经无法满足村民生活需求，为图省事，一来村民不愿意花钱请人改造老屋，二来很少水泥工匠懂得古建改造技术，拆旧建新成为必然。②土地政策不支持农民新辟宅基地[②]，上级不批准大岭村民另辟地建新村[③]，村民只能在旧村原有宅基地上想办法。事实上由于物品的稀缺性，改造青砖老屋的成本可能比拆旧建新的成本还高，因此村民自然首选拆旧建新。据了解，在宅基地上拆旧建新的情况持续至今，由于宅基地上的青砖老屋属于村民私有，大岭村村委会对此很难去制止。

4.1.5.4 2000年后开始建立保护意识，编制保护规划

2000年12月广州市政府发出“关于公布广州市第一批历史文化保护区的通知（穗府[2000]55号）”，要求开展对37片历史文化保护区的保护规划编制工作，大岭村被定为首批内控历史文化保护区。2002年9月1日大岭村贞寿之门牌坊、龙津桥、大魁阁塔被广州市文化局公布为广州市登记保护文物单位（表4-1）。为加强对大岭村传统村落的整体风貌和重要古建筑的保护，2003年6月委托华南理工大学东方建筑文化研究所制定《大岭村历史文化区保护规划》。2004年9月编制了《广州市番禺区大岭村历史文化保护区保护规划》。2007年9月广州市城市规划设计所对《广州市番禺区大岭村历史文化保护区保护规划》进行深化，形成最终成果。2008年2月石楼镇政府投入2000万资金，成立大岭村历史文化村镇修葺办公室，正式展开对大岭村的保护修葺工作。目前，显宗祠抢救维修的首期工程已经完成，后墙破裂、石柱发霉、木雕破烂等问题已经解决。此外还维修了文昌塔、接龙桥。增加中兴街的门坊，征用显宗祠旁边的鱼塘做成荷花池公园。

4.1.5.5 保护与发展矛盾突出

大岭村的保护历程是当时社会大背景下的缩影，经历了拆砖卖柱、拆旧建新的大岭村保留下来的历史遗产显得弥足珍贵。

---

① 引自《广州市番禺区大岭村历史文物保护区保护规划》.2005.

② 中华人民共和国土地管理法（1986）第三十八条规定：农村居民建住宅，应当使用原有的宅基地和村内空闲地。

③ 据大岭村民委员会书记陈来灿介绍，20世纪90年代大岭村村委曾规划新村用地，向上级申请用玉带河对岸未开发的土地来建新村，把大岭村旧村保留下来，但未获得批准。

广州市大岭村登记保护的文物单位名单　表 4-1

名称	始建年代	公布时间	简介
贞寿之门牌坊	清	2002.9.1	四柱三间三楼花岗石牌坊，有“菩山第一门”之称。明间上的石额刻述陈姓人氏之妻妾守节养儿的事迹。
龙津桥	清	2002.9.1	两孔拱券形石桥。桥身和拦板由红砂岩石砌筑，两侧刻“龙津”二字，栏板上雕刻有莲花等纹饰。
大魁阁塔	清	2002.9.1	广州目前发现保存最完整的文塔。楼阁式砖塔，高三层。现塔内楼板、楼梯保存完整。
陈捷云墓	民国 25 年（1936 年）	2005.9.22	抄手墓，花岗岩石砌筑，占地面积 45.76 平方米，由后土、护岭、坟头、山手、月台组成。护岭和山手两端各均立一小石狮子，护岭下方外旁置抱鼓石。

虽然大岭村被评上国家级历史文化名村，但其保护现状却令人堪忧，保护与发展矛盾突出，体现在以下几点：①地处珠三角的大岭村是重要的历史文化保护区，处在广州市战略规划所划定的生态绿廊中，在快速城市化的冲击下，旧村原有格局已无法适应新的发展需要，而村域内新的建设行为又将受到历史文化保护规划和各种上层规划的制约和限制，如何适应新的发展需求又同时保留旧村肌理是大岭村面临的难题之一。②工业是大岭村重要的经济来源，工业给大岭村带来可观收入的同时也造成了极大的污染。大岭村村域工业构成中有相当一部分是重污染型工业（图 4-12、图 4-13），且处理污染的设施严重匮乏，许多工业废物废水未经处理便直接排出，严重污染了村内的环境。如何在经济和环境中作出取舍是大岭村面临的难题之二。③广州市 2000 年发出不再发放宅基地证的通知[①]，大岭村许多村民原有住房已无法满足家庭增长需求，一项调查问卷中显示，66.6% 的受访家庭中五年内有人达到适婚年龄，41.2% 的受访家庭在未来五年内需要新建住宅。[②] 由于村民新建住宅既无土地证又无房产证，利益无法得到保障，许多村民只能在原有宅基地上翻建、改建、重建。

4.1.5.6 保护对策关键词——放宽政策，民众齐心

对于还保留着乡村传统制度，同时又受到城市化直接冲击的大岭村，政府应对其功能需求的拓展积极加以引导（图 4-14），并充分利用宗族制度影响下的村民自治，保护关键在于政策力与社会力。

---

① 2000 年 12 月 27 日广州市人民政府发出关于加快村镇建设步伐，推进城市化进程的若干意见（穗字 [2000]17 号），指出 2000 年 12 月底广州停止原有《农民宅基地证》的使用，实施新的《农村村民住宅建设用地批准书》制度。城市规划发展区内村镇新建农民住宅，一律由村镇统一规划建设农民公寓，不再“一户一地”批地建设，不再发放《农民宅基地证》。

② 引自《广州市番禺区石楼镇大岭村村庄规划（2007～2010 年）（评审稿）》.2008.

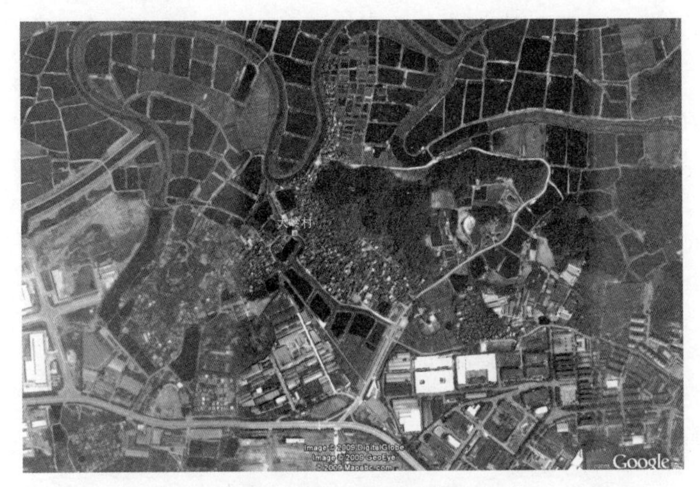

图 4-12　大岭村卫星影像图

（资料来源：Google Earth）

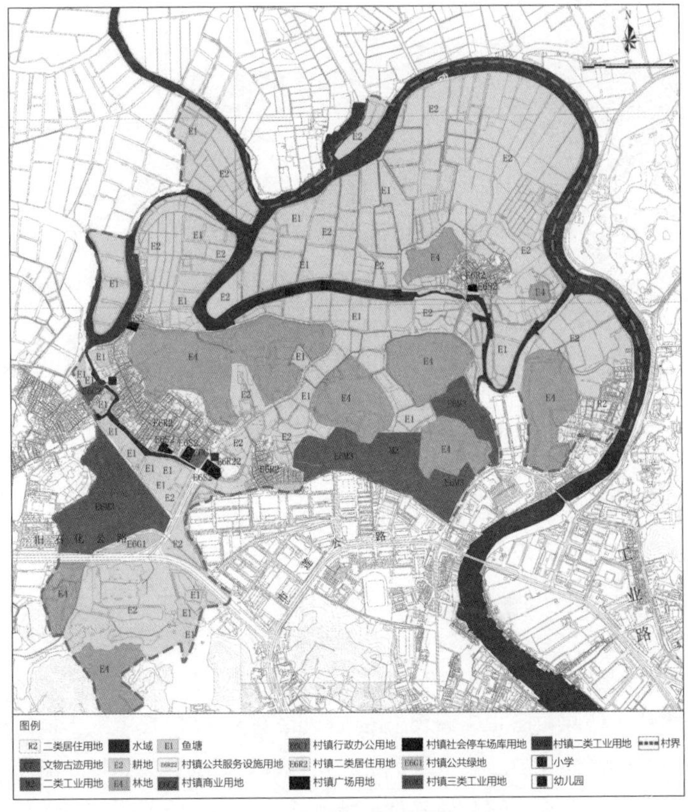

图 4-13　大岭村村域土地利用现状图

资料来源：广州市番禺区石楼镇大岭村村庄规划 . 2008

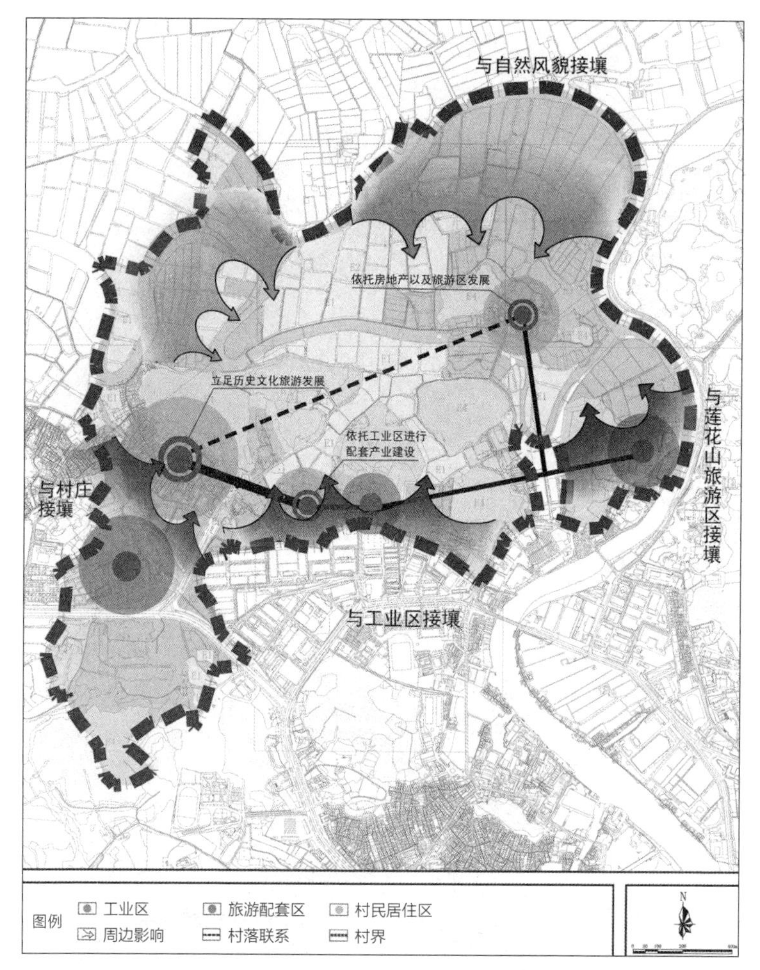

图 4-14　外界因素对大岭村影响分析图

资料来源：广州市番禺区石楼镇大岭村村庄规划 . 2008

（1）土地政策放宽对历史文化名村的限制，引导其往新村发展

首先，从政府层面来说，应针对历史文化名村的具体情况制定相关的特殊保护政策，在土地政策上应放宽对历史文化名村的限制，对于村落格局已经无法满足发展需求的村镇应制定相关规划引导其往新村发展，避免在旧村中继续搞见缝插针的建设，对于旧村在保护其村落肌理的同时应适度进行设施的改造，并合理疏散一些人口，还原村落生态景观格局。除此以外，政府在组织申报历史文化村镇中应通过大众媒体大力宣传普及历史文化村镇的评选意义和相关的历史村镇保护知识，对民间拆旧建新的行为要从根源上进行控制，争取保护工作获得村民的理解和积极参与。

（2）满足村民生活发展需求，适应社会主义新农村建设

其次，历史文化村镇保护规划的制定不能仅仅局限于保护层面而忽视村镇的发展需求。只有在充分调研的前提下，论证未来村镇发展的建设需求与原有村镇格局的关系，做到既保护村镇的物质与非物质文化，又能适应社会主义新农村建设，促进村镇经济发展，满足村民生活发展需求的规划才能真正起到作用。对于大岭村工业污染问题应采取远期逐步搬迁，近期严格控制污水排放，可采取生物净化工程净化玉带河水质。

（3）充分发挥乡规民约的作用，形成民间保护团体

最后，要充分重视历史文化名村中的村民自治。历代王朝都曾经试图将国家权力延伸至广大乡村，但是在经历了反复的试错和博弈之后，他们大都将权利的触角止于县级。县级以下的广大乡村则处于高度的自治之下。[①] 大岭村 2005 年 7 月 20 日起执行的村规民约（图 4-15）中有关土地资源管理的规定“任何村民不得侵占、买卖、出租或非法转让土地，需建房用地，必须经有关部门批准，未经批准乱建房屋的，国土部门按非法用地的有关规定处罚；建房户开线前需向村递交建房申请表，经批准后，由村报建干部在场规划开线；村委会建立健全的土地管理档案，将土地的各项资料详细记载，以备查阅；属于村委会集体所有的山林、水面，应采用承包经营的方法实行严格管理，并签订合同，按时收缴承包费用；本村村民新建房及扩建部分用地，向村委会缴纳用地使用费，按每平方（暂定）50 元，不交者不给予报建；村民未经许可不准乱建、占用，凡属乱建的一律责令自行拆除。”（图 4-16）乡规民约在古村落保护中起到重要作用，我们应该充分重视历史文化村镇中的村民自治，并适当加以引导，如在乡规民约中加入村民建房的造型、色彩、朝向、高度等要求，这将比控规制定的指标和城市设计制定的导则更能有效地控制整个历史文化村镇的风貌。对村民自发的修缮祠堂行为应加以鼓励和引导，大力宣传古建筑修缮的原则和相关

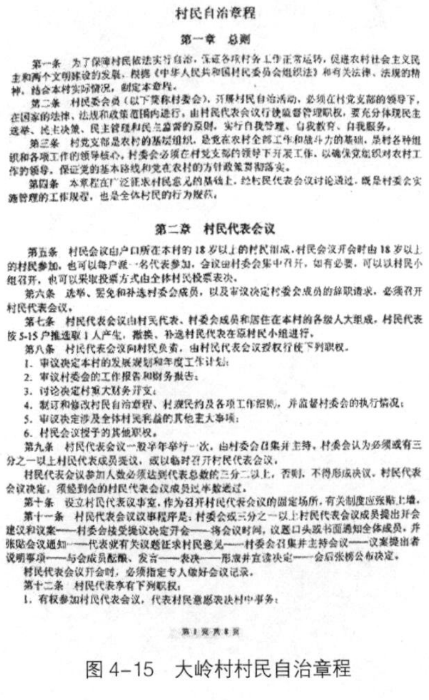

村民自治章程

第一章　总则

第一条　为了保障村民依法实行自治，保证各项村务工作正常运转，促进农村社会主义民主和两个文明建设的发展，根据《中华人民共和国村民委员会组织法》和有关法律、法规的精神，结合本村实际情况，制定本章程。

第二条　村民委员会（以下简称村委会），开展村民自治活动，必须在村党支部的领导下，在国家的法律、法规和政策范围内进行，由村民代表会议行使监督管理职权，要充分体现民主选举、民主决策、民主管理和民主监督的原则，实行自我管理、自我教育、自我服务。

第三条　村党支部是农村的基层组织，是党在农村全部工作和战斗力的基础，是村各种组织和各项工作的领导核心，村委会必须在村党支部的领导下开展工作，以确保党组织对农村工作的领导，保证党的基本路线和党在农村的方针政策贯彻落实。

第四条　本章程在广泛征求村民意见的基础上，经村民代表会议讨论通过，既是村委会实施管理的工作规程，也是全体村民的行为规范。

第二章　村民代表会议

第五条　村民会议由户口所在本村的 18 岁以上的村民组成，村民会议开会时由 18 岁以上的村民参加，也可以每户派一名代表参加，会议由村委会集中召开，如有必要，可以以村民小组召开，也可以采取投票方式由全体村民投票表决。

第六条　选举、罢免和补选村委会成员，以及审议决定村委会成员的辞职请求，必须召开村民代表会议。

第七条　村民代表会议由村民代表、村委会成员和居住在本村的各级人大组成，村民代表按 5-15 户推选取 1 人产生，撤换、补选村民代表在原村民小组进行。

第八条　村民代表会议向村民负责，由村民代表会议授权行使下列职权。

1. 审议决定本村的发展规划和年度工作计划；
2. 审议村委会的工作报告和财务报告；
3. 讨论决定村重大财务开支；
4. 制订和修改村民自治章程、村规民约及各项工作制度，并监督村委会的执行情况；
5. 审议决定涉及全体村民利益的其他重大事项；
6. 村民会议授予的其他职权。

第九条　村民代表会议一般半年举行一次，由村委会召集并主持，村委会认为必须或有三分之一以上村民代表成员提议，或以临时召开村民代表会议。

村民代表会议参加人数必须达到代表总数的三分二以上，否则，不得形成决议，村民代表会议决定，须经到会的村民代表会议成员过半数通过。

第十条　设立村民代表议事室，作为召开村民代表会议的固定场所，有关制度应张贴上墙。

第十一条　村民代表会议议事程序是：村委会或三分之一以上村民代表会议成员提出开会建议和议案——村委会接受提议决定开会——将会议时间，议题口头或书面通知全体成员，并张贴会议通知——代表就有关议题征求村民意见——村委会召集并主持会议——议案提出者说明事项——与会成员酝酿、发言——表决——形成并宣读决定——会后张榜公布决定。

村民代表会议开会时，必须指定专人做好会议记录。

第十二条　村民代表享有下列职权：

1. 有权参加村民代表会议，代表村民意愿表决村中事务；

第 1 页 共 8 页

图 4-15　大岭村村民自治章程

① 于语和．村民自治法律制度研究 [M]. 天津：天津社会科学院出版社，2006：1.

知识，形成民间保护团体，督促和监管保护工作的开展。

4.2　困境二：村镇“空心化”“出租化”现象严重

4.2.1　“空心化”现象的产生

珠三角许多传统村镇由于年轻人的迁出，村中只剩下老年人，社会结构老龄化严重，而旧村社区“空心化”现象加速了古建筑物质空间的老化，也致使原有的乡村聚落丧失了生机与活力。居住狭窄，阴暗潮湿，蚊蝇滋生致使许多村民不愿意住在原村。我们对肇庆大屋村居民居住意愿的问卷调查表明（图 4-17），有一半的村民愿意搬出去住。

东莞市塘尾村、南社村人如今仍然居住在原村的原居民不足半数（图 4-18）。东莞南社村村民从 20 世纪 90 年代开始大量新建房，村民陆续舍弃旧房，搬出古村，现已基本没人居住，成了较为典型的空心村（图 4-19）。秋长镇客家围屋的厅堂部分用来嫁娶设宴，殡丧致吊，其他部分基本上闲置（表 4-2）。

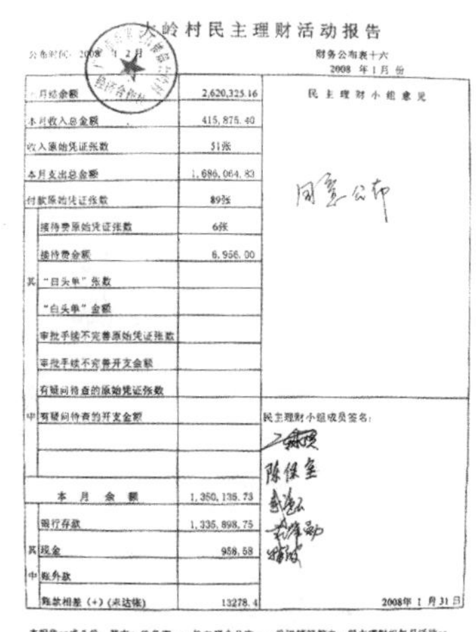

大岭村民主理财活动报告

公布时间：2008 年 1 2 月　　　　财务公布表十六　2008 年 1 月 份

项目	金额	民主理财小组意见
上月结余额	2,620,325.16	同意公布
本月收入总金额	415,875.40	
收入原始凭证张数	51张	
本月支出总金额	1,686,064.83	
付款原始凭证张数	89张	
其中：接待费原始凭证张数	6张	
接待费金额	6,956.00	
“白头单”张数		
“白头单”金额		
审批手续不完善原始凭证张数		
审批手续不完善开支金额		
有疑问待查的原始凭证张数		
有疑问待查的开支金额		民主理财小组成员签名：
		陈保全
本月余额	1,350,135.73	
其中：银行存款	1,335,898.75	
现金	958.58	
账外款		
账款相差（+）（未达帐）	13278.4	2008年 1 月 31 日

本报告一式八份，其中一份备查、一份向群众公布、一份送镇经管办。民主理财组每月活动一次，并对群众提问作出答复。

图 4-16　大岭村民主理财活动报表

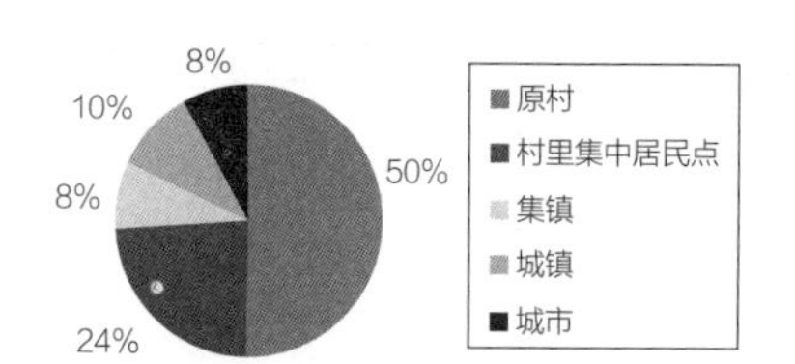

图 4-17　大屋村居住意愿调查

图 4-18　塘尾村使用状况图

资料来源：东莞市石排镇塘尾明清古村保护规划方案 .2003

图 4-19　南社村废弃的古民居

秋长镇客家围屋居住状况一览表　表 4-2

名称	所在村	建造年代	现居住人数	名称	所在村	建造年代	现居住人数
茂林新居	维布村	1829 年	无人居住	棠梓岭	莲塘面村	1890 年	无人居住
埔仔老围	维布村	1552 年	无人居住	牛郎楼	象岭村	1772 年	无人居住
南阳世居	高岭村	南宋末年	无人居住	挺秀书院	象岭村	1760 年	无人居住
拱秀楼	官山村	1861 年	2 户 9 人	南阳世居	铁门扇村	1695 年	6 户 25 人
会新楼	周田村	清末	1 户 3 人	桂林新居	铁门扇村	1747 年	1 户 1 人
衍庆楼	官山村	清朝	2 户 7 人	西湖老围	西湖村	清道光年间	2 户 7 人
崇芳楼	官山村	1885 年	无人居住	松乔楼	茶园村	1753 年	8 户 36 人
会龙楼	官山村	1889 年	无人居住	鄂韦楼	莲塘面村	1755 年	5 户 22 人
瑞狮围	周田村	1880 年	无人居住	鹧鸪岭老屋	岭湖村	1745 年	无人居住
嗣前新居	茶园村	1895 年	1 户 1 人	会源楼	周田村	清光绪年间	3 户 12 人
石苟屋	铁门扇村	1669 年	无人居住	二圣宫	周田村	明末	无人居住
会水楼	周田村	1825 年	无人居住	榴兆楼	茶园村	清光绪年间	无人居住
青草楼	铁门扇村	清朝	2 户 11 人	见田世居	新塘村	清道光年间	无人居住
黄竹沥老屋	铁门扇村	1690 年	无人居住	求水岭老屋	象岭村	1725 年	无人居住
碧滟楼	周田村	1889 年	2 户 7 人	毅诒楼	茶园村	清朝	无人居住
周田老屋	周田村	1676 年	无人居住	碧水楼	茶园村	1890 年	无人居住
育英楼	周田村	清朝	无人居住	福林楼	岭湖村	清朝	无人居住
叶挺故居	周田村	1884 年	无人居住	高布老围	高岭村	南宋末年	1 户 1 人
腾云学校	周田村	清朝	无人居住	瑞林楼	茶园村	清朝	无人居住
秀水楼	茶园村	清朝	无人居住	秀林楼	茶园村	清宣统年间	无人居住
余庆楼	象岭村	清朝	无人居住	琼林楼	维布村	清光绪年间	无人居住

资料来源：惠阳市秋长镇历史文化保护规划 .2003

4.2.2 “出租化”致使村镇归属感下降

4.2.2.1 寄人篱下的暂居者无心保护古民居

人口的搬迁加剧了旧村的老化，改变了原有社会结构。有的村镇外来人口地流进与本地人口地流出形成鲜明对比。一般而言，经济越发达、越靠近大城市建成区或位于主要公路交通干线上的村镇，外来人口越多。珠三角历史文化村镇多数远离城市中心区，在交通上并不方便，外来人口主要是在村镇周边的乡镇企业打工的人员，村镇内因房屋租金廉价才成为打工者临时的落脚点。深圳市鹏城村由于所城防御功能的退化，原居民大都移居他处，在此暂居的多为鹏城附近工厂和大亚湾核电站的打工者（图 4-20），他们大部分来自湖南、四川、江西等地，文化水平普遍较低，文物保护以及消防安全意识十分淡薄，加之寄居心态和文化素质等因素，使得所城的保护状态陷入恶性循环之中。①

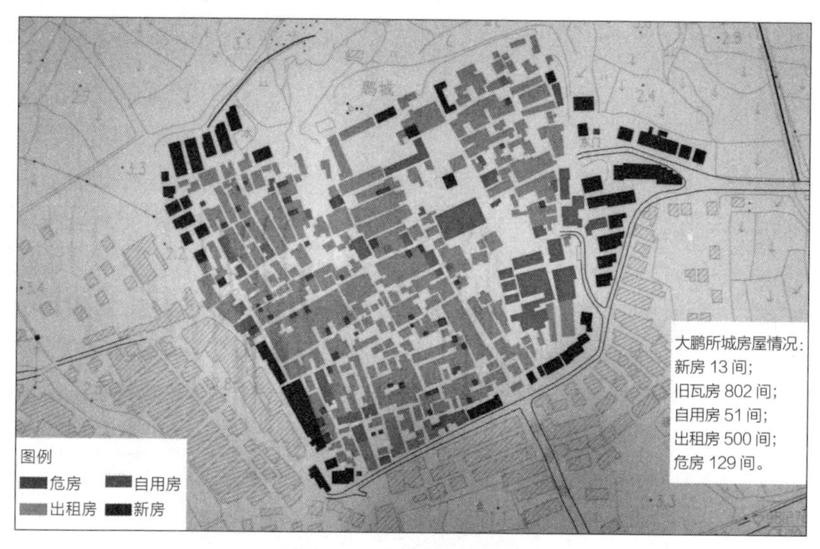

图 4-20 大鹏所城房屋出租情况

资料来源：全国重点文物保护单位深圳大鹏所城保护规划 .2005

在珠三角历史文化村镇行程目的的调查中，只有 26% 的人在此定居，成为本地人，其余均属于打工、旅游、参观的外地人（图 4-21）。而随着古民居的出租化，村籍拥有者还在原村居住的已经成为少数。很多村民已在城市购房生活，只是偶尔回来收租并打理一下自己的“物业”。

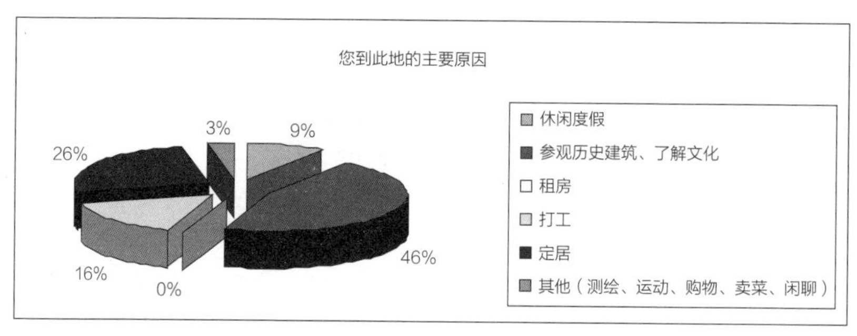

图 4-21 珠三角历史文化村镇行程目的调查

珠三角大部分历史文化村镇表现出人类社会学描述的“过滤”现象，有一定

① 引自《全国重点文物保护单位深圳大鹏所城保护规划》. 2005.

经济实力和劳动能力的居民逐步外迁，村镇逐渐沦为低收入者的聚居地。随着村镇社会空间结构的重组以及人口的老龄化，大量青壮年外流，如果没有外界新鲜血液及时注入，村镇很有可能走向不断衰败之路。只有个别村镇，如佛山碧江村、广州沙湾镇、东莞石龙镇，一直以来靠商市发展起来，村镇的多样性造就了一定数量的就业机会，对于本区其他乡镇的务工人员而言具备一定的吸引力，因此长时间内村镇活力得以维系；开平赤坎镇、自力村凭借申报世界文化遗产成功，村镇知名度提高，旅游业初具声色，来此地投资、经商的人越来越多，他们为村镇发展带来了新的生机。相比之下，其他的历史文化村镇就没有这么幸运了，笔者前往大旗头村、翠亨村、大岭村、唐家湾镇等村镇调查时发现，古村镇内人丁稀疏，以老幼妇孺为多，沿街店铺生意冷清，街巷内空空荡荡，虽然“镬耳山墙、古榕树、池塘、祠堂”的岭南水乡村镇景致犹在，却缺少了往日的生机。

4.2.2.2　失业率升高与归属感失落

珠三角历史文化村镇内普遍存在一批“不工、不农、不商、不学”的无业村民，他们依靠出租屋租金和村集体经济组织的分红为生，无需外出打工。村民失业率升高的另一个原因是村民自身教育水平、专业技能低，无法适应社会激烈的竞争。如大屋村居民教育水平的问卷调查表明（图 4-22），居民教育水平普遍较低，84% 的村民只接受了小学和初中的教育，10% 的村民接受了高中教育，本科以上学历几乎没有。

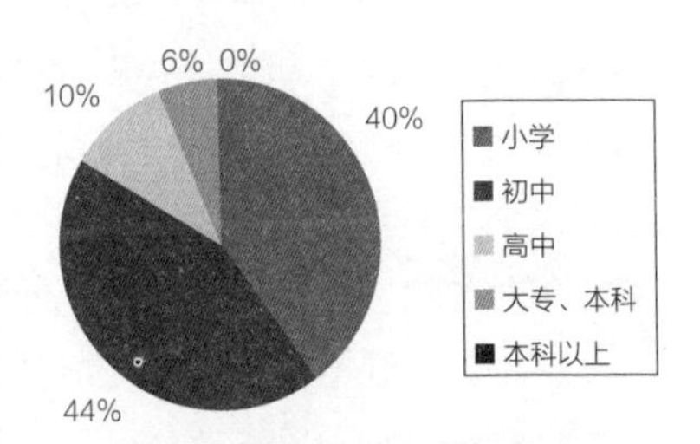

图 4-22　大屋村居民教育水平调查

由于社会结构的改变、外来人口逐渐增多，以及传统村镇受到新的城市化和异域消费文化的冲击，口头与非物质文化遗产的生存空间也受到一定程度的挤压，一些优秀的特色传统文化项目正面临着后继无人的危机，如目前沙湾镇的四大文化品牌之一沙湾飘色正处在青黄不接的尴尬状态，许多年轻人情愿外出打工都不愿意留在沙湾镇去学这门手艺。传统旧村亲切致密的邻里空间格局被新村整齐划一、毫无生机的肌理取代后，口头与非物质文化遗产也随着其赖以生存的物质环境的改变而走向衰败或消亡，如祠堂前古榕绿荫的共享空间不再，而成为摩托车搭客的据点，本地居民的归属感也正日益下滑。

我们对珠三角历史文化村镇熟悉程度的随机调查显示，有 34% 的人不了解其保护历程，58% 的人有一定了解，只有 8% 的人很熟悉（图 4-23），这说明大部分人对历史文化村镇还不够了解。而对珠三角历史文化村镇保护的评价调查中，有将近一半的人认为其保护得一般或者较差（图 4-24），这说明人们对历史文化村镇的认同感并不高。

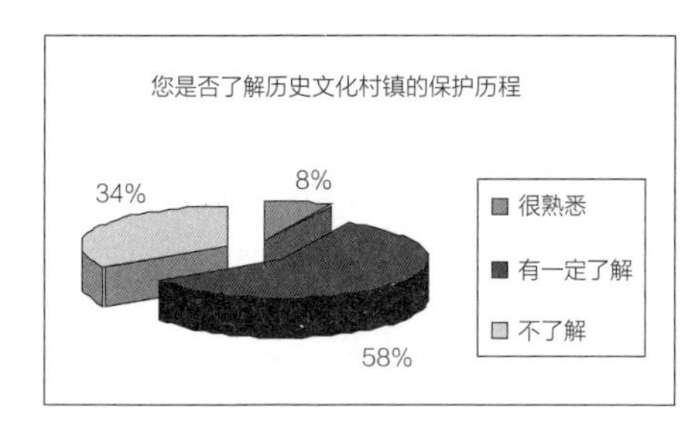

图 4-23 珠三角历史文化村镇熟悉程度调查

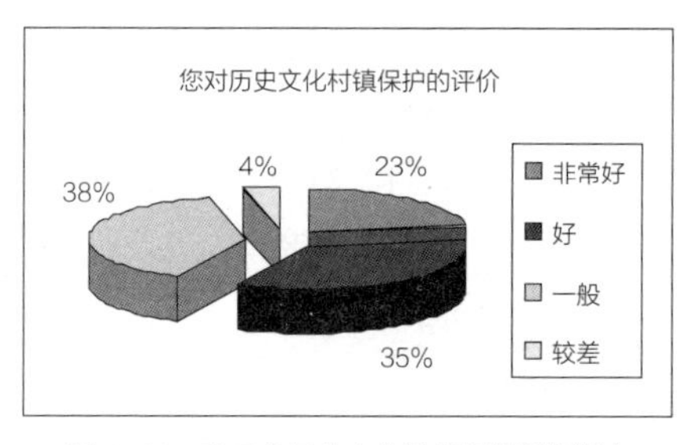

图 4-24 珠三角历史文化村镇保护评价调查

4.2.3 “空心村”问题的根源——社会体制的障碍

“空心村”的产生有着深刻的社会经济背景。自 1978 年以来，我国农村的非农化发展迅速。非农化的发展改变了农村原有的社会与经济结构特征，而当时实行的社会体制却阻碍了农村人口居住的非农化，由此引发了农村住宅的大规模更新建设，使空心村的产生具备了条件。[①] 由于我国实行严格的户籍管理制度、城乡不平等的福利制度、教育制度和歧视性用工制度，阻碍了农业剩余资金和剩余劳动力等要素资源向城市流动。同时由于受当时城乡分割政策的影响，农户并不能移居城镇，农宅建设只能就地进行。此外，家庭结构由“主干”家庭向“核心”家庭的变迁从某种程度上加剧了农村建房高潮的到来。而由于当时村民可以无偿使用宅基地，且占有宅基地无须留置成本，更刺激了原宅基地农民尽可能多占用宅基地。农村宅基地的易得性和当时对空置住房缺乏相应的政策规定，导致农民很少原地建新房。[②] 针对珠三角历史文化村镇产生的“空心村”现象主要有以下原因。

4.2.3.1 土地制度不完善，宅基地管理法缺失，是产生“空心村”问题的根源

我国目前比较成体系的土地使用制度只适用国有土地，对农村土地使用制度至今无切合实际可行的法律法规，对于农村宅基地使用权的保障和行使，基本上是政策调整而未纳入土地使用权法律制度体系当中。[③]

首先，在审批方面：农村宅基地使用权审批条件宽泛，为部分农民多占宅基地提供了可乘之机；农村宅基地使用权审批过程烦琐，不利于直接有效地监督控制宅基地的使用。[④] 按照《土地管理法》规定，宅基地的初始登记由村委会统一办理，所以初始登记可以做得基本到位。但是，随后的变更登记往往由于登记不到位，

① 薛力．城市化背景下的“空心村”现象及其对策探讨——以江苏省为例 [J]. 城市规划，2001，25（6）：8-123.

② 李勤，孙国玉．农村“空心村”现象的深层次剖析 [J]. 中国城市经济，2009（10）：25-26.

③ 李勤，孙国玉．农村“空心村”现象的深层次剖析 [J]. 中国城市经济，2009（10）：25-26.

④ 申欣欣．宅基地使用权审批制度研究 [J]. 中国农业大学学报，2006，（1）：52-55.

直接导致了宅基地非法出租、出售现象得不到相应的监控。

其次，我国的《土地管理法》中没有规定农村宅基地使用权的期限，也没有关于农村宅基地使用权的继承规定。农村宅基地的所有权归集体经济组织，农民在审批下来的宅基地上建造房屋同时拥有所有权和使用权。如果农民的子代户籍也隶属于该集体经济组织，子代在有结婚需要时可向村集体提出申请，经审批后划得一位宅基地另立门户。而原户主死后可将祖屋作为遗产继承给子代，这在客观上就造成了子代同时拥有了自己和父辈宅基地的使用权。这就造成了“一户多宅”，老宅空置现象。

再次，由于绝大多数村庄并没有规划，因此，农民建房倾向于选用自家承包田附近的宅基地，一来可以方便耕作，二来建房时可以占用承包田，以备日后拓宽，三来便于回来照看老宅，假使日后出租也可方便收租。因此，随着建房的增多，村庄外围的耕地首先遭到占用。不少农民抱着“不占白不占、占了也白占”的心理，进一步导致新宅的外扩。这也解释了珠三角许多历史文化村镇农民新房建在空置老宅附近的现象（图 4-25、图 4-26）。

图 4-25　翠亨村空置的老宅

图 4-26　翠亨村老宅附近的农民新屋

4.2.3.2　传统聚落结构的缺陷和新住房需求的矛盾使旧房闲置成为可能

在城市化的进程中，历史文化村镇传统聚落结构往往难以适应现代发展的需求。旧有聚落形态特征是邻里间隔小，房屋采光、通风效果差，每户住宅面积很小，道路狭窄，排水排污能力差等等。而村镇内部组织系统的变化，如基础设施完善、消防隐患的消除、古建筑修缮等往往由于资金匮乏等原因滞后于经济、社会的发展变化。许多村民不堪忍受古民居的日益破败，随着收入的增加，农民对住房环境、条件等提出了更高要求，废弃旧宅基地另建新居成为有经济能力的一种表现，“有钱就往村外住”亦成为村民一种普遍心理。而空宅的出现亦使得古建筑门窗木雕频遭盗窃和贩卖，如秋长镇秋客家围屋会龙楼木雕遭盗窃（图 4-27）。

图 4-27 秋长镇客家围屋会龙楼木雕遭盗窃

4.2.3.3 贫富差距致使农村劳动力大量外出，人口迁移促成了农村“空心化”

国际上通常用基尼系数来衡量居民收入差距的程度，它的经济含义是表示全部居民收入中用于不平均分配的百分比，将 0.4 作为贫富差距的警戒线。广东省居民基尼系数 1990 年为 0.338，1995 年为 0.385，2000 年为 0.395，目前已接近警戒线。[①] 2005 年，珠三角城镇居民人均可支配收入 17477 元，而农村居民人均纯收入只有 6331 元，前者是后者的 2.8 倍，高于长三角。[②] 由于受到外部优越生活条件和良好就业机会的强大吸引，珠三角历史文化村镇许多中青年劳动力背井离乡，到经济发达的城区谋生，而农业生产效益低，也造成农村劳动力大量外出。近几年，随着各地户籍政策的逐步放开，农民进城的门槛进一步降低。然而目前我国仍然存在许多阻碍着农村劳动力移居城市的正式或非正式的制度约束，农村人口的流动并不能实现真正的城镇人口的转移，况且农村社会保障体系落后，现有国力使政府不可能建立比较完善的城乡一体化社会保障制度。因此许多村民不会轻易放弃自己在农村的宅基地和房屋所有权，村落的空心化问题也逐渐日益突出。

4.2.4 古民居自住与出租的成本收益分析

经济学家诺思认为，人类行为具有机会主义（opportunism）倾向，人对自我利益的考虑和追求，具有随机应变、投机取巧、为自己谋取更大利益的行为倾向。农民也是追求自身利益最大化的经济人。

在历史文化村镇中，村民与政府之间始终存在信息不对称的局面，村民无法预测政策环境是提倡保护还是开发。从利益的角度出发如果选择保护，意味着将

① 卜新民．对广东居民收入差距问题的认识．载自《广东省统计年鉴 2001》：71-74.

② 引自《2006～2007 年：中国区域经济发展报告》，长三角城镇居民人均可支配收入是农村居民人均纯收入的 2.2 倍。

继续投入维护成本，而收益部分如果自住等于没有，选择出租则可将维护成本转嫁于租赁者，选择舍弃则无维护成本和收益可言，但另行居住必将增加成本，由此可见在没有强有力的政策资金保障下，产权者在有限理性下将选择出租古民居，获取利益最大化。至于继续自住还是搬迁另择新居则取决于古民居维护成本与择居成本的高低。事实上，修缮和维护古民居的成本一般要高于新建的成本。

4.2.5　案例研究：落寞之中待复兴的佛山大旗头村

4.2.5.1　历史沿革

大旗头村位于佛山市三水区，是清代光绪年间广东水师提督郑绍忠归乡所建。郑绍忠因清剿起事者有功得过清朝廷的黄马褂赏赐，慈禧太后 60 岁大寿时赐其兵部尚书衔并钦准拨款建此村宅。郑绍忠利用在家族中的威望和财力，统一规划和建设村宅，光绪十五年（1889 年）动工，光绪十七年（1891 年）完成。大旗头村集民居、祠堂、家庙、第府、文塔、广场、晒坪、池塘于一体，布局协调，风格统一，建筑群均采用硬山顶锅耳式风火山墙，内部布局采用广东民居典型的三间两廊式。

大旗头村古建筑群具有重要的历史和科学研究价值，1994 年 5 月被三水市人民政府公布为市第二批重点文物保护单位，2002 年 7 月被广东省人民政府公布为第四批省级文物保护单位，2003 年 10 月成为由建设部和国家文物局联合公布的首批中国历史文化名村之一。

4.2.5.2　村落人口变迁①

（1）第一阶段：建村——中华人民共和国成立以前

大旗头村属于较为特殊的双姓村落，村中人口就是郑钟二姓。明代末年，大旗头郑、钟两姓一起不过 10 余人，经过六代繁衍，至清道光年间郑氏形成四大房支，钟姓人丁也有较大发展，全村估计当时人口应在 40 户左右 200 ~ 300 余口之间。至郑绍忠发迹，全面整修大旗头村，此时人口出现一个大发展时期，此趋势一直延续到清末，大旗头村人口应在 500 ~ 600 人之间。直至中华人民共和国成立前夕，大旗头村共 100 余户，总人口在 700 人左右。

（2）第二阶段：中华人民共和国成立以后——1980 年前后

中华人民共和国成立后土改前夕，大旗头村的郑、钟二姓中有历史问题的因为畏惧土改和群众运动，纷纷移居香港、澳门地区。“文革”期间，大旗头村古建筑群被当时中山大学中文系的评《红》（《红楼梦》）六组定为“地主庄园”“四旧典型”，

① 李凡，郑坚强，黄耀丽等．探幽大旗头——历史、文化和环境研究 [M]. 香港：中国评论学术出版社，2005：13-18.

并写出《三水县大旗头村郑金（郑绍忠）地主庄园调查》一书，在当时疯狂的破四旧运动中郑氏族谱被毁，连原有的郑绍忠及其主要亲属郑继忠、郑润材、郑润琦、郑润咸等人的画像都被毁灭，其家属收藏的古董、字画、纪念品等亦尽遭破坏。围绕郑绍忠及其宗亲而兴建的各种纪念性建筑不是被严重损毁，就是改作他用，连村里的围墙以及碉楼都被拆毁。由此，村内居民陆续迁走。[①] 由于当时群众生活极度困难，而毗邻的香港、澳门经济迅速发展，加之大旗头村在港澳有较好的亲缘基础，逃港逃澳事件时有发生。随着青壮年的向外流失，全村整体人口数量直到 1980 年代，基本与中华人民共和国成立之初持平。

（3）第三阶段 1980—2005 年

随着改革开放和对外交流的深入，经过 20 年左右的发展，大旗头村民物质生活水平得到极大改善。随着物质财富的增多，村里的中青年一代不再喜欢居住这种比较阴暗潮湿的古民居中，因为当年的民居为了防盗防贼的防卫要求，房屋的窗口都很小，屋内明显采光不足，而且又显潮湿（图 4-28），这样的古民居对那些追求现代生活和物质享受的现代人来说是远远达不到要求的。这样，那些有钱又想提升生活质量的村民纷纷移居村外建房盖楼，留在村中生活的就是那些目前还没有能力移居的人和那些在这里住了一辈子、对村落本身和历史有着深重怀念的老人。另外，还有一些被出租给外来种田的打工者。由于村中人口的急剧减少，很多传统民居便处于一种无人看管的境地，时间延久，自然破落荒废。2004 年，古建筑群内的居民几乎全部迁出（图 4-29）。

图 4-28 大旗头村荒废潮湿的古民居

图 4-29 大旗头村内无人居住

4.2.5.3 重要的艺术价值和学术价值

大旗头村是一个古建筑和环境风貌都保存完整的清代村落，注重整体规划布局和生态环境保护的先进建筑理念，该建筑群密集而整齐、梳式布局、小巷纵横、

① 郑洵侯 . 还原中国历史文化名村的历史真相——大旗头村郑氏史料的追寻过程 [J]. 广东档案，2007（2）：42-45.

环境优美（图 4-30），文房四宝的景观寓意反映出崇尚文化教育的意识；防火通道和防盗设施，下水道排水系统采用条石暗渠且结构非常合理，令人称奇，具有较高的历史价值、艺术价值和科学价值。

图 4-30　大旗头村全景图

大旗头村坐西向东，占地约 52000 平方米，古建筑面积约 14000 平方米，有清代建筑 200 余间，在村中自成体系，民居、祠堂、家庙、府第、文塔、晒坪、广场、“风水塘”等各种景观齐备，古建筑和生态环境保存完整。民居均为典型的“三间二廊”式建筑，镬耳式封火山墙。

整个古建筑群的下水道排水系统十分合理，前面池塘低，后面屋基高，所有屋檐装有石制集雨槽，雨水通过其流落天井，再经天井小暗渠又排到小巷大暗渠。雨水和生活污水经大暗渠排入村前水塘，水塘又与河涌相连，流入北江支流。

建筑物具有较强的防御功能，部分大宅墙体以双层花岗岩石筑成，中间夹有铁板、铁枝，墙体厚达 40 ~ 50 厘米，屋顶为双层设计，比一般民居多铺了一层木梁和瓦，中间还夹有铁网，单体建筑之间以天桥相通，遇到强敌有利于转移。

4.2.5.4　现实困境

尽管大旗头村有着重大的艺术价值和科学价值，是建筑学、民俗学、历史学等多个学科研究我国古代农业聚落文化和广东文化地理的极好实例，吸引许多学者前来考究，但重大价值背后依然掩饰不了人去楼空、日益破败的落寞景象。虽然 2004 年 12 月佛山市三水区文化局和佛山市规划局三水分局共同委托华南理工大学建筑设计研究院编制《三水大旗头村文物保护规划（2004 ~ 2020）》，制定的总体目标是正确处理大旗头村古建筑群保护与利用的关系，适当发展大旗头村的文化和旅游产业，积极改善大旗头村的生态环境。然而 6 年过去了，由于政府不重视、保护资金匮乏、旅游开发没做好等原因[①]，保护规划并未实施下去，大旗

① 林颖坚 . 佛山市规划局三水分局副局长 . 2009-7-21 个人访谈记录。

头村依旧是一具毫无生气的“干瘪的空壳”，除了能吸引部分前来做学术考察的学者和少量对珠三角古村落产生兴趣的游客以外，潜在的价值并未发挥出来。而目前大旗头村仅由一位60多岁的郑衍谦老伯在村里管理、收门票。

4.2.5.5 保护对策关键词——社区文化的更新与培育

对于大旗头村这样的“空心村”，要恢复原有社会结构，固守原住民的社区维系，既不可取，也不现实。因此，宜以发展的眼光，推动非政府机构、社会团体、文化人士以及个人的参与，形成新的社区结构，通过新的社区文化的培育和凝聚力的营造，扩大区域影响力，使得聚落得以传承与发展。

具体而言，可沿用市场经济原则，先通过政府投入使大旗头村基础设施条件得到改善并具备营业条件，再吸引企业、社会团体与个人的加入。一方面，可通过部分古民居的功能置换，改变原有居住用途，进行重新功能组合。大旗头村位于佛山大都市边缘区，交通区位较好，通过改善交通条件，并充分利用其重大的艺术和学术价值，举办建筑艺术专题展览、摄影展、学术会议、广东音乐会、文化论坛等城市型文化活动，并可利用其完整的传统农耕聚落景观格局和岭南独具特色的镬耳山墙阵列发展影视行业，实现空间再利用的增值；另一方面，可积极利用其优美的生态环境和景观，发展生态农业及旅游服务产业，如餐饮、旅游展销、度假及会议等，作为佛山市大区域旅游的有益补充，提升自身价值的再利用，实现从“输血”到“造血”的功能转化，形成历史保护与经济发展的良性互动循环。

党的十七届三中全会和2009年中央1号文件专门出台了政策：加强土地承包经营权流转管理和服务，建立健全土地承包经营权流转市场。按照依法、自愿、有偿原则，允许农民以转包、出租、互换、转让、股份合作等形式流转土地承包经营权，发展多种形式的适度规模经营。允许土地承包经营权流转为复兴“空心村”带来了契机，也增加了盘活农村土地资源的机会，增加农民创收的途径，使得空宅、空地能在流通市场下统筹规划，统一经营、开发和管理，有利于吸引企业、社会团体与个人的参与。通过深化空宅、空地的有偿使用方式，运用区位理论和级差地租理论，实现土地级差收益，把“空心村”改造与土地整理、土地复垦计划结合起来，有利于为“空心村”的改造筹集资金。

4.3 困境三：保护制度不健全，资金匮乏

尽管各国的保护体系各不相同，但历史文化遗产保护制度通常都包含有法律制度、行政管理制度、资金保障制度这三项基本内容。[①]

① 王景慧，阮仪三，王林．历史文化名城保护理论与规划[M]．上海：同济大学出版社，1999：70.

4.3.1　法规政策体系不完善，人为干扰因素大

我国历史文化遗产保护体系的法律、法规不完善。在由文物、历史文化保护区及历史文化名城组成的三个保护层次中，文物保护法律体系相对完善，名城与保护区目前仅有少量的法规性文件。历史文化村镇保护的法律法规较少，在实际操作中主要的法律依据《中华人民共和国文物保护法》对于违规者的处罚过于笼统，没有足够的震慑力，导致破坏性建设屡禁不止。目前，我国的房屋评估机构对古民居的文物价值没有评估的条件和权利，而国家的相关法律、法规和管理条例中，对具有文物价值的古民居拆迁赔偿，也缺乏具体的规定。[①] 自 2008 年 7 月 1 日起施行的《历史文化名城名镇名村保护条例》虽然明确了历史文化村镇的申报、批准、保护规划、保护措施，在法律上明确了违反此条例的法律责任，但对于历史文化村镇拆迁补偿、宅基地矛盾、文物建筑产权等问题并未具体提出政策。

目前广东省历史文化村镇保护政策体系尚处于开始建立阶段。2006 年 12 月广东省开始建立省级历史文化村镇保护名录。目前广东省还未出台诸如《广东省文物保护条例》《广东省历史文化村镇保护条例》等地方法规。省级保护政策体系的不健全致使地方保护政策难以落实。如《沙湾镇历史文化街区和文物的保护管理办法》于 2004 年开始上报，但至今尚未获得批准，致使沙湾镇保护管理工作难以展开，具体事务的举措缺乏依据。由于缺少具体可行的操作办法及具有相当效力的政策保障，广东省对历史文化村镇的动态管理工作还难以有效实施。

目前有关保护的政策文件（“指示”“办法”“规定”“通知”等，如广东省人民政府颁布的《关于公布我省国家级、省级文物保护单位保护范围和建设控制地带的通知》）由于缺乏正式的立法程序，严格意义上都不能算作国家或地方的行政法规。上述政策文件在相当长一段时间内行使着国家或地方法规的职能。由此反映出我国的保护仍过多依赖于行政管理，过多依赖于“人治”而不是“法制”的现实状况。虽然国家每年都会选择一些重要的历史文化街区、村镇给予经济上的补助，但并没有形成法律文件，受人为因素影响较大。

4.3.2　管理部门职能分工不明确，效率低下

目前，我国历史文化名城、名镇、名村的保护是由建设规划部门与文物管理部门共同负责，采用中央和地方两级管理体制，即在中央由建设部（城乡规划司）与国家文物局主管，在地方则由相应的地方城建规划部门和文物管理部门负责（图 4-31）。

---

① 王庆，胡卫华 . 古民居保护与旅游开发——以深圳大鹏所城、南头古城为例 [J]. 小城镇建设，2005（4）：66-68.

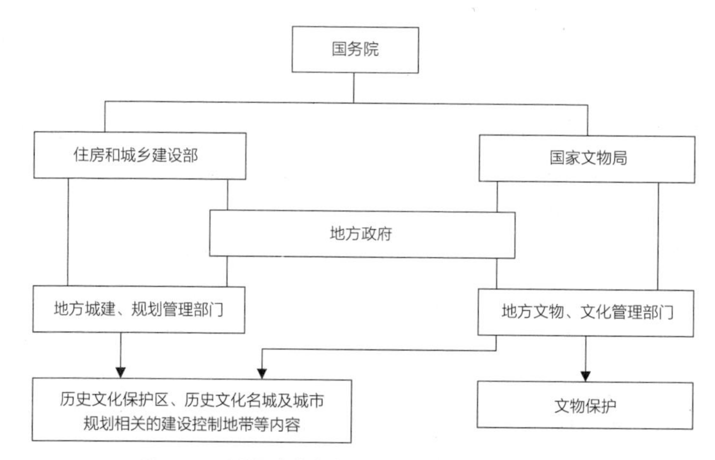

图 4-31 中国历史文化遗产保护行政主管机构体系简图

（资料来源：王景慧，阮仪三，王林．历史文化名城保护理论与规划 [M]. 上海：同济大学出版社，1999：110.）

现行的两个部门齐抓共管的局面给保护管理工作带来了一定的麻烦。首先是部门职能、职权范围尚待明晰，由此产生越权行政或难以执法等问题。不同单位、不同行政级别、不同岗位的人员到底承担什么样的责任，有什么样的合法手段、有多大的执行权几乎没有书面的明文规定。其次是难以协调处理好与相关部门的矛盾，历史文化村镇的保护还牵涉到土地、房产、旅游、市政、交通等部门，也容易在建设系统内部出现政出多门的现象，增加了行政成本。

4.3.2.1 部门间协调合作难，效率低下

中央层面上，国家文物局与住房城乡建设部同属于国务院的职能管理部门，是并行关系，由于职能分工的交叉，容易出现协调合作难和管理真空的现象。在市（县）层面上，如果中央部门出现矛盾，势必会将这一矛盾延续到市（县）政府中，地方政府部门在行政管理中常常出现相互推诿、扯皮现象，合作得不到有效的开展，缺乏统一调度。此外，即使是这两大主要部门协调好了，他们对平级政府的其他职能部门的制约能力也非常有限，而在历史文化村镇保护的过程中，没有其他部门的配合是无法有效开展的。

我们可从我国历史文化名城保护工作的状况窥见一斑。早在 1982 年，当时的国家基本建设委员会、文物事业管理局、城市建设总局联合向国务院提交《关于保护我国历史文化名城的请示》，然而，历经 10 年，中国历史文化名城的保护工作仍止步不前，立法、监督体制无从提起。文物局的专家反复强调“我们现在参与得不太多”，建设部专家则解释“当前存在的一些问题，不能完全归结为没有《条例》”。[①]

① 张松，王骏．我们的遗产·我们的未来——关于城市遗产保护的探索与思考 [M]. 上海：同济大学出版社，2008：2-3.

这种两部门共管的弊端已经在历史文化村镇管理中初见端倪。

现实中建设规划行政部门和文物行政主管部门往往各司其职。有关历史文化村镇的申报、审核、规划建设工作由建设规划部门说了算，涉及文物保护单位则由文物部门拍板定案，然而一旦出现问题时，则各部门各自有说法。

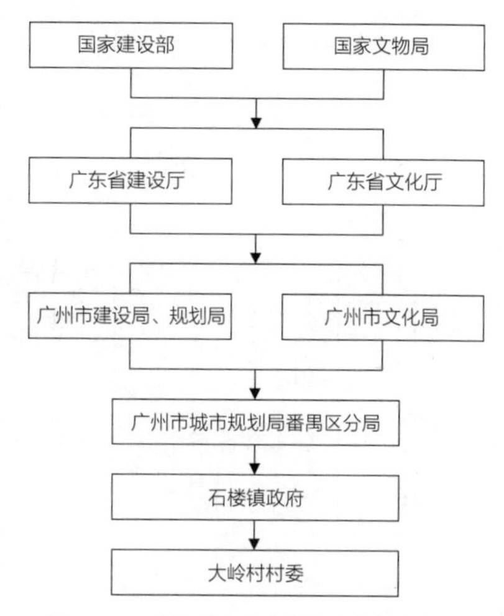

图 4-32　大岭村申报全国历史文化名村的政府发文流程图

从历史文化村镇的申报过程可以看出行政效率之低。从省级下文到市级往往要历经 1 个多月，而从市级下文到区级、镇级又要 1 个多月，整个申报过程政府下发文件的时间就占去大半，留给真正准备申报材料的基层工作者非常紧迫的时间，如大岭村 2007 年申报国家历史文化名村时石楼镇只有 2 天时间准备（图 4-32）。南社村 2005 年申报国家历史文化名村时只剩 1 天时间，那是 4 月 30 日，五一放假前要上交文件。村干部连夜前往北京求情才将时间延期到 5 月 7 号。村委会连夜组织各方力量，终于在 7 号由茶山镇镇长和南社村村长将申报材料亲自送到北京。①

4.3.2.2　行政管理机构臃肿，层次过多

由于各地方政府城市建设系统的分工与协作理解不同，设置的机构繁多，有的设委、下面再设局，有的同时设几个委、再设局，下面还设有处、室、所等等（图 4-33）。名称繁杂，因人设事，因事设法（法规条例），部门间受利益驱动，不免矛盾重重，建设行政事务处理人浮于事，效率低下，或滥用权力或推诿敷衍，造成各部门之间工作的严重脱节或重复，延误时日，带来人、财、物上的巨大浪费。②由于官僚制的正式理性、不透明、僵化和等级制，就控制而言可能是颇为理想的组织形式，但管理方面却不一定如此；它保证了确定性，但行动起来却常常显得迟钝；工作可能是标准化，但却是以牺牲创新为代价；而且在确保真正的责任方面，政治控制模式也总是问题重重。③

4.3.2.3　保护工作缺少监督机制，内部监督只是形式

按照法律规定，由住房城乡建设部与国家文物局共同负责全国历史文化村镇保护管理、监督及指导工作，实际上住房城乡建设部比国家文物局多了一份对村

① 谢布仔 . 南社村管理所所长 . 2009-7-9 个人访谈记录。

② 黄建云 . 关于城市建设系统行政机构改革的思考 [J]. 城市规划汇刊，1999（2）：43-47.

③ ［澳］欧文·E·休斯 . 公共管理导论 [M]. 第 3 版：北京：中国人民大学出版社，2007：37-40.

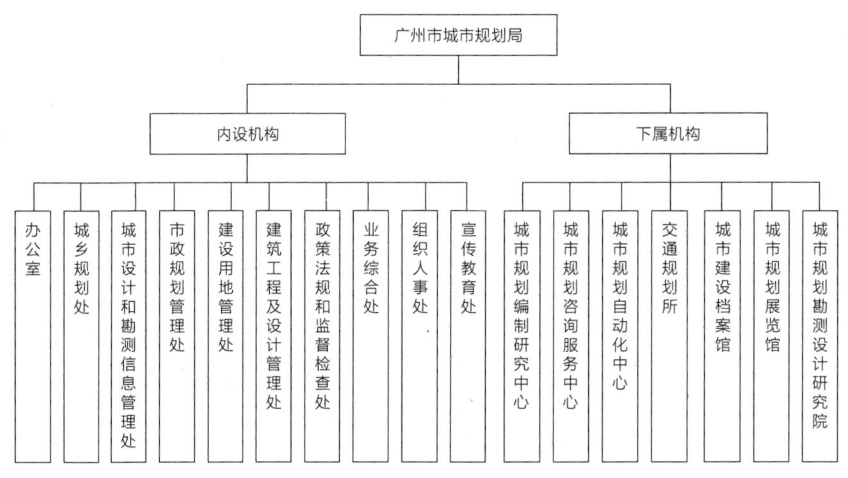

图 4-33 广州市城市规划局机构设置

镇建设的"监督管理"职能，文物部门只参与保护规划的审议和对文物保护单位的监督管理。然而，在法律不完善的情况下，建设部门既担负着历史文化村镇的建设工作，又承担其监督、管理工作，如果一项工作的实施与监督由同一个部门"自说自话"地完成，怎么能保证质量呢？况且我国历史文化村镇的民间保护团体几乎没有，根本谈不上来自于政府之外的监督力量。机构设置中决策、执行、监督同体，这种官僚体制下造就了决策与执行难分而监督缺位的局面。①

行政系统内部监督者普遍存在"三不敢三怕"的心理，即下级不敢监督上级，怕打击报复；上级不敢监督下级，怕丢了选票；同级之间不敢监督，怕伤了情面。由此可以判断，保护规划决策过程的内部监督也只是形式上的。从城市规划执行的纵向监督体系来看，上级规划主管部门对下级规划主管部门的监督目前还停留在"发文件"（层层转发中央、国务院相关部委关于加强城乡规划监督的文件），这种方式的监督效果是随着层级的延伸逐级衰减的（这就是通常所称的"上有政策，下有对策"），往往会以替换性执行（你有政策，我有对策），选择性执行（断章取义，为我所用），附加性执行（搞土地政策），敷衍性执行（软磨硬泡，虎头蛇尾）等对付过去，即便上边有检查组来检查，也会以"三好"（好材料、好现场、好接待）过关。②

4.3.2.4 文物保护人才缺乏

机构改革以来，文物行政人员编制压缩，一些地方机构不健全，许多市的文

① 冯现学 . 快速城市化进程中的城市规划管理 [M]. 北京：中国建筑工业出版社，2006：95.

② 冯现学 . 快速城市化进程中的城市规划管理 [M]. 北京：中国建筑工业出版社，2006：57-58.

物工作由文化局的市场科或社文科承担，实际工作中无法有效完成文物管理任务。广东省现有文博人员 2700 多人，其中高级职称 53 人，占 2.16%（全国平均数是 5.35%），中级职称 219 人，占 8.6%（全国平均数是 15.77%），特别缺乏文物科技、设计和懂管理会经营复合型人才。[①]保护人才的缺乏在一定程度上削弱了文物保护力度，致使文物资源难以进行有效开发利用。如深圳市大鹏所城负责日常维护所城工作的正式编制员工只有 3 人，平常要兼顾所城内 1024 栋传统民居的保护，人手明显不够。

4.3.3　保护资金匮乏，来源渠道少，投放不规范

2003 年以前广东省政府文物保护经费长期投入不足，每年文物保护维修经费只有 200 万元，远低于其他省份。资金匮乏直接导致历史文化村镇文物保护不力。文物保护搞不好，历史文化村镇就会名存实亡。[②]2003 年，广东省财政厅才把全省文物保护维修经费从 2002 年的 200 万大幅提升到 1000 万元，省文化文物设施维修补助经费由 300 万元增加到 750 万元。即便如此，资金匮乏依然是珠三角历史文化村镇保护的普遍困境，资金匮乏造成保护工作无法开展。

4.3.3.1　保护资金来源渠道少，融资体制不顺畅

实施历史文化村镇保护工程首先需要面临的就是资金问题。目前珠三角历史文化村镇大多数实施的保护还是处在起步阶段。

（1）保护资金的构成

历史文化村镇保护与整治工程的投资费用主要包括建筑修缮费用、环境整治费用、基建项目费用、工程其他费用（表 4-3）。其中建筑修缮费包括建筑主体和维护结构的修缮、室内设施改造更新等费用；环境整治费用包括一般民居整治、环境绿化、水文治理等费用；基建项目费用包括路面整治、市政设施改造、公共设施的建设、停车场建设、建筑拆迁安置等费用；工程其他费用包括前期工作勘察咨询、环境评估、规划设计、工程监理等保护研究计划费用（表 4-4）。

深圳大鹏所城保护整治工程总体投资估算　表 4-3

建筑修缮费用（万元）	环境整治费用（万元）	基建项目费用（万元）	工程其他费用（万元）	合计（万元）
7000	9000	18000	6000	40000

资料来源：深圳市大鹏所城保护规划 . 2002

① 李兰芳 . 贯彻全国文物工作会议精神，全面推进我省文物事业发展 . 广东文化厅公众服务网 . http：//www.gdwht.gov.cn/searchnews.php.

② 单霏翔 . 进一步推动历史文化村镇的保护工作 . 城乡建设，2004（1）：10-11.

深圳大鹏所城保护整治工程总体投资估算细目　　表 4–4

编号	项目名称	规模（平方米）	费用（万元）	备注
1	重要古建修复	10000	4500	建筑 3000/ 平方米，艺术构建 1500/ 平方米
2	城墙恢复	1200	2500	20000 元 / 米
3	一般风貌民居整治	77000	9000	建筑 1000/ 平方米，艺术构建 200/ 平方米
4	道路及市政改造	30000	3000	1000 元 / 平方米
5	建筑拆迁	73900	15000	2000 元 / 平方米
6	保护研究计划	/	6000	
合计		192100	40000	

资料来源：深圳市大鹏所城保护规划 . 2002

（2）保护资金的来源和使用

从当前珠三角历史文化村镇保护整治工程的实施情况来看，保护资金的来源与使用方式主要有以下几种：

（a）政府拨款

各地政府根据历史文化村镇保护工程的规模、内容和建设时序，制定年度计划，由地方财政拨款，用于古建筑修缮、基建项目的建设以及工程其他费用。如 2000 年以来，东莞市、镇政府拨款给南社村古建筑群维修费共 238 万元。广州番禺区政府 2005 年拨出专款 2000 万元作为沙湾古镇车陂街历史街区保护性景观改造的启动资金。广东省对于申报世界文化遗产的村镇有一定的财政拨款资助。如 2001 年开始，广东省财政累计拨付开平碉楼申报世界文化遗产和保护专项资金 2600 多万，开平市历年累计投入也有 3000 多万。

（b）社区居委会、村委会出资

居委会、村委会在历史文化村镇保护中起到承上启下的作用，财力雄厚的居委会对历史文化村镇的保护起着较大的作用。以佛山顺德区碧江村为例，2000 年，文物普查发现碧江金楼蚁食严重，架梁危殆，碧江社区居委会在 2001 年投资 2200 万元重修碧江金楼，拆迁了 3 家工厂和 10 多户民居。此后，北滘镇、碧江社区居委会成立了碧江金楼物业管理公司，镇政府出资 40%，社区居委会出资 60%，形成政企合作保护和开发文化遗产的新模式。碧江金楼物业管理公司每年将投入 200 万元用于购买旧民居和对其进行修缮。东莞市南社村保护经费由市、镇、村三级部门构成，三部门投入费用比例为 1：1：1，比如市政府投入 100 万，镇政府投入 100 万，村委会出资 100 万，每年投入 300 万左右。

（c）社会各界人士捐款

广东国家级历史文化村镇主要集中在珠三角，毗邻港澳，许多港澳乡亲对家乡的历史文化怀有深厚的感情，对维修文物古迹、祠堂等作出了重要贡献。如广州大岭村在被评为历史文化名村以前，大岭村古建保护修缮的资金主要由港澳同胞倡议捐赠。两塘公祠2003年在港澳同胞陈坚和陈培康的倡议下，集得善款近60万元，作重大维修。显宗祠修缮由港澳乡亲集资近40万。陈氏大宗祠于2001年由乡亲们集资按原貌重建（图4-34），投入113万元。近几年大岭村用于修建历史文物的经费接近300万元。[①] 东莞南社村近年来，村民及港澳同胞一共捐资300多万元，维修了百岁坊、谢氏大宗祠（图4-35）等一批古建筑，使一些濒临倒塌的宗祠、家庙及古民居受到有效的保护。

图4-34　大岭村重建的陈氏大宗祠

图4-35　南社村谢氏大宗祠重修捐赠芳名碑

（d）旅游部门资金

旅游部门与政府、居民合作，在取得历史文化村镇经营权后，对古建筑进行修缮并开发成旅游景点，获得的旅游收益按比例分配给居民，并用于古建维护上，形成保护和开发的良性循环，既减轻了政府财政负担又盘活了文化资源，居民也取得收益。例如2004年开平市旅游开发公司与自力村村民达成协议，人年均从门票收益中提成750元~1000元，几年间，自力村村民完成了从极端抗拒到积极参与的转变。[②]

4.3.3.2　保护资金匮乏的原因

保护资金匮乏是历史文化村镇普遍存在的问题。根据以上历史文化村镇保护

① 广东省广州市番禺区石楼镇人民政府.关于申报全国历史文化名村的报告.2006.

② 2004年7月，开平政府决定将自力村作为旅游试点进行开发，以便筹集到更多的资金对当地碉楼和环境进行保护。刚开始村民极为抗拒，认为搞旅游破坏了村里的环境，干扰村民生活，经过政府大量的说服工作，旅游公司最终与村里达成协议，旅游收益一部分用于古建维护上，另一部分反馈于民，村民从此敞开了村门。

资金的来源和数目，我们可以推测出保护资金匮乏有以下几方面原因。

（1）政府财政投入的力度不大，资金投放不规范

以前中央财政对国家历史文化名城、全国重点文物保护单位设有专项经费，但对省级历史文化名城、历史文化村镇基本没有资金投入。2008 年年底住房和城乡建设部副部长仇保兴在第四批中国历史文化名镇名村授牌仪式暨历史文化资源保护研讨会上提出“十一五”期间，国家财政计划投入 9.8 亿元，用于历史文化名城、名镇、名村的保护。在我国，中央平均每年的文物保护资金预算约在 25 亿左右（包括国家文物局、国家发展与改革委员会和财政部），远远落后于遗产保护先进国家。意大利政府近年来平均每年的文化遗产保护经费约为 40 亿~ 50 亿欧元（约合人民币 400 亿左右）。法国文化部属下有两个有关遗产的管理局——博物馆事业管理局和建筑与文化遗产管理局，2003 年仅建筑与文化遗产管理局的预算就达到 51.14 亿欧元（约合人民币 480 亿元左右）。①

地方财政支出不多。2007 年广东省文化文物事业费仅占财政总支出的 0.68%，其中文化事业费占财政总支出的比重为 0.55%，远远低于省人大《关于发展文化事业的决议》中提出的“各级财政的文化事业经费不低于当地财政总支出的 1%”的要求。有些历史文化村镇的文物保护单位还未申请到专项保护资金，更不用说是整个村镇的保护资金了。并且，有限的财政投入也未能确保全部有效地用在文化遗产保护上。

目前文物保护资金较少而且投放不规范，这种不规范直接导致了文物保护工作的无计划性。深圳每年投入文物保护的财政资金是 100 万元，而东莞每年是 400 万元，广州是 800 万元。② 目前广东大部分历史文化村镇基础设施落后、卫生条件差，如果没有政府财政支持，很难解决诸如古建修复、电线老化、上下水管网改造、公厕、垃圾收集点建设等等一系列问题。

（2）政府资金审批手续繁琐，周期长

国家财政对历史文化遗产保护专项资金每年审批一次，省级财政部门和文物管理部门是国家专项补助经费的申请部门，具体项目的申请单位申请国家专项补助经费时，均须逐级上报申请部门，申请部门审核后，联署向财政部和国家文物局提出申请。申请部门须于每年 10 月 31 日前，将申请下一年度国家专项补助经费项目的《国家专项补助经费申报书》《国家专项补助经费申报汇总表》和申请报告同时报送财政部和国家文物局。所有申请项目的总体方案、内容及预算应事先

---

① 陈凌云．建立健全我国文化遗产资金保障机制 [J]. 江南论坛，2003（12）：40-41.

② 王庆，胡卫华．古民居保护与旅游开发——以深圳大鹏所城、南头古城为例．小城镇建设 [J]. 2005（4）：66-68.

由省级文物管理部门报经国家文物局批复同意，财政部和国家文物局共同对申请国家专项补助经费的项目进行排查、审核后，确定补助数额并予以批复。[①]

历史文化名城保护专项资金的申报项目由省（自治区）计委、财政厅（局）、建委（建设厅）、文物局联合上报国家发展计划委员会、财政部、建设部、国家文物局。其中属于基本建设项目的资金，由国家发展计划委员会负责审批；属于维修项目的资金，由财政部负责审批。各级计委、财政部门负责对专项资金的使用进行监督检查。各级建设部门和文物部门负责监督工程的实施和验收。[②]由于审批手续繁，资金下拨速度很慢。

县博物馆由于没有行政权不能直接向县政府申请文物保护单位专项保护资金，必须由县文化广电新闻出版局向县政府提出申请，需要县长、县政府主管领导以及主管财政副县长签字，由县政府批复，由于行政关卡多，效率很低，许多历史文化村镇中的文物保护单位得不到及时的维护。

（3）多元化的社会融资体制尚未建立起来

我国现状未能建立多元的融资渠道，历史文化村镇保护资金的来源较为单一，社会资金流入文化遗产保护领域的通道不畅，社会闲散资金未能较好地被吸收并使用于文化遗产保护事业中。

（4）开展国际合作，与国际接轨的经验不足

我国文化遗产保护历史较短，虽然有些历史文化村镇开展了申报世界文化遗产的运动，但总体看来展开国际合作、利用国际援助的意识薄弱、经验不足，所以保护基本上还是依靠本国的力量。

（5）经营性投入有限

文化遗产事业是不以盈利为目的的社会公益事业，近年来许多地方政府不堪巨额保护经费的负担，将文化遗产交与旅游公司开发经营，在文化遗产经营体制尚未理顺的情况下，旅游公司究竟应投入多少用于历史文化村镇的保护以及提取多少盈利比例反馈于居民并未有明确规定。况且大多数文化遗产单位经营收入有限，无法满足保护经费的需求。

在珠三角历史文化村镇保护问题的开放式问卷调查中显示（图4-36），人们认为问题主要集中在物质空间和保护制度上，物质空间上的问题主要在新建建筑破坏原貌、古建筑被拆除、配套设施不完善等。保护制度上的问题主要在资金缺乏、管理不科学、政策不到位、规划落实不够、保护意识不强以及民众参与太少。

---

① 财政部．国家重点文物保护专项补助经费使用管理办法（财教[2001]351号）.2001.

② 财政部．关于印发《国家历史文化名城保护专项资金管理办法》的通知（财预字[1998]284号）.1998.

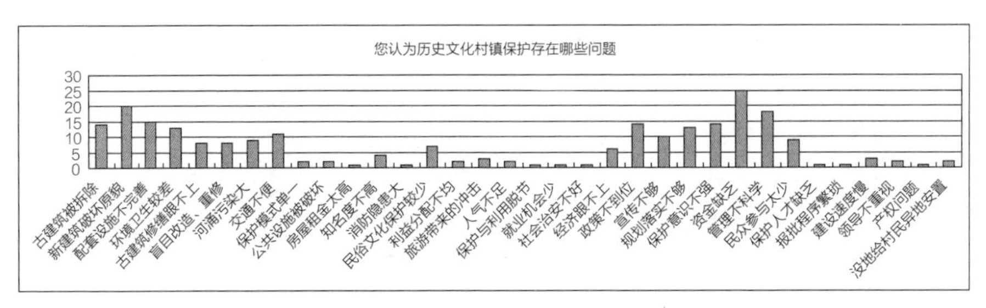

图 4-36 珠三角历史文化村镇保护问题开放式问卷调查统计

4.3.4 产权问题复杂，增加了协调成本和谈判成本

4.3.4.1 频繁的房屋产权变更致使产权模糊

产权是一个较古老的概念。据最新的《牛津法律大词典》将产权定义为“亦称财产所有权，是指存在于任何客体之中或之上的完全权利，包括占有权、使用权、出借权、用尽权、消费权和其他与财产有关的权利”。历史文化村镇产权包含着房产与地产两大部分。从不动产法来看，地产具有核心地位，从物质形态来看，土地可以独立、永久存在，作为独立的物权标志。而房产却不能脱离土地而独立存在。从经济学的角度审视，地产随着时间向量的增大而变异，具有永续利用性，而房产随着时间向量的增大，其损耗性加大，其经济价值受限。

中华人民共和国成立以来我国曾出现过频繁的房屋产权变更，这些产权的变更和取得不是通过个人之间的交易，而是通过国家权力强制做出的安排，这样形成的产权就是对另外一种产权进行剥夺的结果。① 如广州番禺沙湾镇古民居的权属经过了以下变更：中华人民共和国成立前中国实行私有制，大部分房屋都属于私有产权，中华人民共和国成立后很多中农、地主的房屋都被没收为国有，其中一部分房屋被划分得很小，约 20 ~ 30m^2/ 间，分给农民居住但不一定有产权证，另一部分房屋作为公共，比如祠堂、文化站、派出所，属于公产。还有一类是 20 世纪 80 年代落实侨务政策，侨胞回来对祖屋申请重新要回，从公产划出去，属于私产侨房。因此在沙湾镇房屋就有三种权属：公产、民居私产（不一定有产权证）、侨房私产。② 频繁的产权变更使古村镇内的房屋产权结构具有了特殊的历史复杂性，使古村镇保护这样一种集体行动面临着相当巨大的组织协调成本和谈判成本，这或许就是保护工作难以有效展开的最主要原因。产权关系的模糊造成了使用群体建立在粗放型的、短期的生活方式与行为中，其间包含了一定的故意对历史建筑

---

① 其形式主要有：（1）随着政权的更换，被剥夺和新形成的都是国有产权。（2）由个人产权变成国有产权。（3）由国有产权变成个人产权。（4）由一个人的产权变成另一个人的产权。详见卢现祥．西方新制度经济学．北京：中国发展出版社，1996：192.

② 朱文良．广州市番禺区沙湾镇人民政府规划国土建设办主任．2008-3-6 个人访谈记录。

原有肌理的篡改。[①]

除了产权模糊以外，另一方面是产权过多导致交易成本高昂而使得保护工作止步不前。如深圳市大鹏所城内的古建筑仍属于古城的将军、军士们的后代，共有 1024 个业主。这些业主中，除部分早已移居海外，留下来的原居民也大多在所城外另置物业。大鹏所城已经成了外来人员的廉租地。深圳政府若要想买下古城内建筑的产权进行维护，就要把这 1024 个业主从四面八方都找来，成本太高。其次，即便政府买下产权对古建筑进行维护，所城内原有的社会结构也无法恢复。

4.3.4.2　产权模糊增加了协调成本和谈判成本

我国同其他国家在历史村镇保护上的一个最大不同，并不是像常人以为的那样主要是由于建筑技术上（砖石结构还是木结构）的差异，也不是由于思想认识、文化素养不同，根本的原因在于产权制度。西方国家历史村镇保护工作得以顺利开展的关键因素在于居民的积极参与和配合，西方私有制对于每个公民的私有财产进行保护，居民对历史村镇建筑拥有明确的产权，使得他们能够积极参与保护工作，而保护历史建筑所带来的旅游经济收益因有明确的产权亦受到国家立法保护。而反观中国，目前居住在古村镇的居民很多没有产权，缺少保护和维修现有建筑的权利、资源和动力，历史建筑的产权也无法向最优的使用者转移，其必然的结果就是老城的衰退。[②]

4.3.4.3　产权模糊诱发的各种机会主义行为

我国现有的法定产权结构只涉及房屋及土地产权，并未对历史文化村镇的价值权属进行有效界定，因此虽然我们知道每一栋古建筑对整体历史环境都有自己的贡献，但无法确定具体的贡献是多少，因此也就很难确定每个房屋业主在村镇保护中的责权利关系。从形成历史来看，历史文化村镇是经当地居民历代生活积累而共同形成的，其内部的各种组成要素具有天然的相互依赖关系，在缺乏相应理论和技术手段支撑的条件下，要想准确测度各个组成部分在其中的具体贡献是十分困难的，这意味着在历史文化村镇产权的界定成本十分高昂。界定产权和建立产权制度是人们之间最初始的合作。当界定产权的费用高于它所带来的利益时，人们宁肯不建立产权制度。[③] 在实际的保护过程中，这种产权模糊性很容易诱发各种机会主义行为，导致各利益主体之间由于苦乐不均而出现各种利益矛盾等等，从而加大了古村镇保护的管理与协调难度。

另一方面，现实中我国对法定的私有房屋产权的保护还很不到位（例如强制拆迁现象的普遍存在等等），由于不能对自己的房屋产权形成长期和稳定的预期，

① 张杰，庞骏，董卫 . 悖论中的产权、制度与历史建筑保护 [J]. 现代城市研究，2006（10）：10-15.

② 赵燕菁 . 制度经济学视角下的城市规划（下）[J]. 城市规划，2005，29（7）：17-27.

③ 盛洪 . 现代制度经济学（上下卷）[M]. 北京：北京大学出版社，2003：9.

必然会增加人们在古村镇保护中的短期行为，比如不愿意投入资金对房屋进行维修导致房屋质量下降等。

4.3.5 制度问题的反思——经济利益的角逐

4.3.5.1 利益主体分析

由于历史文化村镇的资源具有社区性、公共性、综合性、外部性等特点，因此非政府部门，包括投资者、旅行社、居民、社会公众、专家等均可以参与，在历史文化村镇保护中，多元化的相关利益主体、多样化的利益需求、多方式的利益实现途径，构成了一个错综复杂的利益网络。在这个纵横交织的利益网络中，由于博弈地位、信息获取、资源优势和利益相关度的差异，各利益相关者对历史文化村镇保护活动所具有的影响力和贡献程度存在很大差异。

政府作为权力中心，在社会博弈格局中处于支配地位，具备主导历史文化村镇保护运动的条件，能通过控制制度变迁来主导保护的行为和方向。在行政等级严格划分的中国，政府并不是一个统一的整体，处于不同行政层次与历史文化村镇保护在利益相关性方面存在很大差异。在国家有关法律法规约束较软的情况下，上级的省、市、县政府往往会因为财力紧张、管辖范围大、利益相关性差、距离远等原因不愿直接插手具体的古村镇保护事务。处与国家行政体系最末端的乡镇政府虽然是社区利益的代表，但是在上级政绩考核和各城镇政府间的竞争压力之下，乡镇政府通常会通过各种方式去谋求地方的经济发展，进而实现自身利益目标的最大化，而非致力于文化遗产的保护。

在社区利益共同体中，最被动的是没有组织起来的地方社会[①]。因为对于社会来说，政府与企业之间的权力与金钱联盟意味着强大的支配力，其不仅没有能力同联盟对抗，甚至没有能力与其进行平等的对话。

4.3.5.2 利益的角逐

政府权力来源于公众的让渡授予，政府本应是“公益”的代表。但是，当前广泛存在的代议制政府的一个重要特征是权力的所有权和使用权相分离。国家权力由全民所有，但由当选的政治家运用，两者之间存在着代理关系，同时在政府内部又存在着一层一层的代理关系。由于在一层层的代理过程中缺乏有效的监督与权力行驶的透明度，致使地方官僚机构可以自由根据自身的成本收益来驾驭权力，使得自身的收益最大化。因此在这种缺乏情况下，权力机构就从“公益”的代表擅变为“经济人”，致使地方政府在历史建筑保护问题上，是一个可以与寻租者“商量”的“议价”博弈的行为。所以，公众—政治家—官僚机构这三者之间

① 社会博弈中的弱者往往是那些没有组织起来的群体。

的两层代理关系就是历史建筑保护中政府公共行为滋生寻租的深刻根源。[①]

在参与古镇保护活动的过程中，自身利益的驱动可能会使地方政府利用自身的特殊优势而忽视或是侵犯其他群体应有的利益，使古镇保护沦为地方政府的一种逐利工具，从而偏离了历史文化保护事业的基本方向。此外，在转型期各方面制度缺失的条件下，任何社会经济活动都可能滋生“寻租”行为和官员腐败，大量涉及土地、建设的古镇保护行为恐难独善其身。[②]

4.3.5.3　乡土社会复杂的社会关系网络使得消除违约的成本增加

费孝通先生曾经指出：“我们的格局不是一捆一捆扎清楚的柴，而是好像把一块石头丢在水面上所发生的一圈圈推出去的波纹。”[③]中国社会每个人都生活在以己为中心向外推进的一个个水波式的关系圈中，由内向外层层渐薄，中国的乡土社会正是建立在关系圈相互交织形成的社会关系网上。中国的道德和法律都因所施的对象和“自己”的关系而加以程度上的伸缩。[④]检验一个国家的制度实施机制是否有效主要看违约成本的高低。[⑤]在中国这种人治社会中，消除违约成本产生的交易成本远远大于法治社会，人治社会许多本应受到法律治理的事情加入了人为因素变得错综复杂，历史文化村镇牵涉多个利益相关主体，在利益相关主体层层的关系网上加上许多产权不清等历史遗留问题，使得保护工作开展得极其困难。

4.3.5.4　保护制度的成本——收益分析

新制度经济学认为，制度的建立一方面受到非正式约束的影响，另一方面由于制度的关联性和互补性导致了路径依赖。目前已经存在的制度是经过长期博弈筛选后而得到的制度，由于关联性和互补性，这个制度不仅影响着其他域中的制度，也受其他域中的制度影响。如果要保证制度移植的成功进行，那么所有域中的制度都要根据与将要移植的制度的关联性和互补性作出相应的变换。显然，期间困难重重。制度关联性和互补性、旧制度的遗留或者已经存在的非正式制度影响了制度的变迁，导致了最后博弈均衡处于帕累托无效率的状态。[⑥]

用新制度经济学的成本—收益分析，制度供给的成本至少包括：（1）规划设计、组织实施费用；（2）清除旧制度的费用；（3）消除制度变革阻力的费用；（4）制度变迁及其变迁造成的损失；（5）实施成本；（6）随机成本。建立历史文化村镇保护制度的成本包括组织立法成本、消除旧制度的阻力成本、制度变迁成本以及新制

---

① 张杰，庞骏，董卫．悖论中的产权、制度与历史建筑保护 [J]. 现代城市研究，2006（10）：10-15.

② 李昕．转型期江南古镇保护制度变迁研究（博士论文）[D]. 上海：同济大学，2006：65.

③ 费孝通．乡土中国 [M]. 北京：北京出版社 .2005：32.

④ 费孝通．乡土中国 [M]. 北京：北京出版社 .2005：49.

⑤ 卢现祥．西方新制度经济学 [M]. 北京：中国发展出版社，1996：24.

⑥ 卢现祥，朱巧玲．新制度经济学 [M]. 北京：北京大学出版社，2007：57-58.

度实施成本。新制度经济学认为，制度完善的可行性建立在成本—收益分析的基础上，当保护制度的建立收益大于生产成本时，才有产生新制度的动力，新制度才有可能建立起来。

法律制度、行政管理制度和资金保障制度的成本概括起来有立法成本和实施成本。立法成本由国家投入资金组织专家、顾问编制法律，实施成本是在保护法律、法规、政策建立之后实行的依法组织规划工作、依法进行的古村镇维护成本、对村民进行教育成本等等。按照《中华人民共和国立法法》规定，由全国人民代表大会及其常务委员会制定法律的事项，国务院根据全国人民代表大会及其常务委员会的授权决定先制定的行政法规，经过实践检验，制定法律的条件成熟时，国务院应当及时提请全国人民代表大会及其常务委员会制定法律。行政法规由国务院组织起草。国务院有关部门认为需要制定行政法规的，应当向国务院报请立项。也就是说，历史文化村镇的立法需草拟为法律的，必须由国务院报请全国人民代表大会及其常务委员会审议；历史文化村镇如草拟为行政法规，则必须由国务院有关部门向国务院报请立项，国务院批准立项需要制定行政法规的，由有关部门负责草拟工作（图 4-37）。

以《历史文化名城名镇名村保护条例》（以下简称《条例》）起草过程为例，2003 年原建设部会同国家文物局，草拟了《条例》送审稿报请国务院审议。国务院法制办收到此件后，多次征求了发展改革委、财政部、文化部等部门和多位专家的意见，先后赴浙江、江苏实地调研，并召开了专家论证会和部门协调会。还征求了所有已公布的历史文化名城和部分历史文化名镇、名村的意见，并经国务院领导同志同意，向社会公开征求了意见。国务院法制办会同原建设部、国家文物局对《条例》草案又作了进一步的修改、完善。历经 5 年，2008 年 4 月 2 日《条例》终于经国务院第 3 次常务会议审议通过。

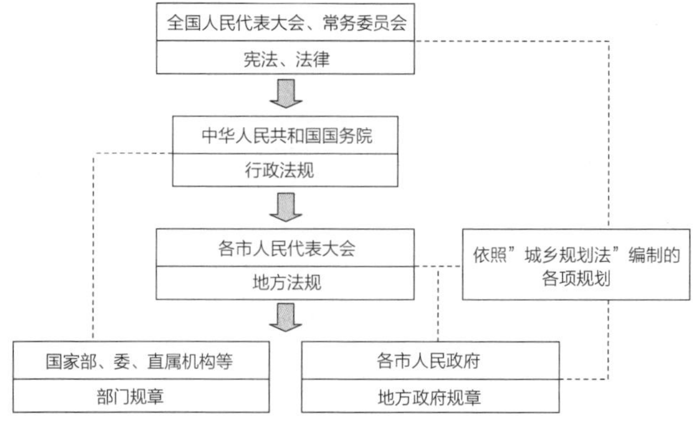

图 4-37 中国政策体系结构图

保护制度的成本虽然无法精确计算，但从经验值来看，成本最大部分在于实施成本，要想在人治的国家实施法制谈何容易。保护制度实施时加入了许多利益关系网，在调解这些利益相关主体时会产生很多交易成本，而历史文化村镇的经济收益牵涉到政府、村民、地方组织、开发商等多个利益相关主体，利益博弈过程中唯有产权所有者才能获得名正言顺的经济利益。

由于历史文化村镇的价值，如历史价值、社会价值等均无法精确衡量，因此收益最直接的体现就在于历史文化村镇成为旅游热点时带来的经济收益。因此，保护制度的成本—收益分析就变相地简化成保护制度的立法成本加上实施成本与旅游开发带来的经济成本的权衡。由于立法成本由国家承担，实施成本由国家、政府、村民、开发商等共同承担，而收益由政府、国家所得，居民即使拥有古建筑的房产权，没有土地所有权，那么由古建筑及其占有土地产生的收益究竟如何划分？因此出现了保护制度成本由社会共同承担，收益则由政府分配这一“不平等”现象。政府从经济人的角度出发追求最大利益，必然不会平分利益所得。因为政府中的决策者们并不拥有他们所控制的资源，他们无法占有由他们的行动带来的全部收益，他们也不必承担所有的成本。没有人对公共财产的资本价值拥有所有权。政府决策者的行为所导致的财产价值的变化，分散在整个经济之中。更重要的是压力集团，包括各种各样的拥护者，仅仅关心他们能够从政府的支出和转移支付中可得到的利益，但很少关心这些项目的成本，因为成本由他人承担。随之而来的是与公有制相联系的奖励—惩罚制度对公共决策者追求有效率的产出所具有的激励很弱。这与敬业精神、工作习惯和公仆们的诚实正直没有任何关系。问题的根源在于他们没有动力去寻求有效的产出。①

4.3.6　案例研究：申报途中显问题的肇庆大屋村

4.3.6.1　历史沿革

大屋村位于肇庆市广宁县北市镇扶溪社区内，是 2006 年肇庆市人民政府公布的首批市级历史文化名村之一，始建于乾隆五十三年（1788 年）。岭南文化主要以珠江系文化的广府文化、潮汕文化和客家文化为主，从大屋村村落形态的演进可以看出（图 4-38），大屋村主要表现为客家文化特质，村落的形成实际上是江氏家族分房过程的演变。目前大屋村全村居民多为江姓，有 138 户，约 600 人。大屋村内拥有仁善里、福安里、永安里、福兴里等多座清式客家围龙屋，其中仁善里为广宁县第三批文物保护单位，古建筑占地面积 6200 平方米。大屋村古建筑呈东南向，造工精细，由下堂、中堂、上堂、横屋、天井、花厅等组成。

---

① ［南］斯韦托扎尔·平乔维奇．产权经济学——一种关于比较体制的理论 [M]. 北京：经济科学出版社，2000：36.

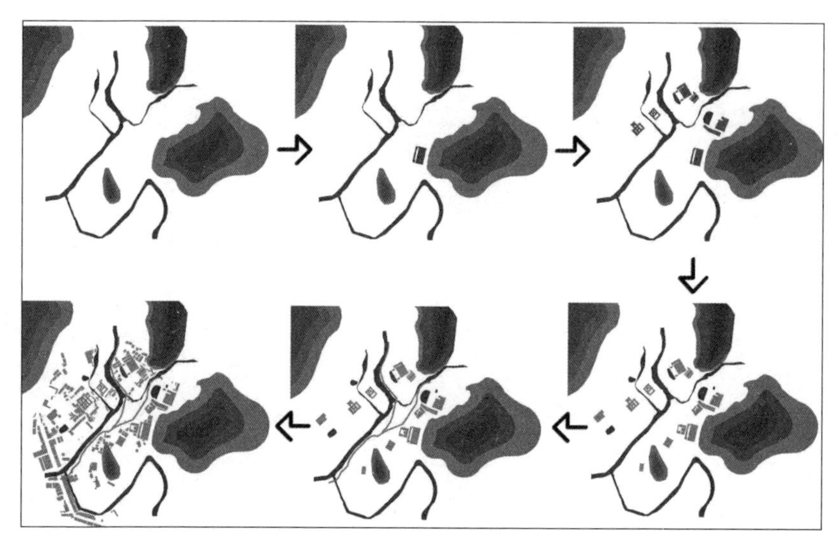

图 4-38　大屋村村落形态演变
资料来源：肇庆市北市镇大屋村保护规划 . 2008

由于缺少文字的记载，对于大屋村的起源发展我们只能从仅存的族谱、契约、建村风水图（图 4-39）、壁画文字、石碑刻字以及江氏后人的口碑传闻对其历史发展痕迹作出梳理。据广茂祠（仁善里）合建契约记载（图 4-40）："立合议创建祠宇约人长房……父兄弟等五人于道光十四年同心合作在窝贮房脚税田建造上中下三堂，安祀先祖广茂公暨妣潘张太君神主香火，月久年长，风飘雨蚀，至同治三年栋脊倾塌……近于本年三月间在大岗坑口买获基地一所，税则七分余，各房兄弟往观，皆称合目，随请地师审查，亦称之为福宅，遂爰于五月初八开经格定……"

2006 年开始，大屋村走上了申报广东省第一批历史文化名村的道路。申报途中所暴露出来的一系列问题给许许多多正处在"申报热"中的古村古镇一个警醒。

图 4-39　大屋村古时建村风水图

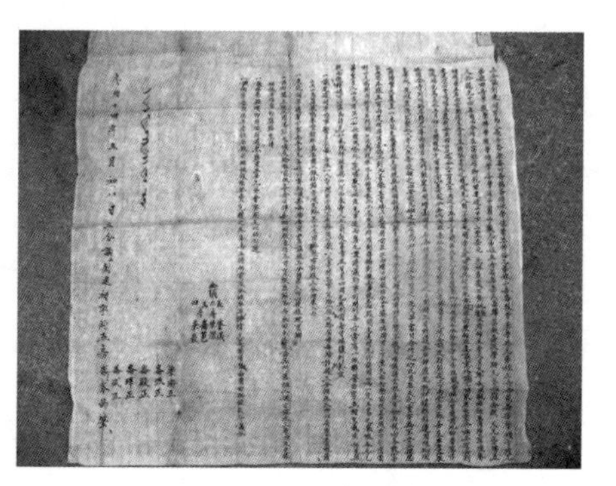

图 4-40　大屋村仁善里屋契

4.3.6.2 法律制度的缺位

我国历史文化村镇的评选从 2003 年开始，许多镇（村）领导将其作为一项政绩工程，为评上历史文化村镇不惜虚报谎报，似乎评上了就可以增加村镇的知名度吸引外商投资，发展旅游，对村镇经济有直接的促进作用，而背弃了历史文化村镇最根本的保护原则。

大屋村仁善里虽然在 2005 年就评上广宁县文物保护单位，但县文化广电新闻出版局、县博物馆一直未制定相关的保护条例和措施，使其处于放任自流的状态。《中华人民共和国村民委员会组织法》规定村委任期只有三年，当选第一年熟悉情况，制定发展计划，第二年正式实施，第三年还没见到成效时又得准备选举了。因此村镇领导更多的是关注立竿见影的政绩工程，而对于需要修旧如旧——既需要花费大量财力但效果又不明显的保护工程则不太热心。

4.3.6.3 管理部门形同虚设

在行政管理上，大屋村目前采取的是以村民自治为主，以政府管理为辅的方式。大屋村的日常维护靠在此居住的村民，在每年清明、春节前、元宵后村民会自发搞清洁，古建筑的维修多是江氏后裔自发集资。

自大屋村 2006 年申报广东省第一批历史文化名村以来，北市镇政府成立大屋村管理小组，组长是北市镇宣传委员，组员包括北市镇文化站站长、北市镇建设办主任、北市镇党委委员等。由于管理小组成员里并没有古建维修专业出身的人员，因此对大屋村古建筑日常的维护工作作用不大，管理小组的工作主要负责接待到大屋村参观的上级领导。在调研中我们发现个别管理小组成员对为何要花大力气保护这些已经受到损毁的历史建筑大惑不解，甚至认为这些古建筑已经没有保护的价值。[①] 大屋村保护的状况可想而知。县政府部门负责管理大屋村的有广宁县文化广电新闻出版局、广宁县城乡建设规划局和广宁县博物馆，由于实行共同管理但各自职能不清，相互推卸责任时有发生，管理部门形同虚设。

自 2005 年大屋村仁善里被评为广宁县文物保护单位以来，广宁县博物馆馆长和北市镇宣传委员每 2 个月去大屋村仁善里检查一次，对村民将仁善里荒废的房间视作仓库，任意放置木材、杂草的行为多次口头告诫并向大屋村管理小组反映，但一直未受到重视，且因产权多为私有，问题一直未得到解决。[②]

4.3.6.4 保护资金匮乏

在资金保障上，2006 年大屋村古村落作为开展生态文明村建设的示范点，北市镇政府采取“几个一点”的办法筹集资金，市交通局支持 20 万元，县政府支助

---

① 冯仕光，肇庆市广宁县北市镇文化站站长，2008-3-18 个人访谈记录。

② 陈健生，肇庆市广宁县博物馆馆长，2008-3-21 个人访谈记录。

3万元，镇投入19万元，修建了一条环村水泥道和一座公厕，拆除柴房15间，厕所、猪栏37间。广宁县博物馆目前只对广宁县3处省级文物保护单位申请了专项保护资金，而对县级文物保护单位还未申请专项保护资金。据说，由于县博物馆没有行政权，申请文物保护单位专项保护资金须由县文化广电新闻出版局向县政府申请，需县政府主管领导、主管财政副县长以及正县长签字，由县政府批复，因此效率很低，行政关卡多，资金下拨速度慢。[①] 多年来，镇级以上政府负责大屋村的公共基础设施建设，而古建筑的保护资金则全部来自民间。

4.3.6.5 行政效率低下

2006年12月11日广东省建设厅和广东省文化厅联合发文《关于组织申报第一批广东省历史文化街区、名镇（村）的通知》（粤建规字[2006]153号），要求各市将第一批广东省历史文化街区、名镇（村）的申报材料于2007年4月底前报省厅。2007年1月11日肇庆市城乡规划局和肇庆市文化广电新闻出版局才联合发出《转发省建设厅、省文化厅＜关于组织申报第一批广东省历史文化街区、名镇（村）的通知＞的通知》（肇城规[2007]01号），要求各县（市、区）规划局、文化广电新闻出版局尽快组织并协助相关镇（村）开展申报材料的准备工作。

2007年2月8日广宁县规划局发出《关于组织申报我省第一批历史文化街区、名镇（村）的通知》。北市镇人民政府收到文件后于4月3日向广宁县人民政府提出《关于北市镇大屋村列为历史文化名村的请示》（北府报[2007]7号）（图4-41）。4月10日北市镇人民政府城建办填写《广东省历史文化街区、名镇（村）申报表》《广东省历史文化街区、名镇（村）基础数据表》《广东省历史文化街区、名镇（村）评价指标体系（试行）》，北市镇宣传部将准备好的申报材料上报。4月18日广宁县北市镇扶溪社区居民委员会经村民代表大会通过同意大屋村申报广东省历史文化名村。为符合条件，4月初广宁县城市规划设计室仅用了1周时间便赶制出《广宁县北市镇大屋村历史文化名村保护规划》，4月25日广宁县城乡建设规划局向广宁县人民政府发出《关于要求同意广宁县北市镇大屋村历史文化名村保护规划的请示》（宁城规字[2007]19号），当天得到广宁县文化广电新闻出版局同意的复函。

北市镇人民政府文件

北府报[2007]7号　　签发人：岑振智

关于北市镇大屋村列为历史文化名村的
请　示

广宁县人民政府：

大屋村是广宁县北市镇辖区内的一个自然村，位于县城东北面，距县城40公里。大屋村始建于乾隆五十三年（公元1788年），至今已有219年历史。目前全村居住有56户，约300人。村中有仁善里、永安里、福安里等10多座砖石结构的清代客家古宅，形成错落有致的一座古建筑群，总建筑面积21000平方米。2005年大屋村仁善里、永安里和福安里被列为广宁县第三批文物保护单位。

为更好地保护、继承客家大屋历史文化遗产，弘扬民族文化和彰显地方特色，发展文化旅游业，推动我县社会主义新农村建设，现特向广宁县人民政府申请将北市镇大屋村列为广东省历史

图4-41　北市镇人民政府关于大屋村列为历史文化名村的请示

① 陈健生，肇庆市广宁县博物馆馆长，2008-3-21个人访谈记录。

由此可见，由于行政效率问题，具体的申报工作产生了时间差。大屋村申报名村是从 2007 年 2 月 8 日接到县规划局下发的通知才开始进行，3 月底就要求将申报材料上报，前后仅有一个半月左右的时间准备，而广东省建设厅和广东省文化厅是在 2006 年 12 月 11 日下达的通知，可见经过市级、县级相关部门后已经拖延了将近 2 个月，而在 3 月底上报县规划局的申报材料到达省里又要将近一个月，可见整个申报过程花在部门之间文件传达的时间占了近 3/4 时间，行政效率非常低。真正用于准备历史文化村镇申报材料的时间只有短短的一个半月时间。时间上的仓促给申报材料的真实性打上了问号，而材料的真实性直接影响评选结果。

4.3.6.6　申报材料的造假

在调研中我们发现广宁县北市镇大屋村在申报广东省历史文化名村时填写的申报材料有多处与事实不符。如仁善里虽然评为广宁县文物保护单位，但并没有挂牌保护，大屋村保护修复建筑没有建立公示栏，没有建立对居民和游客具有警醒意义的保护标志，没有出台《大屋村文物保护管理制度》，而以上信息在《广东省历史文化街区、名镇（村）基础数据表》（图 4-42）中均填“是”（表示“有”）。

广东省历史文化街区、名镇（村）基础数据表

名称：肇庆市广宁县（市）北市镇（乡、街）大屋村　时间：2007 年 4 月 10 日　填表者：江泽强　联系电话：0758-8771338

1、现存传统建筑或古迹最早修建年代	年代	1788	建筑或古迹名称	大屋、福安里、永安里				
2、拥有文保单位的最高等级和数量	最高级别	市级	级别	数量（处）	名称、公布时间			
			全国文保：					
			省级文保：					
			市县级文保：	1	2005 年 7 月 4 日			
3、重大历史事件发生地或名人生活居住地原有建筑保存状况的类别规模	名称	大屋、福安里、永安里	类别	二类	占地面积（m²）	6200	建筑面积（m²）	4700
	保存状况级别的注解： 一类：原有历史传统建筑群、建筑物及其建筑细部乃至周边环境基本上原貌保存完好 二类：原建筑群及其周边环境虽部分倒塌破坏，但“骨架”尚存，部分建筑细部亦保存完好，依据保存实物的结构、构造和样式可以整体修复原貌 三类：因年代久远，原建筑物（群）及周边环境虽曾倒塌破坏，但已按原貌整修恢复。							
4、历史事件等级名称或名人等级、内容	历史事件内容	清朝宣统二年（公元 1910 年）居住在大屋的一位青年江燮坤考取了清代岁贡，朝廷拨银两在“仁善里”门前竖立两支石旗杆作为纪念，激励着江氏一代又一代后人。				历史事件类别	三类	
	名人姓名、经历	江燮坤				名人类别	三类	
	类别注解： 一类：在一定历史时期内对推动全国经济、文化发展起过重要作用；							

图 4-42　大屋村申报广东省历史文化名村基础数据表

《广东省历史文化街区、名镇（村）评价指标体系（试行）》采取评分制，得分越高表示保护得越好，越有希望被评上。大屋村实际情况与申报时填写的实际得分也存在多处矛盾。在历史传统建筑（群落）典型性——拥有体现村镇特色、典型特征古迹一栏中，大屋村既没有城墙、牌坊、古塔，又没有园林、古桥，但实际得分竟然高达 5 分（6 处以上为 5 分），令人匪夷所思。而在有中国特色街巷规模——拥有保存较为完整的历史街区数量一栏中，大屋村没有保留下来的历史街区，但此栏得分竟也高达 4 分（3 条及以上 4 分）。在核心区风貌完整性、空间格局特色及

功能——核心区面积规模一栏得分 3 分（21 公顷及以上 3 分），这与《广东省历史文化街区、名镇（村）申报表》中填写的大屋村占地面积 2.1 公顷相矛盾。核心区生活延续性——保护核心区中常住人口中原住居民比例得分 5 分（76% 及以上 5 分），这与填写《广东省历史文化街区、名镇（村）基础数据表》中的 46.67% 相矛盾。

姑且不论评选历史文化村镇的严肃性，从如此多项与事实不符的得分中我们不禁感叹，评选意义何在？不知大屋村这份申报材料是否经过评选专家的仔细核实，不知填写这份申报材料的行政人员是否到大屋村仔细走过，我们思考背后的原因远非疏忽二字能解释。

4.3.6.7 为申报而编制的保护规划意义何在

肇庆市虽然在 2006 年公布了第一批市级历史文化名村，但目前尚未对已命名的 26 个历史文化名村和 96 个建制镇编制过历史文化保护专项规划。[①] 申报国家级和省级历史文化村镇按规定要求提供保护规划，但事实上许多第一次申报的村镇均未事先做过保护规划，为了符合条件，申报单位往往仓促应付。《广宁县北市镇大屋村历史文化名村保护规划》就是广宁县城市规划设计室仅用了 1 周时间赶制出来的。[②] 业内人士都知道，单单测绘出大约 7 公顷的地形图都需要 1 个多星期，更何况还要编制出整套规划。事实上我们发现规划图纸上的许多地形都与事实不符（图 4-43、图 4-44），这样的保护规划怎能作为评选依据，又怎能指导大屋村的发展？

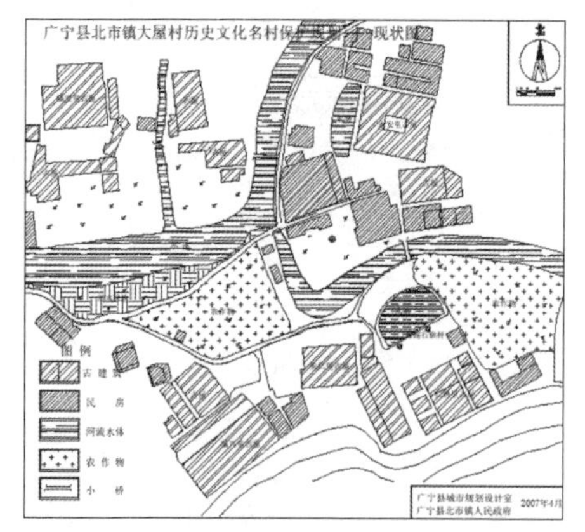

图 4-43 大屋村申报广东省历史文化名村时编制保护规划的地形图

资料来源：广宁县大屋村历史文化名村保护规划 .2007

图 4-44 大屋村重新测绘的地形图

资料来源：广宁县城乡建设规划测绘队提供

① 肇庆市城乡规划局和肇庆市文化广电新闻出版局 . 关于申报第三批中国历史文化名镇（村）有关事宜的请示（肇城规 [2006]31 号）.2006.

② 罗辉荣，肇庆市广宁县城乡规划建设局主任，2008-4-22 个人访谈记录。

4.3.6.8　对大屋村的反思

近几年政府部门、学术界对肇庆市古村落进行了较大规模的普查，确定了 38 个有价值的古村落，但迟迟未制定具有法律效力的保护性措施。虽然政府发起了广东省民间文化遗产抢救工程、肇庆市生态文明建设工程和新农村建设工程，但毕竟不是针对古村落保护的，也没有法律效力。[①] 大屋村的遭遇是中国快速城市化背景下无数古村落的一个缩影，而申报过程中反映的一系列问题亦是中国当今行政部门的一种写实。中国的历史文化村镇评选活动已经经过了好几年，虽然制度还不完善，还存在许多需要改进的地方，但毕竟已经开始走上正轨，我们期待有更多的人去关注和探讨历史文化村镇的保护，我们暴露问题以期待对评选上历史文化村镇以及正在积极参评的人士以警醒，毕竟申报评选只是第一步，如何保护好历史文化村镇，使得村镇文化、经济、社会得以可持续发展才是至关重要，也是亟待解决的核心内容。

4.4　困境四：保护规划易编制，难落实

4.4.1　保护规划概念模糊，编制缺乏标准

历史文化村镇这一概念是继文物保护单位、历史文化名城、历史文化街区概念提出后才逐渐与之区别开来，而在此之前，其长期从属于历史文化名城、历史文化保护区，造成了概念上的模糊，有的地方将历史文化村镇等同于历史文化街区、文物保护单位进行保护规划编制，而有的地方索性将其纳入历史文化名城保护体系，不再单独编制保护规划，有的地方都将历史文化村镇归入历史文化保护区进行保护。如《广州历史文化名城保护条例（1998）》提出“在名城内，文物古迹比较集中的区域，或比较完整地体现某一历史时期传统风貌或民族地方特色的街区、建筑群、镇、村寨、风景名胜，应当划定为历史文化保护区”。

由于目前历史文化村镇保护规划没有统一的规范标准，编制成果参差不齐，有的将文物保护规划当作是历史文化村镇保护规划，如 2004 年大旗头村编制了《三水大旗头村文物保护规划》[②]。有的将古建筑群保护规划当成是历史文化村镇保护规划，如 2002 年南社村编制了《广东省东莞市茶山镇南社村古建筑群保护规划方案》[③]，无论是文物保护规划还是古建筑群保护规划均不能代替历史文化村镇保护规划。《历史文化名城名镇名村保护条例》明确规定“保护规划应当自历史文化名城、名镇、名村批准公布之日起 1 年内编制完成。”因此，规范历史文化村

---

① 钟国庆 . 肇庆广府古村落景观格局特点及其保护研究——以蕉园村为例 . 城市规划，2009，33（4）：92-96.

② 华南理工大学建筑设计研究院 . 三水大旗头村文物保护规划 .2004.

③ 广东省文化厅 . 第六批全国重点文物保护单位推荐材料——南社古建筑群 .2004.

镇保护规划势在必行。有些保护规划为申报历史文化村镇而做，深度不够，可实施性不强。

4.4.2 机械静态的保护方法导致规划成果被束之高阁

传统的规划是从建筑学中分离出来，始终无法脱离建筑学形态设计的思维，许多规划人员在方案设计中也是多从形态角度出发，许多规划方案好看而不中用，究其原因，只重物质规划，而没有考虑实施的制度成本，忽视社会、经济因素，无法摆脱机械静态的思维固化模式，这种规划自然起不到引导城镇发展的作用，自然无法成为政府决策、管理的工具。

历史文化村镇长期以来处在历史文化保护区这一层面，对于历史文化村镇的保护方法有的学者认为应该参照历史文化街区的保护方法进行，有的学者认为应该参照历史文化名城的保护方法。历史文化村镇保护规划传统做法是根据村镇古建筑群的历史价值和保存状况，划定核心保护区、建设控制地带、环境协调区。在历史文化村镇保护规划的编制中，为了做到“不改变文物原状”，许多规划采取了“冻结式保存”的方法，划定核心保护区后严格控制任何建设，对于村镇经济、社会的发展需求、人口规模的增长等现实问题视而不见，这种终极蓝图式的保护规划因没有考虑实施成本问题而被束之高阁。而地方在实施中亦片面强调文化遗产的“原真性”，排斥任何更新。在管理严格、审批繁琐、经济收入低、维修成本高、维修风险高的情况下，一些村落内的民居无人维修和管理，也无法居住，任其损坏。[①]

保护规划实施中往往遇到古建筑产权问题、保护资金等现实问题无法开展，印证了其“墙上挂挂，纸上画画”的命运。各村大量的违法建设、违章建筑始终以惊人的速度在改变着规划土地的使用性质，使得规划师不得不承认现状而不断调整规划，导致规划跟着现状走。[②]

4.4.3 过于频繁的规划修编削弱了规划的权威性和法律性

当规划滞后于现实，已经无法起到指导城市村镇发展的时候需要进行修编，通常 5 ~ 10 年一修编，过于频繁的规划修编会削弱规划的权威性和法律性。许多历史文化村镇编制保护规划并非为了保护村镇的历史文化遗产，而是为了迎合申报。有的村镇连续申报过几次国家级历史文化名镇（村），而保护规划也每申报一次修编一次。有的规划人员甚至没有去现场调研，就在粗糙的地形图上闭门造车地做出了规划。由于监督约束机制软弱，城市规划常常被政府“改来改去”或常

① 车震宇 . 传统村落保护中易被忽视的“保存性”破坏 [J]. 华中建筑，2008，26（8）：182–184.

② 桑东升 . 珠三角地区村镇可持续发展的实践反思 [J]. 城市规划汇刊，2004（3）：30–32.

常处于审批过程中，结果是有规划的违反规划，没有规划的自行其是，规划赶不上变化，最终导致规划缺少严肃性。①

从机会成本看，我国可能是世界上违约成本最低的国家之一。② 在现实中具有法律性的规划被随意修改的现象屡禁不止，规划的公共政策属性使其违约成本不如一般的合同，可以直接从诉讼费、聘请律师费、交通费、误工费、搜集证据所花的费用、鉴定费等等算出，社会上一般很少人会去计算规划的违约成本，因为违反规划损害的是公共利益，即便是受损部分被利益相关人算出，在中国违约收益与违约成本严重失衡的现状③，也很少人会真的去与违反规划的人打官司。而不按照规划来实施在政府口中往往也会有冠冕堂皇的理由。由于规划修改会产生新的成本，且审批时间较长，在监管不严，违约成本低的现状之下，有的人情愿私自修改规划，而某些领导甚至直接参与其中，成为始作俑者。

4.4.4　规划较少反映民意，民众参与度不高

2003 年政府开始介入到历史文化村镇保护工作中来，主要针对评选上国家级的历史文化村镇，保护工作目前还是一种自上而下的政府行为，广大群众并未积极参与进来。在制定保护规划前期虽然加入了对居民的问卷访谈以及后期的规划公示内容，但保护规划编制的过程中民众参与并不多。许多地方官员还普遍存在只要民众不抗议就是最好的配合的思想，而许多规划师在编制保护规划时还习惯于闭门造车，没有形成与民商讨的习惯。公众参与在实际操作中往往成为应付程序的表面工作，仅仅停留在“公众告知”阶段，最终导致规划在执行中阻力重重。保护规划过程的公开性、透明度不高，公众知情权得不到保障，更不用说参与权和监督权。有的规划甚至以“机密”为由，拒绝对公众透露。如《沙湾镇安宁西街历史街区保护规划》从 2004 年开始编制至今，由于一直处在“秘密”地审批状态，规划内容不许向公众透露，试问这样的规划让公众如何参与？在珠三角历史文化村镇保护关键因素的问卷调查中显示，23% 的人认为保护的关键因素在于公众参与，20% 的人认为关键因素在于政策支持，17% 的人认为关键在于制度和资金（图 4-45）。

新中国成立以后很长的一段时间里，在文化遗产领域，并没有明确的权利观念存在。虽然有保护文物方面的法律规定，但这些法律规定主要是关于文物管理方面的，文物以及各种文化遗产主要是作为国家财产看待的，个人缺少对文化遗

① 冯现学 . 快速城市化进程中的城市规划管理 [M]. 北京：中国建筑工业出版社，2006：10.

② 陈荣，范大平 . 浅谈提高违约成本降低维权成本的必要性及措施 [J]. 法制与社会，2006（8）：197-199.

③ 当违约收益大于违约成本时，人们往往会选择违约。在中国的现实中当事人对违约一方起诉，即使胜诉，当事人所产生的损失也难以完全填平，因此违约的倾向普遍存在。

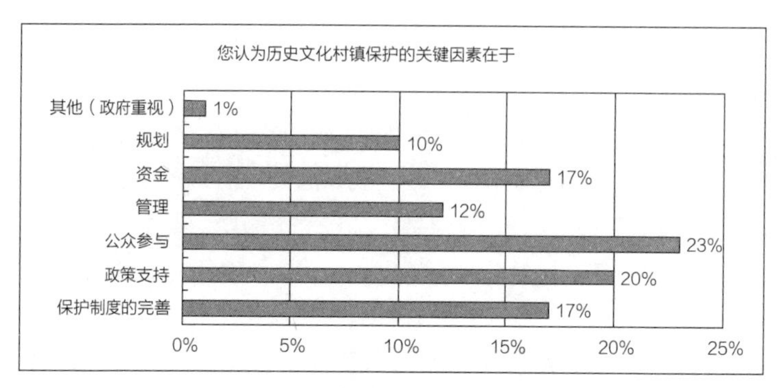

图 4-45 珠三角历史文化村镇保护关键因素调查

产的处分权利。以文物为代表的文化遗产基本上是由国家所有，由政府来经营，公民个人在文化遗产领域的作用没有得到重视，公民对文化遗产不享有权利，只有维护和保护文化遗产的义务。[①] 从这里我们似乎可以看出，为何在中国公众参与喊了多年，却依然不见奏效。

公众参与另一方面是为了减少规划在实施中遇到的阻力，即交易成本，但公众参与本身就会产生成本，民主越多，社会的决策成本就会越高。对历史文化村镇而言，居民并不直接向村镇的经营者（政府）纳税，村镇经营的好坏，并不直接影响居民的财富。因此，公众直接向政府索取所谓“公共利益”的民主是没有意义的。由于公众在参与决策时（通常是投票形式）所需付出成本很少，几乎可忽略不计，因此，任何有利于自己的利益都必然会得到支持。政府牺牲居民实现自身利益最大化也一定是一种必然的存在。中国城市的“市民”和西方城市的“市民”并不相同：前者并不像后者那样是真正意义上的“纳税人”。美国和日本土地私有制的比例分别达到了 59% 和 70.7%，拥有土地所有权者需要向政府缴纳税款，私有土地受到法律保护。英国的全部土地在法律上属于英王所有，而土地实际持有人的产业权分为四类：无条件继承的产业权；限定继承的产业权；终身保有的产业权；限期保有的产业权。其中前三者属于永久产业权（freehould），其权利拥有者也可视为实际上的土地所有者。[②] 中国城市里真正的公众参与，并非像国外那样发生在政府和市民之间，而是发生在居民和不动产管理公司、居民和居委会之间（而且一定是在住宅私有化以后），因此任何超越经济发展阶段，盲目仿效西方国家公众参与的表面形式，都只能是东施效颦，欲速而不达。[③]

① 徐嵩龄，张晓明，张建刚．文化遗产的保护与经营——中国实践与理论进展 [M]. 北京：社会科学文献出版社，2003：70.

② 全国城市规划职业制度管理委员会．城市规划相关知识 [M]. 北京：中国计划出版社，2004：191.

③ 赵燕菁．制度经济学视角下的城市规划（下）[J]. 城市规划，2005，29（7）：17-27.

4.4.5　案例研究：保护规划难突围的广州沙湾镇

4.4.5.1　历史沿革

广州市番禺沙湾古镇地处珠三角中部，始建于宋代，原名本善乡，因处于古海湾的半月形沙滩之畔，故名“沙湾”。宋代沙湾西北已成陆地，沙湾东南尚为海水淹没，经历代移民不断筑堤及围垦造田，田地面积不断扩展，成为半渔半耕的村庄。南宋铭定六年（公元 1233 年），何氏先祖何德明来沙湾购置了大量的山地和海田，定居沙湾，富甲一方，此后沙湾逐渐变成鱼米之乡。宋末元初，大量移民走难至广州，不少移至沙湾，沙湾逐渐成为各姓聚居的大乡。明清时沙湾各姓氏举人进士辈出。明代，番禺县设沙湾巡检司，简称沙湾司。

沙湾镇自古商业繁荣，800 多年来孕育了沙湾独具广府乡土韵味的文化，成为闻名珠三角的古镇之一。沙湾镇总面积 52.51 平方公里，人口 12 万多，民居建筑基本从东北至西南呈线形分布，形成“三街六市”为主的商业格局。2005 年，因其历史遗存具有深刻的文化底蕴、历史渊源和经济价值，因此成为由建设部、国家文物局确定的第二批 34 个中国历史文化名镇之一。

4.4.5.2　1980 年以前以民众自发的保护为主

通过对沙湾镇古建筑重建或修缮的零散纪录的整理中我们不难发现，在 20 世纪 80 年代以前，沙湾古镇的一直处在民众的自发保护中，但仅限于对个别文塔、祠堂、古庙的重建或重修。文峯塔（图 4-46）于民国十年（公元 1921）砖木结构的塔身忽然一夜之间倒塌，由乡民捐资重建。

图 4-46　沙湾镇文峯塔

4.4.5.3　1982 年广州历史文化资源开始受到关注

1982 年国务院公布广州市为我国 24 个历史文化名城之一，为了保护历史文化名城，广州开展了文物普查，仅在越秀区、荔湾区、番禺县就发现 300 多处有文物价值的旧址和 600 多块古碑，为进一步研究广州的历史文化提供了丰富的资料。[①]

1998 年 6 月 12 日广州市第十届人民代表大会常务委员会通过了《广州历史文化名城保护条例》，提出在广州历史文化名城内应当保护具有历史特色的村寨或比较完整地体现某一历史时期传统风貌或民族地方特色的建筑群、镇、村寨。

4.4.5.4　2002 年沙湾镇成立历史街区管理委员会，开始编制保护规划

从 2000 年以来，沙湾镇致力开展筛选文物点、测量、拍摄、音像资料、编

---

① 1982 年文化事业的新发展 . 广州年鉴 .1983. http：//www.guangzhou.gov.cn/yearbook/20year/html/00522.htm.

制保护性规划等一系列历史文化保护工作。2002 年沙湾镇成立历史街区管理委员会，管理委员会起草了《沙湾镇历史文化街区和文物的保护管理办法》作为保护的指导性文件，专门负责沙湾镇历史街区和历史文物的规划、保护和管理工作。

2002 年底沙湾镇作为广州唯一代表正式向国家建设部申报全国历史文化名镇。2003 年 1 月沙湾镇人民政府委托广州市番禺城镇规划设计室和广东省城乡规划设计研究院共同编制了《广州市番禺区沙湾镇总体规划（2003～2020）》，2003 年 12 月由广州市人民政府批准实施。2003 年 6 月沙湾镇人民政府委托广州市番禺城镇规划设计室编制了《沙湾镇历史文化名镇保护规划》，该规划是以保护沙湾镇历史文化遗产及其传统风貌为重点的专项规划，主要内容包括保护范围的划定、古镇功能的改善、重点地段保护与整治，并提出对历史文物建筑和文化遗产的保护与整治措施。该规划经广东省建设厅粤建规函 [2003]320 号文批复实施。

为了进一步发扬岭南建筑文化传统，焕发沙湾古镇活力，2003 年 11 月广州市番禺区沙湾镇政府委托华南理工大学建筑学院编制了《沙湾古镇车陂街历史街区保护规划》（图 4-47）、《沙湾古镇安宁西街历史街区保护规划》《鳌山古庙历史文化保护区规划》等专项规划。确定沙湾古城区功能定位为以文化旅游、商贸服务、生活居住为主要职能，目标是将其建设成为文化景观丰富，历史风貌完整真实，旅游、商贸和生活设施完善，自然环境优美，居住环境既体现传统生活氛围又与现代生活相适应，集文化旅游、商贸、居住为一体的地区。

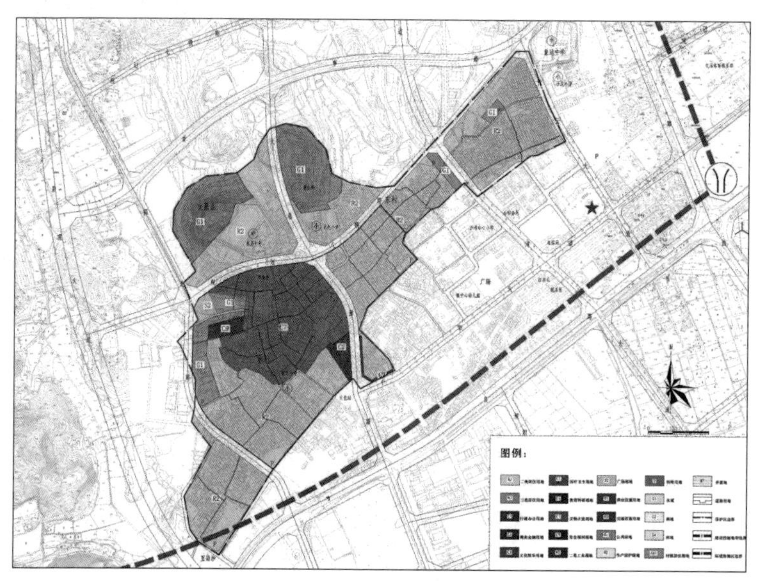

图 4-47　沙湾古镇区土地利用规划图
资料来源：沙湾古镇安宁西街历史街区保护规划 .2006

4.4.5.5　2005 年启动了系列重点历史街区基础设施建设和环境整治项目

“十一五”期间，广州根据2005年编制完成的《广州市历史文化名城保护规划》，开展历史文化名城保护和旧城更新工作。沙湾在省、市、区的大力支持下，以古镇区安宁西街、车陂街为重点，启动了系列重点历史街区基础设施建设和环境整治项目。番禺区政府 2005 年拨出专款 2000 万元作为车陂街历史街区保护性景观改造的启动资金，首期工程包括古镇街出入口、留耕堂前大广场、广东音乐博物馆和音乐广场等。

沙湾古镇区建设的前期策划、规划由沙湾古镇旅游开发公司、沙湾国土建设办、沙湾文化站组织；实施中由建设拆迁办牵头，成立工作组；建设、运营以沙湾古镇旅游开发公司为主，沙湾国土建设办对其做技术上的支持；管理由沙湾镇人民政府进行统筹。2005 年底，车陂街第一期工程拆了 3 栋 7 层的公共建筑，共 10000m^2 建筑面积，花费 2000 万；2006 年底开始，车陂街第一期工程拆了 45 栋低层建筑，共 2000m^2 建筑面积，约花费 2000 万。由于土地价格比较贵，土地按 3500 元 /m^2。到目前为止，还有 1/3 的居民没做通思想工作，拆迁工作的进度很慢。①

4.4.5.6　2008 年以来沙湾古镇旅游开发公司对沙湾镇的旅游策划和经营

2001 沙湾房地产开发公司开始有开发沙湾旅游的设想，2007 年专门成立沙湾古镇旅游开发公司。2008 年 7 月沙湾镇政府和沙湾古镇旅游开发公司委托广州中大旅游规划设计研究院有限公司和广州市智景旅游策划设计咨询服务有限公司编制了《沙湾历史文化街区旅游研究策划》和《沙湾历史文化街区保护与整治规划》，将沙湾历史文化街区功能定位为以特色居住、传统商业、文化娱乐、旅游休闲和文物古迹展示为主要功能，以老街、民宅群为主体的，并集中体现岭南地方风貌特色的历史文化街区。

4.4.5.7　沙湾古镇保护存在的问题分析

（1）政策制度不完善，管理条例迟迟未得到批准

2002 年沙湾镇历史街区管理委员会起草了《沙湾镇历史文化街区和文物的保护管理办法》，作为保护的指导性文件，由于沙湾镇级人大没有立法权，要到广州市人大才能通过具有法律性质的管理条约，但至今这一管理办法还没通过。《沙湾古镇安宁西街保护规划》2004 年编制完成，但至今已经 6 年过去了，依旧未能通过广州市政府审批。保护规划主要评审在市级，报广州市政府通过，报广东省建设厅备案。部门之间程序、职责问题导致效率低下，有些是职责不清，有些职责虽然非常清晰，但不同部门用不同的观点套用这些职责，比如农业处会考虑土地是村的集体土地，划作保护区后影响其农业生产，影响土地性质；产权处有自己

① 朱文良，广州市番禺区沙湾镇人民政府规划国土建设办主任 .2008-3-6 个人访谈记录。

的想法，国土部门认为现在是民居，很难调整商业，有些意见规划部门不一定同意，由于部门之间是平级关系，很难协调之间的矛盾。[1]

沙湾古镇由于政府对历史街区古建保护的发文很少，建设管理部门实际操作起来往往依据不足，对拆除古建危房的行为很难在行政法律法规上对其进行约束。

（2）管理人员不够，对古建较为熟悉的人不多

沙湾文化中心邻近安宁西街、车陂街等历史文化区，是沙湾镇人民政府政府下属的机构，对沙湾古建保护起重要作用。沙湾文化中心共有职员23人，分为文联、文物、放映、图书馆四个职能部门，其中有10人负责沙湾文物古建保护，分为日常管理和办公室工作。日常管理包括平时对历史保护区的清洁、历史古建的看守，如留耕堂售门票工作。办公室主要负责管理古镇和指挥协调。因为对古建较为熟悉的人不多，很少深入与村民沟通。[2]

（3）财政资金不稳定，没有详细的财政预算，保护资金相当困难

沙湾镇保护资金以区、镇政府投入为主，国家资金很少。广州市政府财政下拨用于文物保护的资金不稳定，没有详细的财政预算。到现在为止，政府投入用于沙湾镇文物保护的资金约为3000万，根据《沙湾古镇历史文化名镇保护规划》的概算约要投入资金1.1亿~1.3亿元。沙湾古镇的资金用在古建个别单体的维护以及对不协调单体（图4-48）的改造和道路、管网的改造、重点地段的修缮以及景点设置，民居维护涉及产权问题。征收私产的困难：①情结问题。有些居民在此生活了几十年，不愿意搬（图4-49）；②要价特别高，超出了补偿的标准，没办法执行。因为资金困难，所以古建筑实施维护的时间拖得很长。原来按规划是3年完成，因为资金不足拖到10年，成本上涨，工作难度增加。[3]

图4-48　沙湾镇祠堂被改造成幼儿园

图4-49　沙湾镇安宁西街古民居

① 朱文良，广州市番禺区沙湾镇人民政府规划国土建设办主任.2009-7-8个人访谈记录。

② 蔡结焕，广州市番禺区沙湾文化中心职员.2008-3-4个人访谈记录。

③ 朱文良，广州市番禺区沙湾镇人民政府规划国土建设办主任.2008-3-6个人访谈记录。

（4）公众保护意识薄弱，参与不多

多数拥有古民居产权的村民没有保护意识，一边是政府花大量的资金去修缮老房子，一年修缮 3 ~ 5 间，另一边是其周围被拆掉多达几十间，拆的比建的还快，陷入一种恶性循环。2003 年整个沙湾古镇区有 400 多间古建筑，现在古建已经有 1/10 消失了。住在沙湾古镇的本地居民不多，外来打工者较多，因为古镇租金便宜，一房一厅只需 200 ~ 300 元 / 月。沙湾文化中心负责古建筑管理的人员很少与外来人员交流，同时缺少激励政策，使得民众参与保护的积极性不高。

（5）旅游开发实施进度慢，拆迁补偿难协调

沙湾古镇旅游开发实施进度很慢。居民对拆迁赔偿的满足程度相差甚远，沙湾居民有很强的商品意识，拆迁赔偿谈不妥意味着工程将停滞不前，而广州市出台的拆迁补偿标准不平等，拆迁补偿不规范，没有法律支撑，由于区域地段不同，拆迁补偿无法做到统一，而广州市在实施时也没按照补偿标准去做。标准出台是为了政府好做工作，但居民不接受，不可操作，实施时往往脱离了拆迁标准。① 从利益相关主体看来，沙湾镇开发旅游势必牵涉到投资者、居民、多级政府、旅游企业等多方利益主体。沙湾镇现辖 14 个行政村和 4 个社区居民委员会，共有 6 万多人口，其中外来人口占 2/3，如果不能理顺他们之间的关系，特别是居民和投资者、政府之间的利益冲突，旅游开发就很能付诸实现。古镇旅游项目开发前期投入大，运营周期长，资金回笼慢，没有一定的经济实力很难维持下去。

事实上由于整个沙湾土地、物业、空间都不是旅游开发公司的，而是政府特许的一个经营环境，经济上是旅游开发公司服从政府去分配公司和公共资源的利益，只有政府主导保护好沙湾的环境才能有经营环境的存在。旅游开发公司只能是代表政府去营运，实施时政府委托旅游开发公司去管理。整个过程都离不开政府的领导，涉及居民利益的拆迁赔偿问题是政府成立拆迁办去协调拆迁矛盾，民众的抗拒心理才会相对少些。将来沙湾古镇旅游开发涉及古建筑的维修、使用、新设备安装都要需要在政府的政策强制下才能实现。

（6）设计图纸审批遇到现代标准难解释，投资预算没有标准

财政拨款必须经过全国公开招投标手续，财政评审必须按图纸施工验收，这种完全按施工图纸尺寸的生硬做法使得古建筑失去了原来的神韵。首先，传统的古民居都是当地民间工匠经验智慧的结晶，并非按照图纸生搬硬套去施工，特别是木雕、砖雕、字画都是当地工匠的构思创造，无法事先用图纸画出，这就使得中标的设计院无法表达出民间工匠的巧妙构思。沙湾镇古建筑施工图纸拖了 2 年都没法完全

① 梁明，广州市番禺区沙湾古镇旅游开发公司总经理 .2009-7-8 个人访谈记录。

画出也是因为这个原因。[①] 其次，遇到图纸审批这一环节，文物部分可以按照文物保护单位的要求审批，而涉及市政部分，如古镇的石街石巷有很多风水道理蕴含其内，在市政部门验收时会遇到与现代标准相冲突的地方，有些风水道理无法用施工图纸表达。另外，古建筑没有预算标准，特别是古建筑砖雕、木雕、石雕等等价格都没有市场统一的标价，招投标的投资估算普遍都是在现代的标准上加上难度系数，但本身难度系数也是凭空想象的，因此预算即使做出来也很难站得住脚。这些规定虽然便于政府操作管理，但实际上使得古建筑变得机械化。

4.4.5.8 保护对策关键词——合理规划、有机更新

（1）尽快通过《沙湾镇历史文化街区和文物的保护管理办法》，理顺管理体制

政府应尽快通过《沙湾镇历史文化街区和文物的保护管理办法》，并理顺政府的管理体制，尽快使《沙湾古镇安宁西街保护规划》通过审批，使保护工作的开展有法可依。同时加强对管理职员的文物知识培训，加强管理力度和分工合作的效力。

（2）制定详细的财政预算，多方位筹集保护资金

广州市作为历史文化名城，市内有多处值得好好保留的历史文化遗产，对此市政府应制定详细的财政预算，分批分重点的实行保护政策。对已经评上国家级和省级的历史文化村镇要积极向国家和省里申请保护资金，并制定市级、区级和镇级的保护资金投入计划。沙湾古镇的改造和维护资金主要用在古建筑的维护和对与历史风貌不协调建筑的拆除、道路和市政管网的改造、重点地段的修缮和景点设置上。这还是在点和线上做文章，没有展开对面上的保护和修缮，这主要是受到资金的限制，因此，应多方位筹集保护资金，特别是畅通投资渠道，通过吸引有能力、财力的人士投资文化遗产，筹集社会闲散资金。

（3）提高公众的保护意识，管理人员应多加强对民众的教育

沙湾古镇外来打工者较多，整体文化素质不高，在没有接受历史文化遗产保护的教育之下难免会做出对文物古迹不利的行为。对此沙湾镇文化中心人员应利用与安宁西街、车陂街等文物古迹较为集中地段较近的优势，随时随地开展对当地无论是本地人或是外来人的教育，教育形式应通俗易懂，多种多样，如海报宣传、广播教育、文艺宣传、印发小册子、知识讲座等。

（4）对古镇内私有产权拆迁补偿制定合理方案

根据番府[2007]69号文的有关规定，沙湾镇拆迁房屋宅基地的用地面积补偿标准按3500元/m^2计算。拆除建筑按补偿建筑类别和实测建筑面积每平方米计价。一般建筑根据建筑结构、装修标准的不同级别分别采取不同的补偿标准。框架结构按880～1410元/平方米进行补偿，混合结构按750～1180元/平方米进行

① 梁明，广州市番禺区沙湾古镇旅游开发公司总经理.2009-7-8个人访谈记录。

补偿，砖木结构按 700 ~ 830 元 / 平方米进行补偿。古建筑按照建筑的历史文化价值、损毁程度分别采取不同的补偿标准。[①] 拆迁补偿是对居民直接而深刻的一次教育，合理补偿方案的制定（图 4-50）不但可使保护规划顺利实施，还可以潜移默化地宣传古建的珍贵价值。

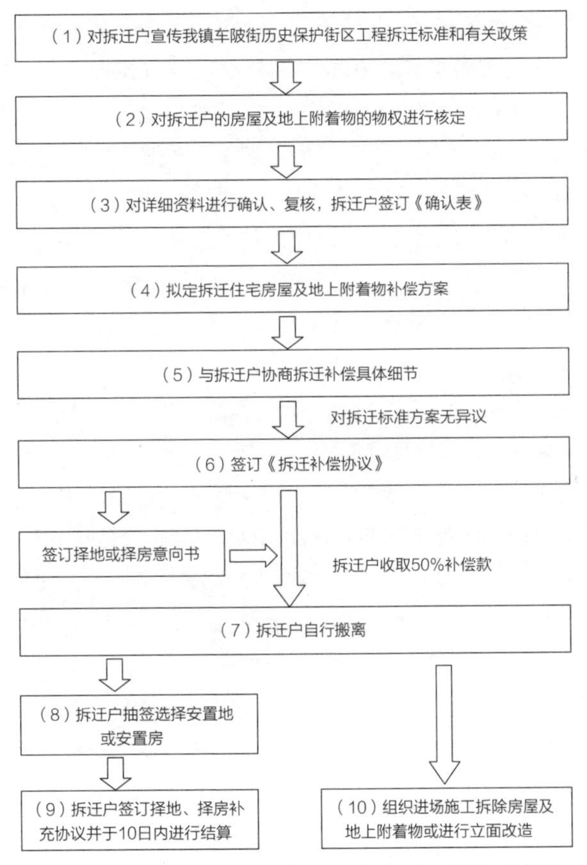

图 4-50　沙湾镇车陂街历史保护街区工程拆迁安置补偿工作流程

（资料来源：沙湾镇人民政府规划国土建设办提供）

4.5　困境五：文化产业缺乏竞争力，旅游开发体制未理顺

4.5.1　产业结构不合理，集约化程度不高

4.5.1.1　产业结构中三产比重较小

珠三角历史文化村镇产业结构存在与经济发展一般规律相“背离”现象。美

① 沙湾镇建设委员会 . 车陂街历史保护街区（第二期）住宅房屋拆迁安置补偿方案 .2008.

国经济学家钱纳里总结世界各国经济发展规律，提出以人均国内生产总值为标志，把经济发展过程划分为三个阶段：农业经济阶段（小于 1200 美元）；工业经济阶段分为工业化初期（1200 ~ 2400 美元），工业化中期（2400 ~ 4800 美元），工业化后期(4800 ~ 9100 美元)；发达经济阶段(9100 美元以上)。随后，“配第 - 克拉克定理”指出经济发展总的趋势是：进入工业化阶段，第二产业比重上升到一定程度后开始下降，而第三产业比重则持续上升，引导经济发展进入“发达经济”阶段，其中，当人均国内生产总值达到 3000 美元左右时，三产比重超过 50%。这两大定律被经济学家视为解析经济发展的一般规律。

1993 年，珠三角人均国内生产总值达到 1588 美元，三次产业结构为 8.8 : 50.7 : 40.5。到了 2002 年，珠三角人均国内生产总值达到 3131 美元，三次产业结构调整为 4.1 : 47.2 : 48.7，三产比重超过二产比重，占据主导地位。2003 年起，珠三角人均国内生产总值加速攀升，“三产”比重不仅没有紧跟其后上升，反而连年下降。2002 ~ 2006 年，珠三角人均国内生产总值从 3131 美元上升到 6166 美元，4 年间经济发展水平提高近一倍，但“三产”比重却从 48.7% 下降到 45.9%。珠三角各市中“三产”比重随人均国内生产总值提升而“背离”一般标准的现象具有普遍性，只是程度不同。①

珠三角历史文化村镇产业结构也存在以上问题，曾经占主导地位的农业早已让位于工业，三大产业中第二产业所占比重较大，第一产业和第三产业所占比重较小。以沙湾镇为例，改革开放以后，产业结构发生了很大变化，第三产业比例虽然稳中有升，在国民经济中的比重仍然比较低（图 4-51），1990 年以后第三产业一度呈下滑趋势，1998 年以后才稳中有升，至 2006 年沙湾镇第三产业比重才刚刚达到 30%。在第三产业中传统行业，如商业所占比重较大，而新兴行业如文化、信息、咨询等所占比重较小，缺少了第三产业这一后续动力将不利于经济的持续稳定发展。

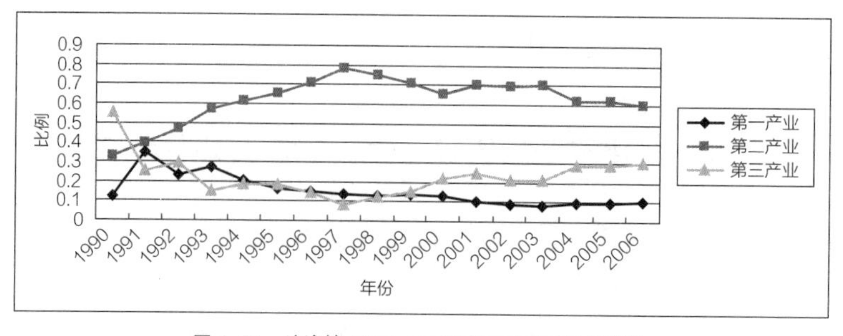

图 4-51 沙湾镇 1990 ~ 2006 年产业构成比例趋势

① 引自《惠州统计》.2007 年第 9 期 . 惠州统计信息网 .http: //www.hzsin.gov.cn/ReadNews.asp?NewsID=2970

4.5.1.2　文化产业集约化程度不高

从区域分布上看，广东的文化产业主要集中在以广州、深圳为中心的珠三角地区，东西两翼和粤北山区的文化市场发展水平较低，文化产业相对落后，区域布局处于严重不平衡状态。据统计，珠三角地区集中了全省文化企业总数的73.2%，而粤东仅占14.5%，粤西仅占6%，粤北山区仅占6.3%，难以形成各具特色、功能互补、各展优势、协调发展的区域产业发展格局。2007年，珠江三角洲地区文化文物事业费是粤北山区的5倍，是东西两翼地区的8倍。

广东文化产业经营单位众多、规模偏小，经济效益和产业集约化程度不高，总体上缺乏竞争力。2004年广东省文化产业单位平均资产总额988.2万元，每天人均营业额不到800元。其中文化服务业产业单位人均年营业收入只有23万元左右，每天人均营业额只有600多元。而美国在20世纪末从事文化服务业的人均年营业收入就超过6.5万美元，平均每个单位年营业收入超过100万美元。[①]文化产业的集约化程度不高将制约着历史文化村镇走向文化投资的道路。

4.5.2　文化市场发育不健全，旅游开发体制未能理顺

2005年广东文化产品和设备制造业、文化产品批发零售业和文化服务业增加值的比例为55 ∶ 10 ∶ 35。文化产品和设备制造业比重过大，以新闻出版、广播影视、文艺娱乐业等为主体的文化服务业发展相对滞后。文化服务业发展滞后突出表现在文化创意和内容生产能力严重不足。由于大众消费习惯、城乡差距和地域文化等因素的影响，文化消费在广东城乡居民日常消费结构中的比重并不高。据统计，2005年广东城镇居民日常消费支出中，食品消费支出比重最高，达36.1%；交通通讯支出第二，比重为19.8%。而未剔除教育支出的文教娱乐服务支出比重仅为14.1%。相对较低的文化消费比重制约了广东文化市场的发育，主要表现为文化产品、服务和要素市场建设滞后，文化资源的开发利用率还不够高，条块分割、地区封锁、行业垄断和城乡分离的格局尚未打破，全省统一、开放、竞争、有序的现代文化市场体系远未建立，[②]这些都成为历史文化村镇发展的瓶颈。

2003年以来，广东作为中央确定的文化体制改革综合试点省，将文化体制改革和文化大省建设紧密结合，在转变政府职能、推进经营性文化事业单位转企改制、鼓励和引导社会资本投资文化产业等方面取得了实质性进展。同时，中央和省都相继出台了一批涉及非公资本进入文化产业、加强文化进出口、文化领域引进外

---

① 刘启宇，刘红红．广东文化产业发展的现状、问题和对策[J]. 学术研究，2007（6）: 40–45.

② 同上

资、文化产业税收优惠等政策措施，为促进文化产业的发展初步营造了良好环境。但是由于思想认识和管理体制等方面的原因，文化管理体制与不断发展变化的文化经济形势和环境不相适应的矛盾日益凸显，文化投融资、市场准入、国资监管、事业单位改革等关键领域的突破阻力很大、障碍重重，政府扶持、政策倾斜、税收优惠的力度还远远不够。

在市场化和全球化初期，文化遗产资源的发掘权、所有权、使用权及初期转让以及正确性价值的营销，都是最敏感的问题，甚至会成为国与国之间涉及复杂民族情感的长期历史问题。国内目前还存在对于历史文物旅游开发管理体制之争，许多历史文化村镇往往实行所有权、管理权和经营权三权分立的模式，许多传统民居建筑的所有权属于业主，而管理权归政府，但由旅游公司开发经营，三权分立必然引起权益之争。

4.5.3 广东旅游业缺乏“定位”，媒体宣传力度不够

从 2000 年起，广东旅游业旅游总收入连续 3 年超千亿元，但有关人士却认为，广东“旅游大省”的形象仍然未能深入人心。这主要是由于广东旅游业缺乏“定位”，缺乏“招牌”。对比京沪，这一劣势一目了然。北京和上海所分属的京派文化和海派文化为这两个城市的旅游资源规划了良好的文化背景。很显然，融岭南文化、楚文化、中原文化和海外文化于一身的广东至今尚未利用好这一巨大的文化品牌资源。[①] 这也就不难理解为何岭南古村镇的文化旅游不如江南古村镇红火。

珠三角历史文化村镇无论在保护力度还是宣传力度上远远不及江南周庄、西塘、同里等古镇，这一方面造成了珠三角历史文化村镇的知名度不够，文化旅游带来的经济效益还不高，另一方面也体现了政府对历史文化村镇潜在的价值认识不足，还未能够充分重视起来，居民对历史文化村镇的保护也未尽热心。

4.6 对比江南古镇

4.6.1 江南古镇保护的特点

相对珠三角历史文化村镇而言，位于长三角的江南古镇保护较早受到重视，保护的成效有目共睹，保护古镇已经成为当地政府和居民的共识，保护古镇，盘活历史文化资源，发展旅游，带动第三产业，使得江南古镇走上以保护促旅游，以旅游养保护的良性循环道路。江南古镇的保护有以下特点：

---

① 南方网讯 . 揭短：广东建设文化大省面临的 12 大难题 .2003-01-11. http: //www.southcn.com/news/gdnews/gdtodayimportant/200301110046.htm

4.6.1.1　古镇保护较早受到重视，评选历史文化名镇的时间早

20 世纪 80 年代初期，同济大学城市规划系以阮仪三教授为代表主动提出要保护濒临破坏的江南水乡古镇，并主动帮助制定古镇保护与开发规划后，各级领导和群众都比较早地开始重视古镇的保护工作。南浔镇、乌镇 1991 年被命名为浙江省历史文化名镇。周庄镇、同里镇、甪直镇 1993 年被命名为江苏省历史文化名镇。古镇的保护与发展开始进入各级政府的议事日程，成为当地物质文明建设和精神文明建设的一项重要内容。

4.6.1.2　保护措施因地制宜，并制度化、法律化、持久化

在制订和实施古镇保护规划的过程中，各级领导顺应广大群众的呼声，为了将保护工作变成每一个居民的自觉行动，分别制订了保护公约、实施条例和细则等政策法规，使规划中的有关措施制度化、法律化、持久化，不以政府领导人的更替而影响保护工作的延续性。[①] 乌镇于 2002 年 12 月 1 日起施行《浙江省乌镇历史文化名镇保护管理办法》，实行统一领导，统一规划，专业管理。镇政府对古镇保护的政策和法规，是建立在及时和周密的文物普查和测定的基础之上的。这些行之有效的保护措施都是依据本地的特点而提出的。

4.6.1.3　多渠道的资金来源，“滚动式”的发展道路

周庄 1986 年实施保护规划，政府和专家多方奔走，筹集资金。他们把有限的资金实实在在用在修复工程上，有多少钱，办多少事，修复一批，开放一批，逐渐形成以保护促旅游，旅游养保护的良性循环。镇旅游公司成立初期的 20 万利润全部用在保护古镇上。全镇保护费用的资金来源在 1992 年以前主要依靠省、市环保、财政部门的拨款，1992 年下半年开始，城镇建设的资金来源主要有土地批租、城市建设费、旅游业利润三部分组成。同里保护古镇的资金来源最初由政府拨款，其后分别由政府、太湖风景区、退思园以园养园三部分组成。初期以前两部分为主，比例为 7：3，逐渐演变成 5：5。近三年来各占三分之一，这充分表明在保护的基础上实现了滚动开发。[②]

4.6.1.4　发展旅游业，促进第三产业发展，赢得社会认可，广泛宣传

江南古镇具有丰富的旅游资源，保护和恢复古镇风貌促进了旅游业的发展，其收入又用于其他建设，使古镇基础设施与积极保护同步发展，形成良性循环（图 4-52、图 4-53）。各镇以旅游业为龙头带动第三产业发展收效明显。保护工作使古镇焕发出蓬勃生机。1995 年周庄旅游业上交地方财政的税收占整个财税收入的三分之一，2000 年周庄古镇旅游收入 4.5 亿元。旅游业的拓展给古镇带来的信息、

① 阮仪三，黄海晨，程俐聪 . 江南水乡古镇保护与规划 [J]. 建筑学报，1996（9）：22-25.

② 阮仪三，黄海晨，程俐聪 . 江南水乡古镇保护与规划 [J]. 建筑学报，1996（9）：22-25.

资金等联动经济效益，不少外商到古镇投资设厂，最主要的因素就是看中古镇的文化环境和区位优势。成功保护的周庄、同里和乌镇已成为天然的影视外景基地，在我国影视艺术领域里起着不可替代的作用。

图 4-52　浙江省绍兴市安昌古镇

图 4-53　江苏省苏州市周庄古镇

江南水乡古镇的保护，已得到了社会的赞同，许多报章杂志以及广播电视予以广泛的介绍，古镇保护的实效是最有力、最生动的宣传，因而引起许多地方的共鸣和效仿。

4.6.2　存在问题的共同点与不同点

4.6.2.1　存在问题的共同点

江南古镇在内部结构和建设管理上存在与珠三角历史文化村镇共同的问题。

江南古镇内部结构存在的问题包括[①]:（1）人口密度高并存在一定老龄化现象。（2）用地结构上工业用地占据一定比例。（3）物质性老化和功能性衰退现象较为严重。（4）古镇传统风貌特色有所消退。

江南古镇在建设管理上存在的问题包括[②]:（1）保护意识不强，存在建设性破坏、保护性破坏和历史风貌破坏问题。（2）部门间缺乏有效协调，规划缺乏科学性和可操作性，法律法规缺乏明确的职责划分及相应政策。（3）保护经费短缺，资金匮乏，宣传及管理力度不够。（4）规划的编制、审批及其衔接问题。浙江市区及县政府驻地以外的乡镇有相当部分没有编制城市规划，还有些经济发达镇自行编制规划，但是一般没有文保部门参加，审批也多没有文保部门参加。

① 阳建强，冷嘉伟，王承慧．文化遗产 推陈出新——江南水乡古镇同里保护与发展的探索研究 [J]. 城市规划，2001，25（5）：50-55.

② 刘晓东．浙江历史城镇保护的问题与对策 [J]. 城市规划，2003，27（12）：65-67.

4.6.2.2　存在问题的不同点

在新的形势下，江南古镇也面临着新的压力和问题。这些压力主要有：古镇居民生活方式的改变，原有古镇的基础设施和生活环境已不能适应现代生活的要求，古镇居民自发的建筑整修开始使用新的建筑材料与工艺，影响了原来传统风貌的延续。古镇外虽然规定了相当面积的缓冲区，但是新区建设的迅速发展，威胁着传统江南田园风光的外部环境。江南古镇与珠三角历史文化村镇存在问题最大的不同点在于江南古镇目前最大的压力是游客流量的迅速增加，大量外来人口的进入，部分传统民居变成旅游商业用房，古镇人口的逐步外迁，使古镇原有的人文环境发生了变化。[①] 尤其在旅游旺季，古镇内经常处于拥挤混乱的场面：幽静的水乡环境氛围被破坏，不仅无法正常游览，甚至对古迹、建筑等造成了破坏，即所谓“旅游公害问题”。不断膨胀的旅游业正在排挤着大量的有地方特色的小本生意，致使受保护街区的风貌日趋千篇一律，旅游设施的充斥、无特色旅游商品的泛滥以及“人人皆商”的浓重的商业气息都在不知不觉中侵蚀着古镇的自然环境和人文氛围。[②] 相比之下，珠三角历史文化村镇发展旅游还处在刚刚起步阶段，人气远远不如江南古镇，通过与江南古镇保护的对比，我们可以从中得到对珠三角历史文化村镇保护的启示。

4.6.3　对珠三角历史文化村镇保护的启示

江南古镇的保护在中国古村镇的保护中走在了前面，其目前遇到的如“旅游公害”问题有可能就是珠三角历史文化村镇将来要面临的问题，其在保护过程中的采取的有效措施应该大力推广，其中的经验和教训应该好好吸取。江南古镇和珠三角历史文化村镇存在问题的共性说明中国的古村镇已经到了抢救性保护的局面。城市的发展日新月异，科技的进步一日千里，可是为什么过去千百年能完整保留下来的古村镇却要在科技如此发达的今天迅速消失？这值得我们好好反思。

珠三角历史文化村镇的保护应该借鉴江南古镇在保护公约、实施条例和细则等政策法规上制定和实施的经验，应尽早将古村镇的保护与发展纳入各级政府的议事日程，从政府领导到地方官员都重视起来，采取多渠道的保护资金，实行动态保护，走以保护促发展，以发展助保护的道路。

---

① 阮仪三，邵甬，林林．江南水乡城镇的特色、价值及保护 [J]. 城市规划汇刊，2002（1）：1–4.

② 熊侠仙，张松，周俭．江南古镇旅游开发的问题与对策——对周庄、同里、甪直旅游状况的调查分析 [J]. 城市规划汇刊，2002（6）：61–63.

本章小结

本章分析了珠三角历史文化村镇保护在物质空间、社会结构、保护制度、保护规划以及文化旅游产业五个方面的所面临的现实困境，并对产生这些困境的深层原因进行剖析。

珠三角历史文化村镇物质空间生存面临村镇遭遇肌理破坏，文化丧失的困境，具体而言许多村镇都面临着拆旧建新、基础设施落后、居住环境恶化、安全隐患突出、文化内涵丧失等困境，主要原因在于政策主导了文化遗产保护的方向。城镇个性、历史文化的丧失曾在各种貌似正确的口号和政策下推进，历史文化村镇古民居的肆意改造也与目前的土地政策息息相关，当然还有历史空间格局与现代生活的矛盾等人为因素，徘徊在拆与建之间的广州大岭村就是典型的个案之一。

除了物质空间上这一最为直观的破坏之外，人口迁移进而产生社会空间结构的改变也导致了“空心村”以及村镇“出租化”的出现，这些都使得村镇归属感失落，活力衰减，日益落寞。究其根源在于土地制度不完善，宅基地管理法缺失、监督缺位等体制障碍，当然传统聚落结构的缺陷和新住房需求的矛盾也使旧房闲置成为可能，而城区与郊区贫富差距的扩大，也吸引了村镇青年劳动力的外流。空宅的出现进一步加速了古建筑物质空间的老化。佛山大旗头村就是珠三角历史文化村镇中典型的空心村之一。

历史文化村镇物质空间生存遭遇威胁、原有社会结构转变都离不开政策力，保护工作的开展只有在强有力的制度保障体系中才能顺利展开。进而本文对现实的保护制度进行了详细的分析。目前，历史文化村镇保护制度存在的问题包括保护政策体系尚不健全、人为干扰因素大、管理部门职能分工不明确致使行政效率低下、文物保护人才缺乏、保护资金匮乏、产权问题复杂导致保护进展艰难等等。制度无法健全的根源在于经济和利益的角逐，历史文化村镇的保护往往牵涉多个利益主体，涉及层层的代理关系，加上许多产权不清等历史遗留问题，使得保护工作变得复杂，本文利用新制度经济学原理权衡了制度建立的成本与收益，解析目前保护制度难健全的原因。近几年来随着国家开展的历史文化村镇评选活动，文化遗产的价值越来越得到人们的认可，目前许多村镇走上积极申报的道路，然而在评选申报中却暴露出一系列问题，包括监管不严、申报材料造假等等，肇庆大屋村就是其中的案例之一。

申报评选离不开保护规划的编制，珠三角历史文化村镇现实问题是保护规划易编制、难实施，许多规划为了迎合申报条件而频繁修编，偏离了保护村镇文化，引导村镇健康有序发展的本质。保护规划由于缺乏标准，编制成果参差不齐，许多规划采取机械静态的保护方法导致规划成果被束之高阁，而过于频繁的规划修编也削弱了规划的权威性和法律性，规划民众参与度不高，实施中遇到资金不足、拆迁补偿问题也使其举步维艰，广州番禺沙湾镇安宁西街的保护规划就连续 5 年一直处在审批状态，规划无法公开，保护工作的开展无法可依，进展艰难。

虽然珠三角历史文化村镇的旅游还处在起步阶段，但也遇到产业结构不合理、文化产业集约化程度不高、文化市场发育不健全、文化管理体制、旅游开发体制未能理顺、广东旅游业缺乏“定位”，媒体宣传力度不够，未能利用好文化资源等现实困境。发现问题才能使下文对策的提出有的放矢。

文中进一步对比了珠三角历史文化村镇与江南古镇在保护的特点和存在问题上的共同点和不同点，并得出对珠三角历史文化村镇保护的启示。

第五章

国外先进的历史村镇保护策略

5.1　日本的文化财保护以地方立法为核心

5.2　英国的文化遗产保护纳入城乡规划法

5.3　德国的州立保护政策

5.4　国外历史文化遗产保护策略的启示

5.1 日本的文化财保护以地方立法为核心

5.1.1 以地方立法为核心的保护立法

日本的保护立法体系采用国家与地方立法相结合的方式，国家立法保护的对象往往只是确定由中央政府负责的全国历史文化遗产的最重要的部分，而更广大的地区由地方政府通过地方立法确立保护。以日本 1966 年著名的《古都保护法》为例，其保护的对象限定为京都市、奈良市、镰仓市以及奈良县的天理市、樱井市、明日香村等，京都市的非历史风土保存区域由地方政府另行制定的法规如《京都风貌地区条例》进行保护。这些被保护地区的名称、范围、保护方法、资金来源等都是由地方法规予以确定。日本《文物保护法》中地方政府可以自己设立传统建造物群保存地区，制定保护条例、编制保护规划，而国家在此基础上通过选择重要地区作为重要传统建造物群保存地区纳入中央政府的保护范畴。①

历史文化遗产保护的行政管理由文物保护行政管理部门和城市规划行政管理部门两个相对独立、平行的组织机构体系负责（图 5-1）。与文物保护直接相关的法律制度及管理事务由国家文部省文化厅负责，地方政府下设教育委员会主管行政辖区范围内的文物保护管理工作。与城市规划相关的法律制定及管理事物主要由国家建设省都市局、住宅局负责，地方政府及下设的城市规划局主管行政辖区范围内的保护规划管理工作。② 日本在地方政府机构中还设立法定的常设咨询机构——审议会，提供技术监督，为政府决策提供高层次的参谋，使行政与学术有效结合起来。

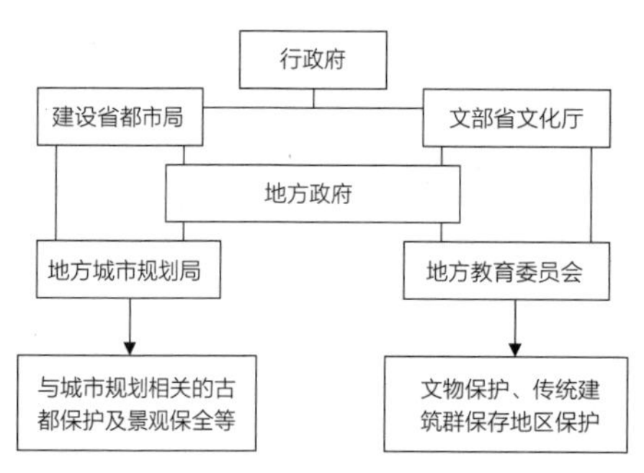

图 5-1 日本历史文化遗产保护行政主管机构体系示意
（资料来源：王林．中外历史文化遗产保护制度比较．城市规划，2000，24（8）：49-51.）

5.1.2 指定制度 + 登录制度双轨的保护制度

登录制度的概念来源于欧洲。早在 1913 年法国就通过《历史古迹法》建立登录制度与指定制度双重并举的保护体系。指定制度是一种由上而下的保护制度，分为国家指定和地方指定。登录制度是一种由下而上的保护制度，是将有一定的价值的历史建筑物做成目录，是尊重所有者，期待自发保护的制度。

① 王林．中外历史文化遗产保护制度比较 [J]. 城市规划，2000，24（8）：49-51.

② 王景慧，阮仪三，王林．历史文化名城保护理论与规划 [M]. 上海：同济大学出版社，1999：94.

日本《文化财保护法》在1950年颁布时，实行的是单一的指定制度，随着社会的不断发展，指定制度过于严格的保护要求，不能适用仍然在使用的近现代建筑。因此，在1996年修改保护法时引入了登录制度（图5-2）。登录制度所保护的对象是现在还没有被指定但具有保护价值的建筑物、构筑物。登录制度是一种民众的自发保护和国家的控制相接的保护模式（表5-1）。当登录的历史建筑物被国家或地方指定为保护对象时就自动取消对其登录。

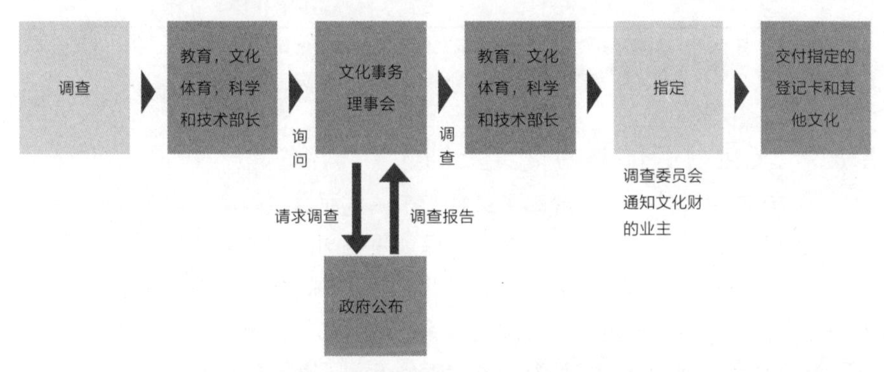

图5-2 日本指定、登录、选择文化财产的过程
（资料来源：http://www.bunka.go.jp/english/pdf/chapter_04.pdf）

日本指定文化财制度与登录文化财制度的比较 表5-1

	指定文化财制度	登录文化财制度（建筑物、纪念物）
制度的目的	重点选定价值极其珍贵的文化财；强制性限制的同时采取硬性保护及永久性保护	选择文化价值较高的非文化财；采取宽松的保护措施，促进所有者的自发保护
保护的对象	历史及学术上具有较高保存价值的	为了保存及活用而有必要采取特别措施的
指定条件（登录）	作为有形的文化遗产，具有较高历史、艺术及学术价值；遗迹或是有特别纪念意义的设施，具有较高历史及学术价值	原则上要建成50年以上；近代史上有纪念价值，或具有较高的象征意义；具有地区历史文化背景，且其价值被广泛认识；代表一个时期的造型特征
指定主体（登录）	文化财厅长/市、道知事	文化财厅长
审议会	文化财委员会/市、道委员会	文化财委员会
指定（登录）时所有者同意	制度上非必须；运作上参考其意见	制度上非必须；运作上参考其意见
改变现状	须经许可；必要时，可指示、中止行为、取消许可	须申报；必要时，可指导、诱导、扶植

续表

	指定文化财制度	登录文化财制度（建筑物、纪念物）
影响保存的行为	许可（微小部分可除外）；必要时，可指示、中止行为、取消许可	无规定
对修缮的国库补助	国库支援规定	国库支援规定
税制支援	综合土地税减免；继承税减免	综合土地税减免；继承税免除；国税（所得税等）协议中

（资料来源：任哲熙，金龙河，李东培．对登录文化财制度改善的研究 // 张复合．中国近代建筑研究与保护（四）[M]. 北京：清华大学出版社，2004：688-692.）

5.1.3 文化财有优厚的资金资助

日本在法律文件中不但规定了资金的来源，而且对国家、地方政府的资助比例也有明确的规定。保护资金的立法保证是各国历史文化遗产保护的重要保障。日本以国家投资带动地方政府资金相配合，并辅以社会团体、慈善机构及个人的多方合作。日本规定对传统建筑群保存地区的补助费用，国家及地方政府各承担 50%，对古都保存法所确定的保存地区，国家出资 80%，地方政府负担 20%，而由城市景观条例所确定的保存地区一般由地方政府自行解决。日本《文化财保存法》规定中央政府和地方政府各出资 50% 用于补助住户对历史建筑外部的整修费用，每个保护区每年可以有 6 ~ 8 户得到补助，每户可得整修费用的 50% ~ 90%。

日本对于采取了指定文化财制度的保护方式，同时作为重要文化财指定的建造物的修缮整治费用，其补助率平均为 70% 以上，而且在税制上还有许多优惠政策。这样就使得重要文化财建造物绝大多数都得到良好的管理与保护。

《文化财保护法》法针对不同的保护类型规定了不同的资金渠道。该法共规定了以下几种资金渠道：①

（1）国家补助。根据文化财的不同保护级别制定不同补助比例，这是针对所有保护对象的保护资金的主要渠道。

（2）地方补助。对本地区的国家和地方指定的文化财进行补助。

（3）税收补助。有国家补助和地方补助两种。主要是针对登录有形文化财、传统性建筑物群。国家和地方对一般传统性建筑物群不给予资金援助，主要是在税收上给予照顾。鼓励的民众的保护行为。

（4）罚款所得。把对破坏历史环境所得的罚款作为保护基金。把从破坏历史

① 胡秀梅．日本《文化财保护法》与我国相关法律法规比较研究（硕士论文）[D]. 杭州：浙江大学，2005：16.

环境得到的罚金用于保护历史环境，这也是保护资金来源的一种渠道。

（5）地方债。地方根据自己的情况发行地方债。主要用于地方指定保护的文化财。地方发行地方债要经过国家批准。

（6）低利息贷款。部分银行为文化财所有者提供的资金渠道，主要是针对登录建筑和传统性建筑物群。

（7）家庭补助回收。文化财所有者在转让文化财时国家从转让金中收回对其补助。这一条主要是因为日本的文化财多数为私人所有，在保护过程中，国家给予资金投入，使文化财得以增值，在所有者转让该文化财时，国家把对其补助收回，把这一资金再用于新的文化财保护。

同时《文化财保护法》还明确规定了国家的补助方式和发放方式以及资金的运作方式。对不同保护级别的保护对象都有不同的规定。政府主要对资金的使用进行监督。该法规定国家辅助资金直接发放到所有者手中，这样就可以减少资金发放的中间环节，既节约下级政府部门的精力，又可以使资金直接到达保护者手中。由于日本的保护事业多种多样，因此保护资金的筹措和使用分配方式一般由当地居民参加的财团等组织出面管理并决定其用途。这种由各地区居民亲自经营的种种便民设施，通过公众参与制度使整个地区的保护事业获得保证，而且因为资金的申请者和使用者合二为一，使资金能获得最有效的分配和运用。

5.1.4 公众参与运动在全国各地广泛开展

5.1.4.1 公开展示制度

《文化财保护法》规定，当文化财被指定为重要文化财时，文化财的所有者或管理者必须进行公开，加大宣传力度。日本国民认识文化财重要性的普及率及大众心中保护文化财意识的普遍性，除了与国民素质相关之外，更重要的是离不开国家积极展示利用文化财，让国民充分了解文化财的重要性所得到的结果。公开展示文化财主要有以下几点意义：

（1）向广大国民提供鉴赏历史环境的机会，加深了国民对其支持和理解，并扩大其影响范围，使更多人投身到历史环境的保护中。

（2）随着日本步入现代化社会，日常生活中的日本人与历史环境的接触越来越少，公开展示可以提高国民的传统修养，对弘扬日本民族文化具有一定的意义。

（3）日本进一步走向世界的需要，文化财的展示可以加深世界各国对日本民族的了解和认识。

（4）公开展示的过程对于无形文化财和民俗文化财来说也是文化财保持者和所有者提高技艺并加以改进的过程，特别是传统工艺技能方面，展示对于其他保持者具有一定的启发与促进作用。

《文化财保护法》规定了如何公开及与公开相关的事宜。规定"文化厅长官对重要文化财的所有者（包括管理团体）可以提出在国立博物馆或其他设施内由文化厅长官进行的公开展示的劝告，展出期限为一年。"文化厅长官可以命令由国库承担展出重要文化财的管理、维修、购买费用中的全部、部分，或补助费用。

5.1.4.2 公众积极参与保护运动

20 世纪 60 年代末，日本大规模拆毁历史街区时，广大市民自觉地参与到历史街区的保护活动中，文化遗产的各地方保护条例和《文化财保存法》的修改也是由市民和学者自下而上推动的。日本居民自发保护文化遗产的力量促使各级行政组织成立保存协会，促进了文物保护法的修改。他们认为，保护生态环境只影响到人的肌体，保护历史环境却涉及人的心灵，所以，这是现代化过程中更为重要的内容。也就是说，日本的历史遗产保护已经从过去传统的以技术取向为主的保护，开始转向关注当地居民的感受和社区居民积极参与的保护。① 日本的历史环境的保护运动以地方居民为中心，并得到专家的协助，通过向行政当局进言，向议会请愿，向民众呼吁等形式，使立法、国家政策有了根本性的转变。② 在历史文化城镇调查中居民、专家和地方自治体行政之间是磋商、交换情况和资金的关系，三者是相互平衡的三角形关系（图 5-3），尽量要发挥他们之间的联系，这种联系越密切，则这种调查越稳定可靠。③

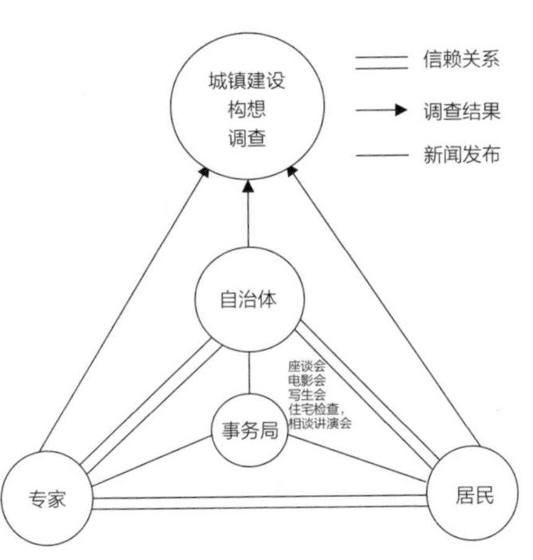

图 5-3 日本历史文化城镇调查与协作的机制关系
（资料来源：日本观光资源保护财团 . 历史文化城镇保护 . 北京：中国建筑工业出版社，1991：209.）

日本传统建筑群保护区制度的特殊性在于居民的意愿得到了充分的重视，主要表现在两个方面：一是传统建筑群保护区内的居民有决定该地区是否申请成为保护区的表决权，并且由当地政府、居民代表及专家共同组成的规划工作组定期举行研讨会。因此，保护区的认定和保护区的规划在很大程度上不受国家的干预。二是传统建筑物的管理员是作为所有者的普通居民，仍然生活在被保护的建筑物中，能积极参与保护活动。

以日本一座被群山环绕的旧宿场町妻笼村（图 5-4）为例，妻笼宿是日本最

① 任云兰 . 国外历史街区的保护 [J]. 城市问题，2007（7）：93-96.

② 张松 . 日本历史环境保护的理论与实践 [J]. 清华大学学报，2000，40（S1）：44-48.

③ 日本观光资源保护财团，编 . 历史文化城镇保护 [M]. 路秉杰，译 . 北京：中国建筑工业出版社，1991：209.

古老的民居之一，为木曾 11 宿场之一。因遭遇火灾曾一时衰退，1968 年以来全町持续推动保存运动，使木曾路沿道的街市得以复原。其中以妻笼至马笼之间保留最完整，古老的街道蜿蜒曲折，沿途 80 多家老旅馆并排相连，被日本政府列为传统建筑保存区。

图 5-4　日本妻笼村

（资料来源：http://japan532.com/article/2007/1214/article_114.html）

1955 年以后妻笼的人口越来越稀少。原因之一是日本政府采取将吾妻村（包括妻笼在内）和读书、田立二村合并的政策，1961 年建立南木曾村，妻笼作为行政中心失去了旧有功能。为了保护和复兴妻笼村，当地组成了以当地所有居民为会员的“热爱妻笼村民会”，创立了妻笼资料保存会，对中山道沿途的文物达成“不卖、不租、不拆”的三原则协议，并依据文物保护法申请将妻笼宿改成历史遗迹。该协会起草了全区土地所有者共同同意书，进而成为全日本历史文化城镇保存联盟的创设团体之一。在此之前，由当地观光业组成南木曾町观光协会妻笼支部委员会反对从外部引进大量资金，加强巩固本地区内的保存势力。随后观光协会和热爱妻笼村民会一起，以建立文物保护和观光的正当联系为目标，开展了招牌、店面前的自我整修以及旅游纪念品种类及质量、家庭客栈的内容改善等活动，特别在观光业者中，出现了自己动手进行建筑复原修理和修景的人。妻笼居民于 1972 年 7 月制订了《保护妻笼居民宪章》，使保存高于一切，重新确认了贯彻“不卖、不租、不拆”的三原则，取得了预期效果。[①]

5.2　英国的文化遗产保护纳入城乡规划法

5.2.1　以国家立法保护为核心，单一的行政主管机构

英国立法体系是以国家立法为核心，建立针对古迹、登录建筑、保护区及历史古城不同层次保护的对象，对保护办法、保护机构与团体、地方政府职能与资金政策等都给予了较为详尽的规定。地方政府主要执行、解释这些法律条文，并为公众提供规划指南、建设与保护咨询，同时通过制定本地区的规划及法规性文件对国家立法做有限的补充与深化。[②] 其最为显著的特点是将保护组织的监督以及立法参与都纳入了立法与执法的程序。

英国的保护管理制度是由选定制度、建筑管理制度、保护官员制度和公众参

① 日本观光资源保护财团，编．历史文化城镇保护 [M]. 路秉杰，译．北京：中国建筑工业出版社，1991：223-226.

② 王林．中外历史文化遗产保护制度比较 [J]. 城市规划，2000，24（8）：49-51.

与制度等多项制度构成的完善的保护管理制度体系。其行政管理实现中央和地方两级管理体系，国家级行政管理机构为国家环境保护部，由国家遗产委员会等国家组织和建筑学会等法定监督咨询机构负责有关保护法规、政策的制定以及提供咨询和建议（图 5-5）。地方规划部门及保护官员负责辖区内保护法规的落实及日常管理工作。

在英国的主要保护法令中 2/3 的文件涉及保护资助费用的提供及其来源，明确规定了用于保护的补助金额或比例，由此可见资金保障已成为英国保护立法的一项重要内容。

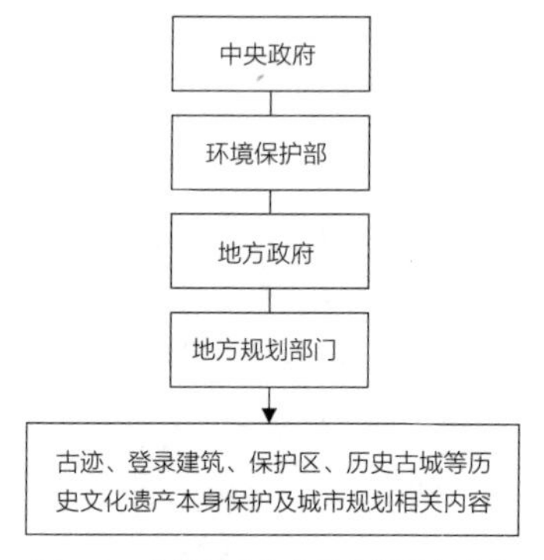

图 5-5 英国历史文化遗产保护行政主管机构体系示意

（资料来源：王林．中外历史文化遗产保护制度比较．城市规划，2000，24（8）：49-51.）

5.2.2 历史环境保护制度是城乡规划法的组成部分

英国的历史环境保护制度比较完善，有一个从建筑到城市的完整保护体系，并且这一制度是作为城乡规划法的一个组成部分而成立的。1947 年英国的《城乡规划法》明确规定了城市规划的公共权优先于建筑所有者的财产权，不经过财产所有者的同意，没有相应的补偿措施就可以进行历史建筑的登录。也就是说建筑登录制度是城市规划制度中的一个重要环节，而不是对某些特定建筑的特别的保护措施，地方规划部门对历史建筑拥有部分的管理权限。①

英国规划体系的目的是按公众的利益控制发展和土地使用，规划政策导则不但为了指导地方规划当局，也指导了业主和开发商、地方社团和对古迹保护感兴趣的公众。英国的地方规划当局都要制定本地区的发展规划，包括历史建筑和保护区的政策，使之尽量少受威胁，并且使用这些政策来保护其历史结构和特征。这些政策和住房、交通、城市改造和经济振兴等政策组成一个整体。②

1990 年，《规划（登录建筑和保护区）法》除给出有关登录建筑的定义、法律程序外，还包含开发、改建、拆除、公众参与、产权关系、财政资助等内容。登录建筑按重要性划分不同等级，分为：2% 的登录建筑为 I 级，4% 的登录建筑为 II* 级，94% 的登录建筑为 II 级。英国对登录建筑的任何变动均须得到规划许可。登录的过程一般先由建筑史方面的专家到现场对候选建筑进行调查，将认定达到登录标准的建筑列入“临时清单”公开发表，听取地方政府、保护团体以及一般市民的意见。若无异议，则由国家遗产部正式认定后，将通知文书下达到地方政

① 张松．国外文物登陆制度的特征与意义 [J]. 新建筑，1999（1）：31-35.

② ［英］大卫·沃伦．历史名城的保护规划：政策与法规 [J]. 国外城市规划，1995（1）：15-21.

府，再由地方政府通知建筑所有者或使用者。1968年修订的《城乡规划法》所制定的登录建筑“规划许可”制度，目的是为了防止出现拆除、改建、扩建等各项建设对登录建筑的破坏现象。在英国所有的开发行为都必须通过规划部门许可，地方规划部门要将业主提出的申请内容在现场展示，在地方报纸上登载，让居民在事前知道在自己的周围将发生的事情，并对此表明赞成或反对的意见，这些意见将是地方规划部门作出决定的重要依据之一。

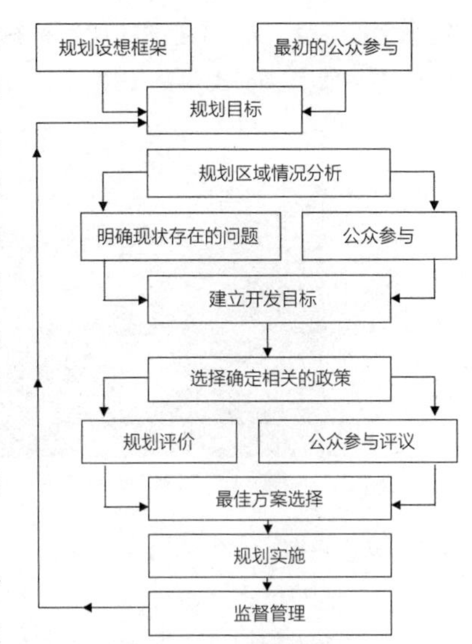

图5-6　英国公众参与编制详细规划程序框图
（资料来源：赫娟．西欧城市规划理论与实践．天津：天津大学出版社，1997：22.）

公众参与也是英国城市规划体系中的一个重要环节（图5-6）。政府工作人员、社会团体、私人企业和个人，凡是愿意参加规划的，都有机会在规划（指结构规划和地方详细规划）未形成正式法律文件之前对规划提出评论性的意见。规划工作进行过程中，地方规划局必须举行多次公众调查会，听取当地居民的意见。[①]

5.2.3　专门设立保护官员

保护官员制度设立的目的是协调中央与地方公众的矛盾，沟通法律概念、政策文本与实践间的差距；保护官员是受雇于地方政府专门从事历史文化遗产保护有关工作的官员，专责向政府和公众就历史环境保护问题提出专门的意见；保护官员的职能包括政策的制定与实施、规划与管理、调查与登记、咨询与顾问、宣传与教育等五大方面。英格兰目前有保护官员600多人，其日常工作具体有：[②]（1）对保护区内处于残破和衰败中的保护区内的建筑物进行视觉调查和重点记录；（2）对风景和建筑地段风景做调查；（3）有关保护的展览和出版工作；（4）对保护区内未得到通知以前不予拆除的建筑进行登记；（5）对被列建筑的业主进行咨询和帮助；（6）对保护区内新建建筑的建设进行咨询；（7）对在传统材料运用方面有特殊技术的工匠和公司进行登记；（8）对经济资助方式担当顾问。

1971年最早在切斯特设立的保护官员，成为市政府与建筑物主、代理人、建

① 赫娟．西欧城市规划理论与实践[M]．天津：天津大学出版社，1997：21-22.
② 赵中枢．英国古城保护的立法过程、保护内容及其保护方式[J]．北京规划建设，1999（2）：20-22.

筑承包商、手工艺者之间的纽带。在保护官员和大家的共同努力下，切斯特古城保护工作取得了很大进展（图 5-7）。

图 a）阿伯里斯特威斯，威尔士

图 b）阿伦德尔，西萨塞克斯

图 5-7　英国历史城镇

（资料来源：http://www.historic-uk.com/DestinationsUK）

5.2.4　众多的民间保护团体组织

在欧洲国家，特别是英国，历史城区的保护和演进有着悠久的传统，其根源更多的是来自市民而不是政府。[①] 英国历史文化遗产的保护并非只是建筑和规划专业的工作，众多的民间保护团体起到非常重要的角色。英国最重要的民间团体保护组织是由环境部所规定的 5 大组织：古迹协会（Ancient Monuments Society）、不列颠考古委员会（Council for British Archaeology）、古建筑保护协会（Society for the Protection of Ancient Building）、乔治小组（Georgian Group）和维多利亚协会（Victorian Society）。他们在一定程度上介入法律保护程序，而且凡涉及登录建筑的拆除、重修或改建，地方规划当局都必须征得他们的意见作为处理这些问题的依据。由于介入法定程序，每年英国政府给以上 5 个团体相当的资助。[②]

除了这 5 大组织之外，英国致力于历史文化遗产保护工作的民间团体数量很多，既有全国各郡县设有分部的全国性大型组织，也有以地区为根据地进行活动的地方性组织。其中全国性的保护组织包括建筑遗产基金会（Architectural Heritage Fund）、建筑遗产协会（Architectural Heritage Society）、建成环境研究中心（Center for Advanced Built Environment Research）、建筑遗产保护组织（English Heritage）、全英历史保护信托组织（National Trust）等。地方性保护团体包括北爱尔兰建筑遗产协会（Ulster Architectural Heritage Society）、约

① Naciye Doratli，Sebnem Onal Hoskara and Mukaddes Fasli. An analytical methodology for revitalization strategies in historic urban quarters：a case study of the Walled City of Nicosia，North Cyprus. Cities，2004，21（4）：329–348.

② 王景慧，阮仪三，王林 . 历史文化名城保护理论与规划 [M]. 上海：同济大学出版社，1999：88–89.

克郡乡土建筑研究小组（Yorkshire Vernacular Buildings Study Group）等。他们活跃在英国各地，成为历史文化遗产保护中重要而积极的力量。[①] 目前非常活跃的“英格兰遗产基金会”负责和参与保护的历史建筑有 36.5 万处，古代纪念碑 1.7 万多座，以及 9000 多个保护区，其中一部分是会员捐款的私人遗产。

5.3 德国的州立保护政策

原德意志联邦共和国对于文化事务的管理权在于各州政府。至 20 世纪 70 年代，德意志联邦共和国的绝大多数州已通过历史环境保护的法案。1990 年，德意志联邦共和国和德意志民主共和国合并之后，德国一共有 16 个州，各州都有各自的历史环境保护法规和体制。它们基本相似，但也有一些不同。[②]

5.3.1 州保护机构及保护立法

德国各州的保护机构由不同等级的保护机构和专业保护部门组成。以图林根州为例，州最高保护机构是图林根州科学、研究和文化部；次一级的保护机构是位于魏玛的图林根州保护机构，再下一级是市政府的保护机构（图 5-8）。这些保护机构负责与历史环境和历史遗产相关的决策及审批涉及历史遗产的工程项目。州政府下属的历史遗产保护办公室和考古遗迹保护办公室则是对历史遗产进行鉴定、维护，并提供保护建议的专业部门。各级历史遗产保护机构和专业保护部门的决策具有独立性，不受政府其他部门的影响。

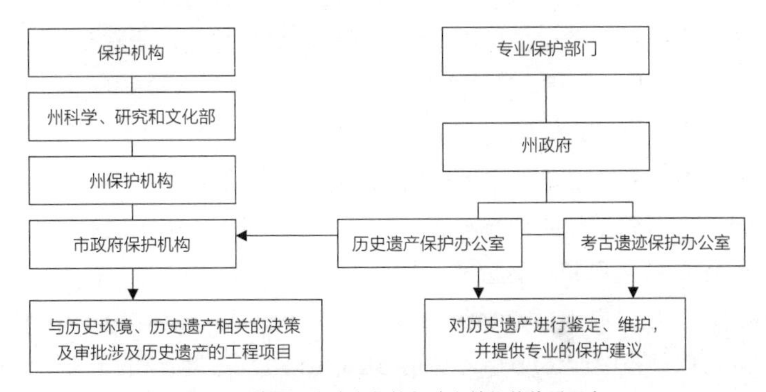

图 5-8 德国历史遗产保护行政主管机构体系示意

① 焦怡雪 . 英国历史文化遗产保护中的民间团体 [J]. 规划师，2002，18（5）：79-83.

② 张剑涛 . 欧洲国家与中国的历史环境保护制度的比较研究（博士后论文）[D]. 上海：同济大学，2005：104-114.

德国关于历史环境和历史遗产保护的法规遵循欧盟各国达成的格兰纳达协定。德国各州的相关立法也因此同格兰纳达协定的原则和章程一致。法案规定如果所有者按照法律或政府规定所采取的维护或修复工作增加了他的经济负担，其超出部分由政府进行资助和补贴。德国的一些州，如巴伐利亚州和萨克森州，成立了专门的补偿基金用于这类资助和补贴。历史遗产所有者有义务向政府相关机构报告历史遗产所有权的变更以及遗产遭到的破损。保护机关经法律许可可以在通知所有者后进入历史遗产进行检查。在危急情况下，保护机关可强行进入历史遗产。如果历史遗产的所有者未能履行维护义务，保护机关可要求其进行维护工作。

图林根州的 1992 年历史遗产保护法案规定了各种强制履行的历史环境和历史遗产保护义务的方式。为了保护历史遗产和维持其现有维护状况，地方政府对于历史遗产的违法行为可处以最高 25 万德国马克的罚款；拆除历史遗产可处以最高 100 万德国马克的罚款。其他各州都有类似的法定措施。

5.3.2 历史遗产保护规划和建筑法规

德国图林根州的各地方政府对于行政管辖范围内的历史环境保护制定有统一的历史遗产保护规划（Monument Conservation Plan）。除了历史遗产保护法案和历史遗产保护规划之外，图林根州的城市规划和建筑法规政策中也包含了对历史环境保护的要求。

德国的建筑法规（Building Code）规定地方政府在制定地方发展规划（Local Development Plan）时，必须考虑到保护历史遗产和保护具有历史、艺术或城市设计特色的地段、街道及广场。建筑法规还规定了城市改造和更新的程序。其中的一个基本条件就是要保护城市的历史环境和景观特色。地方专业保护部门参与制定地方发展规划的过程，可以指出规划对历史环境的直接影响和间接影响。

地方政府可以对特定地区颁布法令以保护这一地区的历史上形成的城市空间结构和环境特色，禁止会破坏该地区特色的建设和开发项目。根据法令，对于地区内任何建筑的改建都需要地方政府的许可。如果某一（组）建筑被地方政府认定对于该地区的特色具有重要意义，那么对于该（组）建筑的改建将不予批准。如果一项建设工程可能破坏该地区的特色，那么该项工程也将不予批准。此外，地方政府还可以颁布设计法规（design statute）以保护城镇的历史环境和景观。法令中根据城市的环境和景观特色可以对该地区的建筑屋顶、建筑结构、立面、街区规模、地面铺砌、甚至建筑材料与颜色等细节作出详细的规定。

5.3.3 税费减免制度

德国的法律对进行历史遗产修复工作的个人和组织提供税收减免。对历史遗产的修复工作的劳动成本以及有益的利用历史遗产（图 5-9）所产生的费用可以在十年之内从个人的收入税中抵扣。图林根州政府下属的历史遗产保护办公室负责审定对历史遗产的修复保护工作是否符合要求。至 1998 年中期，平均每年有 250 人因进行被政府认可的修复保护工作而申请减免税收。

a）萨克森州历史城镇

b）图林根州历史城镇

图 5-9　德国历史城镇

（资料来源：http://www.germany-tourism.de/ENG/destination_germany/historic_towns）

德国有众多的民间保护基金，它们为历史环境保护项目提供相当数额的资助，其收入享受政府的税收减免。联邦政府以法律形式认可建筑与考古遗产保护与修复方面的捐赠，根据所得税法属于税收可以扣除支出。根据可免税捐赠的数量（所有收入的 10%）和主要捐赠规则，它们与其他捐赠品相比享有优先权。1999 年 12 月 31 日高额捐赠遗产基金会成立，依据 2000 年 6 月 14 日通过的基金会税收减免管理法，每年减免 7.5 亿欧元的国家税收。

5.3.4　教育与培训机构

德国国内两个主要的非官方的历史环境和历史遗产保护机构是由中央政府资助的德国历史遗产保护基金会（German Foundation for the Protection of Historical Monuments）和德国国家历史遗产保护委员会（German National Commitee for the Protection of Historical Monuments）。德国历史遗产保护基金成立于 1985 年，至今已经筹集了 3200 万德国马克用于历史遗产保护，其主要任务是通过资助历史遗产和历史环境保护项目以吸引公众关注和支持历史环境保护。同时该组织还发行关于历史环境保护的期刊《历史遗产》。德国国家历史遗产保护委员会主要负责组织关于历史环境保护的会议，并向公众出版各种有关历史环境和历史遗产保护的资料和指导手册。

德国联邦环境基金会致力于环境方面的试验计划，保护与保存已经被污染的文化遗产。自 1991 年开始工作以来，为 491 个项目投入了 1050 亿欧元的资金。德国的公众对历史环境和历史遗产保护十分支持，自发成立了许多地方性的和专业性的保护协会，开展和资助保护事业。这对国家和地方政府的保护政策也有相当的促进作用。这些组织还提出了许多保护计划，目标是保护历史环境和创造就业机会。这些计划是否可行取决于资金和劳动力的保障。

德国大学和各类专业学院培训的建筑师在历史环境保护工作中起了重要的作用。大学和专业学院中涉及历史环境保护的各种课程教材料不尽相同。保护理论与教学工作小组作为历史保护教育的专业协会组织德国国内的历史保护教学的教师进行定期的交流。一些大学与专业学院开设了历史建筑修复的课程。

德国各类院校还有开设众多涉及历史环境和历史遗产保护的成人教育和职业教育课程以培训工匠、建筑师及保护官员。其中最著名的是位于福尔达的德国保护工艺中心（German Center for Craftsmanship in Conservation）。这个中心为保护领域的各种专业人士提供全面的课程培训。除了这个中心以外，班贝克（Bamberg）大学和科堡（Coburg）应用技术大学联合开设的关于历史保护的研究生培训课程也相当著名。其他一些大学也有类似的研究生培训课程。

5.4 国外历史文化遗产保护策略的启示

5.4.1 国外历史文化遗产保护策略的共性

国外的历史文化遗产保护策略结合自身的政治体制、经济体制、管理体制等方面形成各自特色。英国和日本的历史文化遗产保护都是中央政府和地方政府共同管理的体制，所不同的是英国以中央政府为主，日本以地方立法为核心，而德国的历史环境保护是一级体制，基本上是由各州（地方政府）负责。虽然三国的保护体制各不相同，但它们都有以下一些共同特点：

（1）国家已经建立一套涉及立法、资金、管理等多方面较为完善的保护制度，保护制度以立法为核心，保护体系的形成、发展以及逐步完善的过程以相应的法律制定为标志，保护内容、形式、保护管理的运行程序、管理机构的职能、保护资金的来源、监督咨询以及民间团体、公众参与方式等均以法律、法规的形式明确下来。

（2）各国无论是以国家立法为核心还是以地方立法为核心，法律、法规不断深化、健全，与各国的历史文化遗产保护体系相配合，形成完整的历史文化遗产保护的法律框架是保护事业成功的基础和关键。

（3）给保护对象提供的资金保障是法律、法规的重要内容之一，法律明确规定保护对象、资金投入对象、提供资金的机构、具体的保护金额与比例，对保护历史文化遗产做出贡献的遗产所有者提供税费减免制度，非常详细具体。保护资金的立法保证是各国历史文化遗产保护的重要保障。

（4）管理机构职责分明，各国的法律文件对保护管理机构的职责、监督机构、保护管理程序、违反规定的处罚都有详尽的规定。无论是英国、德国单一的行政管理体制还是与我国相似的日本的双部门管理体制，对于历史遗产保护的不同内容、不同层次的保护管理都只设有一个行政主管部门，其他相关部门在职责范围内协助或监督该主管部门的工作，从而避免了两部门共管时出现的相互推诿、相互牵制的状况，避免了管理的“真空地带”。

（5）公众积极参与，民间保护团体、非政府组织起到积极的促进作用。公众参与是国外历史文化遗产保护的重要特色之一，它渗透到历史文化遗产保护事业的各个方面，立法的制定、资金的筹措、保护运动的开展、保护规划的编制、工程修复的审批监督、成人教育以及职业培训等无不窥见公众的身影，公众也是历史文化村镇保护工作得以顺利开展的关键。

5.4.2 对中国的启示

我国历史文化遗产保护的发展历程不同于英国与日本，并不是一段公众运动与法律的颁布相交替的历史，而是专家不断地呼吁和政府批示的过程，因此基本上是以自上而下的单向行政管理制度为保护制度的核心，而相应的法律与资金保障体系则很不完善。另一方面，长久以来公众历史保护意识的淡漠造成城市保护缺乏广泛的社会基础，也是保护工作的不利因素。[①]到目前为止，我国尚没有形成日本居民保护的草创格局，也没有英国那种广泛的公众参与意识，这固然同国家政策有关，我国在 1993 年萌芽了第一个民间环保组织，至今尚没有一例国家认可的历史环境保护的民间团体产生。[②]我国长期依赖“人治”而非“法治”的管理模式也使得历史文化遗产的保护远非仅靠健全立法就可以解决。通过借鉴国外先进的文化遗产保护国的经验，我们可以得出以下启示：

（1）历史文化村镇的保护是全人类的共同事业，需要全体成员的共同努力，只有当国家的目标不再是“一切以经济发展为中心”，我们的价值观不再仅仅是关注 GDP 的增长时，保护的观念才有可能深入人心，保护的行动才会一致，保护的效果才会显著，历史文化遗产才有可能保留下来。

（2）保护采取的措施和手段要依靠国家法律这一制度工具，要用立法的形式强制性保护，法律法规要不断健全完善，要在相关的地方法规上形成互补和监督促进的局面。法律的执行和保护规划的实施需要人民的监督，公开行政管理部门的权责让社会进行监督，对职能重复的机构进行精简，对执法不严，管理不善的部门成员进行行政处分。

---

① 王林．中外历史文化遗产保护制度比较 [J]. 城市规划，2000，24（8）：49–51.

② 朱晓明．历史 环境 生机——古村落的世界 [M]. 北京：中国建材工业出版社，2002：93.

（3）保护资金要充足。如果没有保护资金，那么保护就是一句空洞的口号，如果单靠政府投入，则势必会造成国家、地方财政困难，因此调动一切社会资源，成立多方位多渠道的融资途径，建立灵活的资金保障制度，鼓励社会各界人士都参与到历史文化村镇的保护中去，出钱出力，出谋划策，才能从根本上解决问题。当然前提是人们对历史文化村镇有了正确的认识，能自觉主动地去保护这些祖宗留下的智慧结晶和珍贵遗产。

（4）要充分发挥民间保护团体的力量。历史文化遗产的保护运动如果没有得到居民的积极参与，则必败无疑，民间团体是一股积极而强大的保护力量。中国虽然人口多，民间确实有不少自发的团体、协会维护着当地的历史文化遗产，然而这些力量目前还是处在分散的、无凝聚力的状态，无论从规模、数量还是影响力上均不能与上述国外的民间保护团体相提并论，因此，应该积极扶持和培育民间保护团体，从基层的居民教育做起，提高居民对历史文化村镇价值的认识。

本章小结

本章借鉴日本、英国、德国先进的历史村镇保护制度，总结了国外历史村镇保护先进国的制度和经验，以期对我国历史文化村镇保护有所启示。日本的文化财保护以地方立法为核心，建立“指定制度＋登录制度”双轨的保护制度，并有优厚的资金资助，建立公开展示制度，使得公众参与运动在全国各地广泛开展。英国的文化遗产保护纳入城乡规划法，历史环境保护制度是城乡规划法的组成部分，实行国家立法保护为核心，单一的行政主管体制，设立专门设立保护官员，有着众多的民间保护团体组织。德国实行州立保护政策，成立州保护机构，实施历史遗产保护规划和建筑法规，建立税费减免制度，许多非政府组织参与历史文化遗产的保护，注重教育与培训。国外先进的历史村镇保护的经验表明：形成完整的历史文化遗产保护的法律框架是保护事业成功的基础和关键，保护资金的立法保证是各国历史文化遗产保护的重要保障，职责分明、有效监督的行政管理机构和民间保护团体是保护历史文化遗产的中坚力量。

第六章

珠三角历史文化村镇保护策略一：制度策略

6.1 制度的概念

6.2 完善法律制度，强化保障体系

6.3 理顺管理机制，建立监管制度

6.4 拓宽资金来源渠道，建立资金保障制度

6.5 非正式制度：充分发挥乡规民约的作用

6.1 制度的概念

6.1.1 制度的定义

制度通过提供一系列规则界定人们的选择空间，约束人们之间的相互关系，从而减少环境中的不确定性、减少交易费用、保护产权、促进生产性活动。[①] 制度分析试图理解政府的作用以及政治制度在政策形成、实施和经济绩效中的作用。[②] 制度构成了人们在政治、经济和社会等方面发生交换的激励结构，是人们观念的体现以及在特定利益格局下公共选择的结果。利益是制度维系的最基本动因，制度存在的理论基础即在于人类自身行为及生存环境的特点。

6.1.2 制度的构成

新制度经济学认为，制度提供的一系列规则由三部分组成：国家规定的正式制度；社会认可的非正式制度；制度的实施机制。

正式制度：是人们有意识建立起来的并以正式方式加以确定的各种制度安排，包括政治规则、经济规则和契约，以及由这一系列的规则构成的一种等级结构，从宪法到成文法和不成文法，到特殊的细则，最后到个别契约，它们共同约束着人们的行为。

非正式制度：指人们在长期的社会生活中逐步形成的习惯习俗、伦理道德、文化传统、价值观念及意识形态等对人们行为产生非正式约束的规则。

制度的实施机制：即执行机制，在现实中制度的实施几乎总是由第三方进行。离开了实施机制，任何制度尤其是正式规则就形同虚设。检验一个国家的制度实施机制是否有效（或者是否具有强制性）主要看违约成本的高低。[③]

6.2 完善法律制度，强化保障体系

6.2.1 宏观政策：由功能城市向文化城市的转变

1933 年国际现代建筑协会第 4 次会议在《雅典宪章》中提出了“功能城市”，指出以功能分区的思想来指导城市规划，并指出城市的居住、工作、游憩、交通四大功能要协调发展，这一理念至今还影响着城市的规划和发展。

但是，人们从实践中逐渐认识到，仅仅靠功能分区建立的城市过于机械生硬，缺少亲和力和人性的自然。在缺少自然的和普通的公共生活的城市区域里，居民

① 卢现祥 . 西方新制度经济学 [M]. 北京：中国发展出版社，1996：20.
② 卢现祥，朱巧玲 . 新制度经济学 [M]. 北京：北京大学出版社，2007：6.
③ 卢现祥 . 新制度经济学 [M]. 武汉：武汉大学出版社，2004：114–119.

通常会在很大程度上处在相互隔离的状态中。[①] 而生活在老城区和古村镇中的人们则很少有这种隔离感，即使是外来人走在传统老街上也很快被老街的亲和气氛所感染，为什么会有这种反差呢？表面上看来，传统的村镇、街区建筑、街道尺度宜人，房屋门口直接开向街道、巷道，左邻右舍一出门即打照面，门内门外的人们都能相互望见，即使没有言语交流也会有眼神交流，很容易就可以融入当地生活。实际上这是一种文化，传统村镇无论从选址、布局、建筑的建设都是顺应当地的传统文化，是对祖先文化的尊敬，对自然和人性的适从，是村庄习俗的物化，因此生活在其中的人们这种文化的归属感便自然而然地升起。村庄的秩序和稳定性，连同母亲般的保护作用和安适感以及它同各种自然力的统一性，后来都流传给了城市：即使这些东西在城市的过渡发展中整个儿地丧失了，它们也仍会残存在寓所内或邻里之间。如今，直到这些村庄习俗在全世界范围内迅速消失之日，我们才看出，城市正是吸收了这些村庄习俗，它才形成了自身强大的活力和爱抚养育功能；正是在这样的基础上，人类的进一步发展才成为可能。[②]

该是面对城市文化的时候了，而城市文化之源来自乡村。传统文化所蕴含的、代代相传的思维方式、价值观念、行为准则，一方面具有强烈的历史性、遗传性，另一方面又具有鲜活的现实性、变异性，它无时无刻不在影响、制约着今天的中国人，为我们开创新文化提供历史的根据和现实的基础。[③] 然而相当多的政府官员却将城市中的历史古迹看成是加快城市发展的障碍，是市政工程建设的“钉子户”，是城市现代化不协和的音符，是追求自己“成绩”的拦路虎……[④] 现代城市为了表明自身的优越性和现代化，急急忙忙地与农村划清界限，将城市中保留的古村镇毫不留情地抹杀掉，这无异于孩子与父母断绝血缘关系，没有了根的花果即使再好看也会枯萎。城市的文化如果抛弃发端于古代村庄的民德和爱护生灵的习俗，则如无根之木，无源之水，不会长久。

幸好，我们已经开始重视。2006 年中国国务院下发《关于加强文化遗产保护工作的通知》，决定从 2006 年起，每年 6 月的第二个星期六为我国的“文化遗产日”。“文化遗产日”的设立进一步将文化遗产保护事业变为亿万民众的共同事业，为保护文化遗产提供了更广泛、更强大的公众支持和更丰富的物质保障，使文化遗产真正为社会公众所共享，更有力地推动文化遗产所在地经济社会的和谐发展

① [加] 简・雅各布斯 . 美国大城市的死与生（纪念版）[M]. 金衡山，译 . 南京：译林出版社，2006：57.

② [美] 刘易斯・芒福德 . 城市发展史——起源、演变和前景 [M] 宋俊岭，倪文彦，译 .. 北京：中国建筑工业出版社，. 2005：14–15.

③ 张岱年，方克立 . 中国文化概论 [M]. 北京：北京师范大学出版社，1994：10.

④ 仇保兴 . 追求繁荣与舒适——转型期间城市规划、建设与管理的若干策略 [M]. 北京：中国建筑工业出版社，2002：237.

（单霁翔，2006）。根据《珠江三角洲地区改革发展规划纲要（2008～2020年）》，到2012年，珠三角基层文化建设各项主要指标达到全国领先水平，建成城市“十分钟文化圈”和农村“十里文化圈”，确保城乡群众能够免费享受各种公益性文化服务。加快建立健全文化信息资源共享网络服务体系，推进公共文化流动服务工程建设。积极挖掘、抢救文化遗产资源，有效保护并传承具有历史和科学价值的文化遗产。到2020年，形成服务优质、覆盖全社会的公共文化服务体系。①

6.2.2 土地政策：土地流转治理空心村

2002年8月，全国人大常委会通过了《中华人民共和国土地承包法》，以立法的形式明确了农民土地承包经营权的流转；2005年3月颁布的《农村土地承包经营权流转管理办法》指出“承包方依法取得的农村土地承包经营权可以采取转包、出租、互换、转让或者其他符合有关法律和国家政策规定的方式流转”，为历史文化村镇“空心村”的治理提供了制度保障。

历史文化村镇“空心村”的治理与一般村庄“空心化”的治理不同，不能简单地采取并村迁移、原址重新规划等方式，历史文化村镇“空心村”的治理更多的是应该考虑充分运用市场经济手段，将土地资源和文化资产进行积聚、重组、运营，从而达到资源优化配置的过程，谋求村镇的自我复兴和自我发展。允许土地流转为空心村的转变带来契机。

6.2.2.1 经营主体的转变

过去，村庄经营的主体由乡（镇）政府和村集体组织共同担当，农村土地作为集体土地不能向城市土地那样进行市场化运作，农民享有宅基地的使用权。而今，土地流转政策使得农民可以转包、出租、互换、转让土地承包经营权，外来企业或个人只要与村集体或土地承包者协商签订书面流转合同，就可以成为该村土地的经营主体。珠三角历史文化村镇深厚的文化底蕴、独特的岭南水乡景观必将吸引一批独具慧眼的人士入住，当然这与村镇的地理区位、交通条件等有关。

6.2.2.2 经营客体的转变

村庄经营的客体包括村庄有形资产和无形资产。历史文化村镇有形资产包括宅基地使用权、集体土地使用权的出让、出租、作价入股，古建筑的经营权等。无形资产包括历史文化遗产所蕴含的无法估量的价值。

6.2.2.3 经营方式的转变

历史文化村镇的经营方式有很多，空宅、空地进入市场化流转的有偿使用，古建筑功能置换出租、转让等等。运用区位理论和级差地租理论，还可把“空心村”

① 国家发展和改革委员会.珠江三角洲地区改革发展规划纲要（2008～2020年）.2008：39.

改造与土地整理、土地复垦计划结合起来，争取更多的资金。通过制度创新努力扩大经营的范围和深化经营方式，广东省农村集体非农建设用地的入市流转，就是依靠制度创新扩大了农村土地经营的范围。也可把"空心村"改造整理出的新宅基地公开发放，允许外村人口的迁入，这样既实现了村庄的聚集效应又增加了改造资金来源。①

6.2.3　案例研究：小洲村成就画家梦②

小洲村位于广州南端海珠区的万亩果园内，南临广州大学城，古称"瀛洲"。20世纪90年代，小洲村被定为"广东省历史文化名城保护村"，岭南画派大师关山月、黎雄才看重此地，发起组建小洲艺术村，随后小洲村成为广州一批老艺术家，比如曹崇恩、尹定邦等人的居所，形成了比较有规模的老的画家村。

近几年大量涌入小洲村的，绝大多数是附近大学城中毕业不久的艺术类大学生，一些希望在艺术上找出路的美院年轻老师也进驻这里，小洲村目前入住的"艺术家"数量已经有数百人之众，有的甚至来自美国等，工作室、艺术沙龙已经冒出100多个。

小洲村内部的艺术肌理也在发生变化——艺术家们开始从分散的个体活动转向集体活动，由相对封闭转向寻求交流和开放，组织了小洲文联，利用建立在民居中的各种展示空间、艺术沙龙，结合村内的礼堂、祠堂等场所，相继举办了各种展览。《华南地区古村古镇保护与发展研讨会》和《全国设计教育论坛》"地域性"与"当代性"主题研讨会等全国性的会议也在小洲村先后召开。艺术创作和本土的广府水乡、生态环境融为一体，相当数量的美术培训班在建立，小洲村现在已是天天都有艺术展览和交流活动。国内最著名的文学网站之一"露天吧"也在小洲村"落地"了，这也是第一个进驻小洲村的重量级文学机构。

中国城市周边的古旧村落近年来越来越成为艺术家们乐于居住的去处。乡村的恬淡风景和艺术的躁动、孤独，以及跃跃欲试的市场力量糅杂在一起，形成了独特的文化生态。

分析小洲村吸引画家入住的原因有以下几点：（1）小洲村具有岭南传统水乡景观特色和深厚的艺术文化底蕴。（2）具有较好的区位，临近广州大学城，便于吸引美院的老师和学生。（3）低廉的生活成本。小洲村内一栋独立的小楼租金只要400元左右，廉价的房租使得艺术家们能从容地从事艺术创作。（4）艺术氛围融洽。在小洲村中催生出的很多艺术空间，许多艺术作品是免费和互动开放的。

---

① 岳永兵．基于城市经营理念的"空心村"改造模式探析[J]. 广东土地科学，2008，7（3）：8-11.

② 卜松竹．"草莽"小洲村呼唤艺术大鳄[N]. 广州日报 2009-07-11.

相比旧工业区改造的艺术聚落或者房地产开发商大手笔投入的创意园区，这里显得更加包容。(5)和谐的人际关系。表现为村落里的村民和艺术家们以及老中青艺术家之间较少藩篱(图6-1，图6-2)。

图6-1 小洲村礼堂内经常举办展览

图6-2 小洲村画家工作室

(资料来源：卜松竹."草莽"小洲村呼唤艺术大鳄.广州日报 2009-07-11.)

6.2.4 保护法规：建立明晰的文化遗产保护体系

6.2.4.1 建立明晰的文化遗产保护体系

虽然国家已经明确提出了历史文化村镇的概念，但从各省市公布的保护条例、保护办法和编制的保护规划中可见各个地方对历史文化村镇依然存在对其概念理解上的混淆。我国学者在历史文化遗产的保护层次划分上也存在异议。有的提出采用文物保护单位、历史文化保护区和历史文化名城三个保护层次[①、②、③]，有的提出采用文物保护单位、保护历史文化街区、保护历史文化名城三个保护层次[④、⑤]。当前我国出现的许多破坏村镇文化遗产的行为与保护层次不清、管理方法不当密切相关。

笔者认为，应建立较为明晰的文化遗产保护体系，规范对历史文化村镇的提法，文化遗产保护体系可分为文物保护单位、历史文化街区、历史文化村镇、历史文化名城四个层次(图6-3)。历史文化村镇保护体系应有别于历史文化街区和历史文化名城保护体系。在制定保护条例和保护办法时应区别对待历史文化名镇和历史文化名村。过去在还未提出明确的历史文化村镇概念前将其与历史文化街区、历史建筑群一并归入到历史文化保护区是可取的，如今历史文化村镇已经建立起独立的保护制度，应将其与历史文化街区、古村镇区别开来，在编制保护规划中也应采取有别于历史文化街区和历史文化名城的保护方法。目前个别城市已经对

① 王林.中外历史文化遗产保护制度比较[J].城市规划，2000，24(8)：49-51.

② 赵中枢.从文物保护到历史文化名城保护——概念的扩大与保护方法的多样化[J].城市规划，2001，25(10)：33-36.

③ 王景慧.论历史文化遗产保护的层次[J].规划师，2002(6)：9-13.

④ 王景慧.城市历史文化遗产的保护与弘扬[J].小城镇建设，2000(2)：85-88.

⑤ 王景慧.城市历史文化遗产保护的政策与规划[J].城市规划，2004，2(1)：68-73.

历史文化名镇和古村落分别制定了保护办法。如《苏州市古村落保护办法（2005）》对苏州古村落的定义、保护规划、管理机构提出具体的要求；《浙江省乌镇历史文化名镇保护管理办法（2002）》对乌镇的保护提出具体要求。

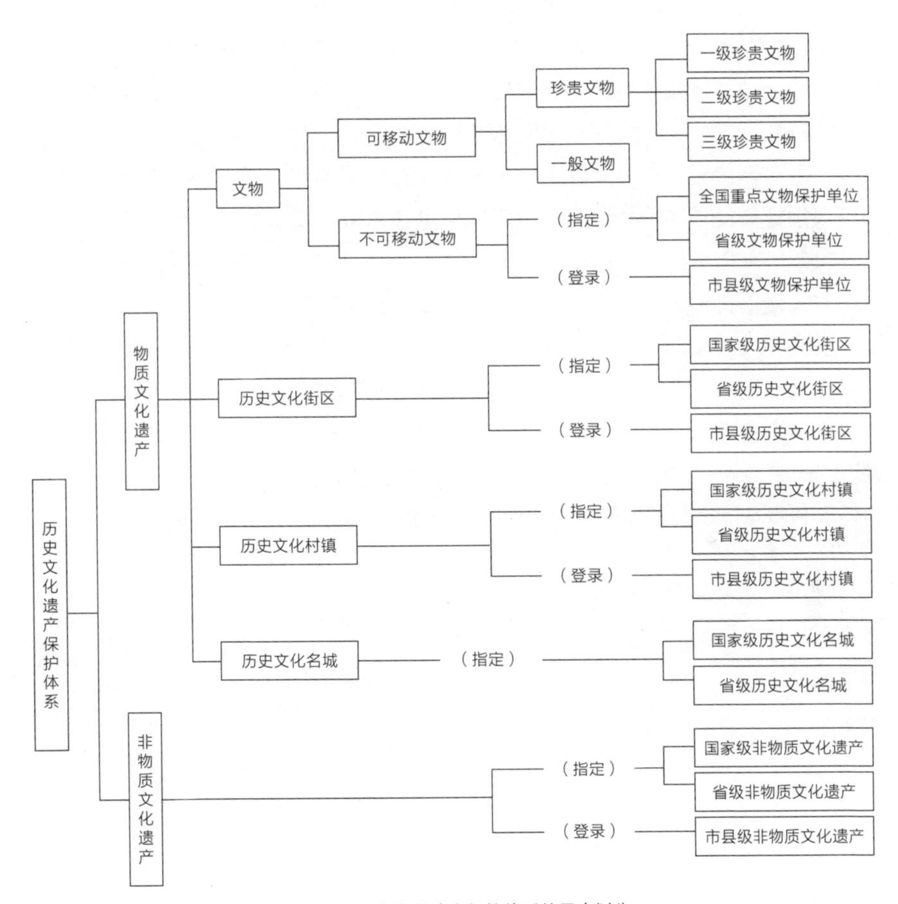

图 6-3　历史文化遗产保护体系的层次划分

历史文化村镇是世界文化遗产的重要组成部分，随着社会文明程度的提高，对历史文化村镇的保护将受到越来越多的重视。在有关国际宪章的号召下，各国相应的保护法律政策也将不断完善。当前我国在城市建设中出现的许多破坏村镇文化遗产的行为除了认识上的偏差外，仍与保护制度不健全、保护法规不完善，保护层次不清、保护方法不当有关。对保护历史文化村镇而言，合理拟定保护对象的类型和层次，进而选择正确的保护方法至关重要。

6.2.4.2　建立登录制度与指定制度相辅相成的保护机制

法律制度的发展变化与社会发展息息相关，因为法律制度所规范、调整的对象是现实存在的各种社会关系，而现实中社会关系的变化或迟或早又必然要对法律制度产生影响。著名经济学家米勒说：“中国需要的不是更多的经济学，而是更多的法律。”随着我国历史文化村镇保护制度的建立，法律法规不断完善，人们从以前对历史文化村镇认识的无知到重视历史文化村镇的保护，这无不与法规健全，社会舆论影响和媒体宣传教育有关。尽管如此，我国历史文化村镇的保护还处在起步阶段，法律法规还有很多地方亟待完善，需要借鉴国外历史村镇保护先进国的经验和教训。世界范围内对文化遗产的保护方式，可分为指定制度、登录制度，指定--登录制度三种形式，欧洲等国多采用登录制度和指定—登录制度。我国目前只有指定制度一种形式。文物登录制度是西方发达国家广泛采用、灵活有效的保护机制，是历史保护中的重要环节之一（表 6-1）。文物登录制度的意义在于：一是对大量的文物古迹、近现代建筑物以及近代化产业遗址等进行登录，扩大了以往的文物概念和范畴，将单一的文物保护推向了全面的历史环境保护。二是可以对文物建筑进行合理的再利用，无论是维持原来的用途，还是作为事业资产和作为旅游资源再开发，对建筑的外观与内部均可进行适当的改变，因此是对历史建筑的一种柔性保护机制。[①] 因此，我国应借鉴西方国家有效的保护机制，建立文物登录制度与指定制度相辅相成的保护机制（图 6-1）。

英、美、日三国登录制度比较 表 6-1

项目	英国	美国	日本
名称	登录建筑	历史性场所的国家登录	登录有形文化财
管理部门	环境部 / 国家遗产部	内务部国家公园局	文部省 / 文化厅
类别	建筑物、构筑物等	地段、史迹、建筑物、构筑物、物件	建筑物、构筑物
分级	Ⅰ、Ⅱ、Ⅲ 3 级	指明阶段考虑国家、州、地方 3 级价值	无
建筑年限	10 年以上（1988 年起执行）	一般 50 年以上	50 年以上
约束力	许可制度，Ⅰ、Ⅱ国家统一管理，Ⅲ级地方政府负责	建设项目审议制度	许可制度
居民意见	不需要听取所有者意见	1980 年起需要听取所有者意见	需要听取所有者意见
优惠政策	没有	1976 ~ 1986 年非常多，以后逐年减少	减免部分地价税和固定资产税
补助金	较多	较少	较少

① 张松 . 历史城市保护学导论——文化遗产和历史环境保护的一种整体性方法 [M]. 上海：上海科学技术出版社，2001：216.

续表

项目	英国	美国	日本
登录总数（件）	411118（1993年，英格兰地区）	62000（1994年）	1778（2000年，不含指定文化财2184）
法律依据	《规划（登录建筑和保护区）法》	《国家历史保护法》	《文化财保护法》

（资料来源：郑利军．历史街区的动态保护研究．天津大学博士学位论文，2004：87.）

6.2.4.3　完善地方性保护规章

《中华人民共和国文物保护法》、《历史文化名城名镇名村保护条例》是国家级法规，对保护历史文化村镇有直接的指导意义，但并未对诸如历史文化村镇保护经费、保护规划编制办法、相关部门职能职责、拆迁安置标准等作出具体详细的规定，各地方有必要针对当地情况制定地方行政法规作为补充（图6-4）。广东省

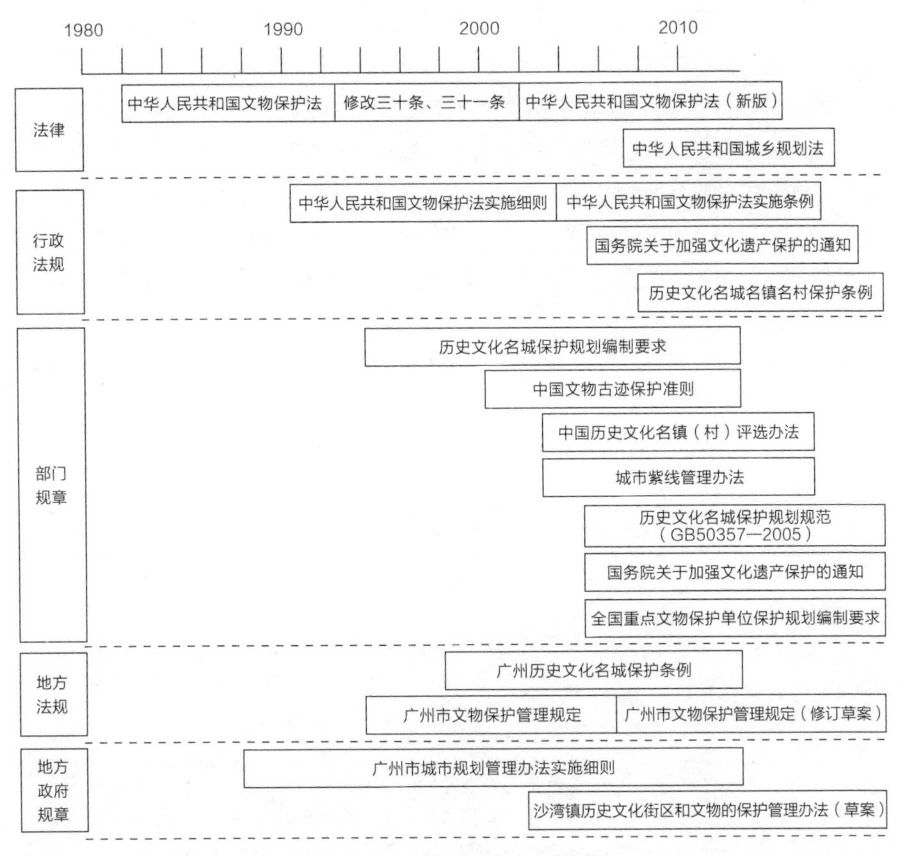

图6-4　历史文化村镇相关法规图谱

应加快制定省级的历史文化村镇保护条例、保护办法，尽快落实《广东省文物保护管理条例》，遵循《广东省建设文化大省规划纲要（2003 ~ 2010 年）》，积极发掘、抢救、保护文物资源。广东省各地方政府应制定有利于文物古迹资源开发的优惠政策，鼓励各种渠道的资金投入和灵活多样的经营方式，鼓励支持发展私人文化事业。广州市早在 1982 年就评为国家历史文化名城，直到 1998 年广州市人民代表大会常务委员会才通过了《广州历史文化名城保护条例》，提出在广州市内应当予以保护体现传统特色的街区、地段、村寨等。1994 年公布的《广州市文物保护管理规定》仅仅对文物保护单位做出管理规定。而 2002 年沙湾镇历史街区管理委员会起草的《沙湾镇历史文化街区和文物的保护管理办法》迟迟未获得批准。因此，历史文化村镇的保护政策亟需地方政府保护规章的完善。

除此以外，应加强研究制定历史聚落建筑保护的相关政策，包括传统民居的保护、更新与拆迁、容积率与开发权转移交易政策等。

6.2.5 产权法规：明晰多样化的产权主体与产权功能

为了克服公有产权的弊端，当前主流观点是倡导推行房屋产权私有化和多样化。有的学者提出了历史建筑的保护不妨产权多样化的观点①；有的学者从理论上论证了目前保护工作背后隐藏着产权制度与保护工作权责的悖论②；有的则从社会公平与效率的关系角度提出了产权的公私共有形式，强调公私产权应当按比例分配③；有的认为从产权归属的角度定义“产权多样化”是不够的，“产权多样化”应当包括产权归属和产权所承载功能的多样化，应具有双重维度。产权按照归属形式大致可以分为：公有产权、公私共有产权、私人间共有产权和私有产权四类；而产权的所承载的功能则可以包含非营利性功能和营利性功能（表 6-2）。通过功能与形式的矩阵，可以交叉出不同功能内涵的不同产权类型。④

产权形式多样化与产权功能多样化矩阵　　表 6-2

	公有产权	公私共有产权	私人间共有产权	私有产权
非营利性功能	√		√	√
营利性功能	√	√		√

（资料来源：李世庆 . 双维度产权视角下论我国历史街区的保护策略 . 城市规划，2007，31（12）：31-36.）

① 王宇丹 . 文化投资与历史文化遗产保护 [J]. 建筑学报，2006（12）：52-53.

② 张杰，庞骏，董卫 . 悖论中的产权、制度与历史建筑保护 [J]. 现代城市研究，2006（10）：10-15.

③ 郭湘闽 . 房屋产权私有化是拯救旧城的灵丹妙药吗 ?[J]. 城市规划，2007，31（1）：9-15.

④ 李世庆 . 双维度产权视角下论我国历史街区的保护策略 [J]. 城市规划，2007，31（12）：31-36.

6.2.5.1　非营利性公有产权

非营利性的公有产权有的适用于居民，如公有祠堂；有的适用于单位，如文化站、乡公所。对于生活在历史文化村镇的居民来说，他们的生活方式和习惯是历史文化村镇文化传承的重要载体，如大屋村仁善里、永安里等祠堂中的上堂、中堂和下堂属于集体所有，而两旁的厢房则属于居民私有，上、中、下堂是居民日常聚会、祭祖、宴席的场地，是客家文化的重要载体。这部分公有产权应该保留并且能够得到居民的共同认可和保护。作为单位使用的公房，日常维护工作并不需要投入很多，政府只要控制好整体的历史风貌标准就可以了。

6.2.5.2　营利性公有产权

营利性功能的公有产权主要是针对无力购买或者只想短期租用历史建筑，借助其取得经济收益的私人而言的。有的租用后将历史建筑另做他用，如沙湾镇的祠堂被租用为幼儿园，整体风貌遭到破坏。有的承租人为了利用历史建筑的传统风貌营利，能主动维护历史建筑，这就要控制营利性公有产权的建筑功能和整体风貌，政府必须做好这方面的管理和控制工作。

6.2.5.3　非营利性公私共有产权

笔者在调研访谈中发现，相当部分居民对政府并不十分信任，甚至有些存在敌视心理，他们认为“即使在产权份额上占有了一部分，也还是政府说了算，该拆除的时候就要拆除，该搬走的时候就要搬走”；如果政府不出资金对古民居进行维修，居民也不会主动维修。广州许多没有评上文物保护单位的古民居得不到维护，政府不许拆迁，也没有保护资金投入，只能任由其破败，居住其中的居民多数也无力维护，可见即便实行非营利性共有产权，也极有可能导致未来出现一些权利责任混淆不清的状况，对实施保护造成很大的阻力和成本，因此暂不推行这类产权形式。

6.2.5.4　营利性公私共有产权

当公私共有的产权形式由非营利性转为营利性功能的时候，就会得到一些愿意租赁公房用以营利的人的支持。因为有了经济收益的可能性以后，居民心理就会由被动和不信任转为主动尝试，而获利后就会支持。有些留洋海外的古民居业主采用委托政府、村委管理，如大岭村陈永思堂，但又不愿意将产权完全归为国家，也可以采用这种模式，政府负责维护并经营这些私人物业。在这种情况下，政府和私人通过签订公私合同的形式把一些协议固定下来，共同经营一些项目，并有利于未来的“共同保护、共同盈利”。自 2009 年 3 月 1 日起施行的《广东省实施 < 中华人民共和国文物保护法 > 办法》第二十一条鼓励和支持非国有文物所有人将文物的所有权、使用权移交所在地人民政府。所有权、使用权移交所在地人民政府的文物，其修缮、修复、保养和管理由所在地人民政府负责。

6.2.5.5　非营利性私人间共有产权

对于像几家合院的公共院落这类空间，在经济条件和邻里条件允许的基础上，可采用“私人间共有产权”的形式。这种产权形式一方面可以维持原先和谐的邻里关系，另一方面各自拥有私有产权可以使维护工作责任到人，还可以互相监督，实现“和谐中保护，保护促和谐”。

6.2.5.6　营利性私人间共有产权

“私人间共有产权”容纳营利性的功能由于人的有限理性和追求利益最大化的动机容易产生巨大的负外部效应，给邻里和睦带来不利影响，有悖于促进邻里和谐发展的出发点。因此，在现阶段社会条件不成熟的情况下，营利性私人间共有产权值得商榷。

6.2.5.7　非营利性私有产权

现阶段推崇的古民居产权私有化都是属于营利性或非营利性私有产权，用来自身居住就属于非营利性私有产权，用来出租或者配合发展旅游将古民居改成旅馆、饭馆或者经商就属于经营性私有产权。一些居民出于对自己长期生活的环境的眷恋，希望从政府那里买到产权，获得归属感，而结果往往不能如愿。另一些居民已经拥有房屋产权，希望能够带来直接的经济利益。这种产权形式受到物权法的保护，应该被运用到实际当中，政府要做的工作就是带头进行维护，以此教育居民，并严格控制外立面的维修和室内改建的标准。

6.2.5.8　营利性私有产权

目前许多历史文化村镇开发旅游后将文物的所有权和经营权分离，将原本由政府实施保护与管理的文物单位转移到旅游企业开发经营，使用权、所有权和经营权三权分立。这些有能力的私人和企业看重历史建筑的文化价值，愿意向历史文化村镇投资，用于营利性的用途。这是因为历史建筑比一般的建筑更具吸引力，能够为经营者和所有者带来更大的经济利益。但三权分立的状况使得有些古村镇因过度开发遭到破坏。因此，政府一定要制定好“游戏规则”，做好掌舵和控制工作。

6.2.6　税费激励政策

近年来我国实行了一系列的税收制度改革，为利用税费杠杆带动遗产保护打下基础。自1980年以来，我国先后颁布了《个人所得税法》、《个人收入调节税暂行条例》和《城市工商户所得税暂行条例》，1994年税改将以上三税合并，实施新的《个人所得税法》。至此个得税已进入千家万户，与每个公民的利益直接相关，个得税已成为我国第四大税收来源。

我国在个人所得税和物业税领域的发展，对城市遗产保护的税费激励具有积极意义。只有当国家课税直接面向社会个人，使得每个古建筑的所有人、租房客都成为独立的纳税主体并且税务日益成为个人支出重要部分的时候，历史保护税费政策的激励作用才能日益显现。通过税费优惠，带动社会力量投入遗产保护，兼顾公正与公平，适当保护弱势群体，是西方国家遗产保护领域近30年来最大的变革。有学者认为，借鉴国外历史保护所得税抵扣和物业税减额制度，同时结合低收入者住房抵扣政策，制订合理科学的抵扣和退税标准，必然会给我国城市遗产保护带来巨大变革和全新局面。[①]

税费制度在文化遗产保护领域作为“经济杠杆”，体现在：（1）通过税费的减额或抵扣，带动更多的社会资金投入；（2）企业或个人投入遗产保护的公益捐赠额可以恰当的比例从税赋中扣除或直接降低计税总额；（3）采取税费综合政策使低收入人群获得更多实惠，降低民间组织的营运成本；（4）采用特殊的增税融资方式，即通过借贷的方式筹集资金，然后对更新后因历史文化遗产保护而受益的区域项目额外征税，以增税方式进行还贷。

税费制度作为历史文化遗产保护的“管理杠杆”，体现在：（1）通过设定不同的税费抵减额度，使之有利于文化遗产的保护；（2）通过税费优惠，以签署历史保护协议的形式，使捐赠者获得私人物业监控权；（3）避免了采用层层传递的实物和资金补助所产生的环节盘剥；（4）逐年递减或者设定豁免缴税年限的做法，有利于对私人物业实现长效管理。

实行税费激励政策，将文化遗产保护与个人利益直接挂钩，实际上是在潜移默化中宣扬了“物以老而贵”的遗产价值观，比通常的说教管用得多。

6.3　理顺管理机制，建立监管制度

6.3.1　公共管理学中的“管理”

公共管理学认为行政从本质上是指执行指令和服务；而管理则指：（1）实现结果，（2）管理者实现结果的个人责任。因此，管理除了包括“行政”在内以外，还意指为了以效率最大化的方式实现目标而进行组织活动，以及对结果真正负有责任。[②]

新公共管理学提出关注权利与责任的一致性，把其作为通过明确的绩效合同等机制提高绩效的关键。新公共管理提出“以一种分权化的管理环境来取代高度集权的等级组织结构，在这种分权化的管理环境中，关于资源分配与服务提供的决策更接近于服务提供点，而这种服务提供点既可以提供更多的、有用的相关信息，又可以为顾客和其他利益团体提供反馈机会。”

---

① 沈海虹．美国文化遗产保护领域中的税费激励政策[J]. 建筑学报，2006（6）：17-20.

② [澳]欧文·E·休斯．公共管理导论[M]. 第3版．北京：中国人民大学出版社，2007：7-10.

6.3.2 建立责任明确的管理主体

文化遗产的保护工作是一种有意义的文明行为，是属于整个国家和全体人民的理智公益活动，因此只能是代表公众利益的政府行为。保护工作实际上是政府依据法规进行维护公众利益的行政管理活动。① 对于文化遗产仅仅依靠技术性保护措施还是不够的，还必须建立一套科学的保护文化遗产的管理制度，正确地处理政府、公民在保护文化遗产中的相互关系。②

根据公共管理学中的"关注权利与责任的一致性"，国务院建设主管部门和国务院文物主管部门应建立真正的责任管理机制，负责全国历史文化村镇的保护和监督管理工作。笔者认为，应借鉴日本、英国等历史文化遗产行政管理体制的特点，建设主管部门和文物主管部门建立真正的责任机制，明确各自权利与责任。历史文化村镇的保护工作不仅仅是对古建筑的保存修缮，还涉及村镇功能区划的调整、基础设施的改善、生态景观的修复等等，因此建议从中央到地方均以建设规划部门作为历史文化村镇的主管部门统筹整体保护工作，文物部门负责文物保护单位的管理和修缮，而其他相关部门如国土、旅游、房管等应积极配合建设规划部门的保护管理工作，减少职能交叉环节，提高行政效率（图 6-5）。

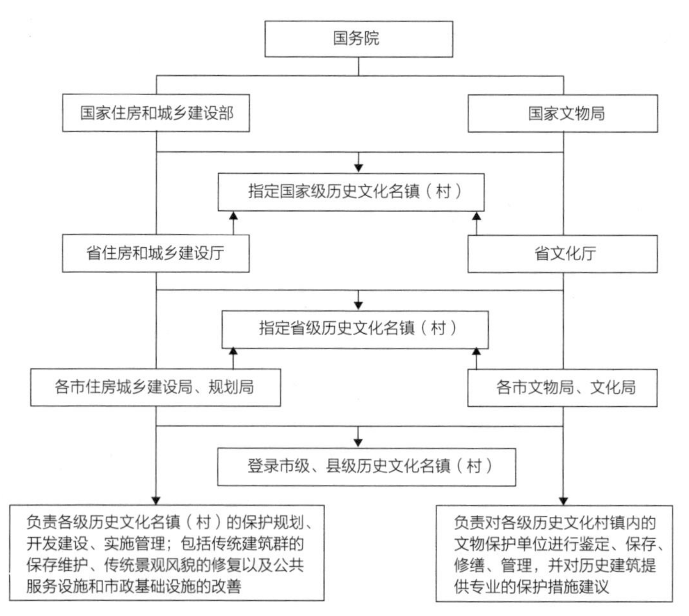

图 6-5 建立指定与登录双重保护制度的历史文化村镇行政主管体系简图

① 阮仪三. 遗产保护任重道远 [J]. 中国文化遗产，2004（2）：6.

② 莫纪宏. 论文化遗产权利的法律保护 // 文化遗产的保护与经营——中国实践与理论进展 [M]. 北京：社会科学文献出版社，2003：68.

广东省地方各级也应明确历史文化村镇保护管理的主管部门，明确各相关部门的职责，理顺行政管理体系。历史文化村镇保护是一项系统工程，不仅要求城建和文物部门协调合作，还要有国土部门、旅游部门、环保部门、财政主管部门、房管部门等的配合，要出台地方保护政策明确各部门的职责，减少职能交叉的环节，提高行政效率。

珠三角历史文化村镇大部分是由村委会、居委会进行管理（表6-3），有的是政府机构在管，如鹏城村由大鹏所城博物馆进行管理、自力村由开平市文物局进行管理，翠亨村由孙中山故居纪念馆管理，有的则成立旅游公司进行管理，如沙湾古镇旅游开发公司、恩平歇马举人村旅游区有限公司。

珠三角历史文化村镇管理主体一览表　表6-3

村镇名称	管理主体	村镇名称	管理主体
佛山市三水区乐平镇大旗头村	大旗头村村委会	深圳市龙岗区大鹏镇鹏城村	大鹏所城博物馆
广州市番禺区石楼镇大岭村	大岭村委会	开平市塘口镇自力村	开平市文物局
东莞市茶山镇南社村	南社村古建筑群管理所	中山市南朗镇翠亨村	孙中山故居纪念馆
东莞市石排镇塘尾村	塘尾村村委会	开平市赤坎镇	赤坎镇人民政府
佛山市顺德区北滘镇碧江村	碧江居委会	珠海市唐家湾镇	唐家湾镇人民政府
广州市番禺区沙湾镇	沙湾镇国土建设办、沙湾文化中心和沙湾古镇旅游开发公司	东莞市石龙镇	石龙镇人民政府
恩平市圣堂镇歇马村	恩平歇马举人村旅游区有限公司	惠州市惠阳区秋长镇	惠阳区人民政府秋长街道办事处

6.3.3　建立分权化的管理环境，为利益相关人提供反馈机会

历史文化村镇的管理涉及许多民间利益相关主体，如果一味是政府高度集权的等级组织去管理，不但会增加成本，而且管理效果也并不好。政府单方面进行规划决策的方式造成了与居民之间的“信息不对称”现象，也增加了居民对政府意图的不了解和抵触情绪。当决策部门没有在居民中进行必要的宣传解释和征求意见时，价值判断便会出现失准的现象，更加激化了矛盾。当居民缺乏可靠的组织形式和申诉渠道来表达观点，与政府或开发者进行平等博弈时，矛盾会难以得到化解，甚至发展到不可调解的地步。[①] 民间由于与政府的“信息不对称”，也会

① 郭湘闽．旧城更新中传统规划机制的变革研究（博士论文）[D]. 广州：华南理工大学，2006：63.

造成无法及时沟通而产生的延误。因此对于历史文化村镇的管理可借鉴新公共管理理论，建立一种分权化的管理环境，使得管理人员更接近管理点，便于及时与当地居民沟通，及时发现问题及时处理，避免由于行政延误产生不可挽回的损失。

6.3.4 建立监督协调体制

国家决策机构具有推动社会发展和实现居民享受优良生活的公共目标，能否将经济振兴、文化发展的目标结合起来，在很大程度上取决于决策的力量。目前保护规划难以落实与其说是设计问题，不如说是机构组织过程中的问题。[①] 政府除了从整体上提高规划管理者的素质外，为加强统一协调，避免条块分割，可由县市政府牵头，倡导一个跨行业、跨学科的组织。由相关的资源管理部门和政府职能部门、利益团体及保护专家建立一个历史文化村镇保护协调的议事机构，如协调委员会（图 6-6），组成协商、监督、服务体系，定期处理保护中出现的问题。由于各部门、团体、个人的利益侧重点不同，要真正达到机构改革的设想，赋予协调委员会较大权利是要克服很多困难的。因此，应提高决策的透明度，通过社会舆论，加强民主监督机制，发挥社会力量共同实施、维护、管理。

协调委员会的工作职能包括：（1）起草、制定和完善有关历史文化村镇保护的政策法规；（2）推荐申报保护的登录名单；（3）审定历史文化村镇的建设项目；（4）审议历史文化村镇保护规划；（5）统筹协调历史文化村镇的保护问题；（6）指导和支持保护工作，日常保护的监督检查；（7）建立协调统一的基础信息管理资料。总之，设立协调委员会将有利于协调部门利益、化解部门争端、监督部门依法行政，同时在决策咨询、区域问题协调、地方法规与图则制定以及各类建设申请的审批权，并在城建上诉的裁定、仲裁和解释中发挥重要作用。[②]

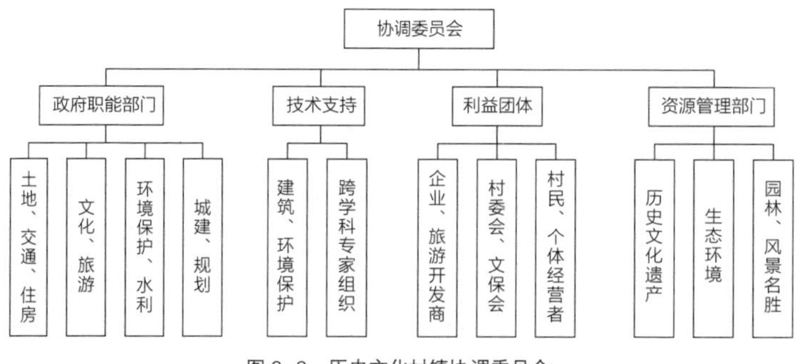

图 6-6 历史文化村镇协调委员会

① 刘敏，李先逵．历史文化名城保护管理调控机制的思辨 [J]. 城市规划，2003，27（2）：52-54.

② 伍江，王林．历史文化风貌区保护规划编制与管理 [M]. 上海：同济大学出版社，2007：133.

针对历史环境的保护，国际社会也同样有许多协调机构。1986 年，英国上院特别委员会首次提出了环境政策的主要论点，倡导在欧共体的层次上建立一个强有力的调控机构，并制定一套在内部能实现的最低标准，这样，欧共体内的所有政府就可互相协调，共同展开活动。随后，欧洲议会再一次强调了共同参与的重要性，古老建筑有许多相似之处，各成员国须加强横向联系，交换信息，力争在欧洲范围规范标准化术语，建立资料库。通过建立保护网，使历史环境保护超越了国界、弱化了文化的差异，这是欧洲各国群力而为的保护行动。

6.3.5 建立古建修缮管理机制和更新许可证制度

严格规范城市价值较高的历史文化遗产的修复工程。针对不同级别的历史文化遗产的维护修缮做出相应规定，级别越高修缮管理程序越严格，以防止修缮不当对历史信息造成的破坏。[①] 针对许多城市、村镇中一般性的、价值不大的历史建筑，主管部门可以制定历史建筑修缮原则与指南公之于众，包括不同历史文化遗产的修缮原则和施工做法，同时对建筑修缮不需要申请和必须申请的方面做出详细具体的规定。例如：一般历史建筑的排水槽、楼梯和建筑侧立面的养护等不丢失历史信息和不影响城市风貌的方面，可以不作申请，只依据修缮指南进行即可，对关系到历史信息和城市风貌特色的改扩建等项目必须经过严格审批，修缮审批程序应该同现行新建项目的审批程序一致，建立起历史文化遗存更新许可证制度，防止肆意改造、改建。

6.3.6 建立新建建设管理机制和拆除许可证制度

对处于历史文化村镇建设控制地带和环境协调区的新建项目，应该依据相关的法规和城市设计导则等为管理提供该区段的高度、后退红线、体量、色彩、材质等方面的具体限定，对新建项目提出具体的量化指标，减少新建项目的设计弹性，使之符合传统肌理秩序。在审批程序中加入城市历史与古建修缮方面的专家，对新建项目的品质做出评议，避免低品质的作品影响或降低历史风貌环境的价值。对需要拆除的古民居建筑进行价值评估和修缮风险衡量，防止主观武断地随意拆除，造成对文化遗产不可挽回的损失。

加强具体管理措施，包括：实行分区分片管理，每区设执勤点，实行巡查制度；重要巷道和重要建筑内设监控设备；应设置专门的机构统一管理村内的建设活动、公共场所使用、市政设施和环境卫生等。[②] 详细具体的管理方法可参见表 6-4。

---

① 朱晓明 . 历史 环境 生机——古村落的世界 [M]. 北京：中国建材工业出版社，2002：88-96.

② [澳] 伊丽莎白・瓦伊斯 . 城市挑战：亚洲城镇遗产保护与复兴实用指南 [M]. 南京：东南大学出版社，2007：51-52.

遗产保护区与地段的管理方法清单 表 6-4

保护规划的策略与政策	应用选择 √	应用选择 ×	时间安排
●准备对地区遗产进行综合性调查（最好由经验丰富的遗产保护专家指导）从而明确工作性质与要点。			
●建立详细的基础数据库以及清单体系为制定发展及保护政策与策略提供依据。开展历史调查并收集历史照片作为整个调查过程的一部分。			
●分别为整个地区、单体建筑和地段准备文件陈述文化遗产的重要性。准备一份观点明确的文件指导该地区未来的发展及管理。			
●改善或修订相关规划以将保护政策与控制拆除历史建筑的政策结合起来。			
●编制保护、新的发展和广告设计导则并以此作为地方政府的政策文件。			
●为历史建筑再利用提供一些免费的保护建议以及其他的技术支持。			
●实施示范性保护项目，为整个社区高质量的保护工作提供范例。			
●如条件适当，在规划框架内引入免税或弹性的方法用以鼓励历史性建筑的保护。			
●对政府官员进行培训以管理城市的历史遗产。			
●开展教育提高政府官员对保护历史建筑及保护区的重要性的认识。			
●区分项目的优先次序——包括基础设施及街道整治、建筑保护、交通管理行动等。			
其他			
社区参与、教育及技能培训			
●在社区内建立一套行之有效的咨询框架。			
●使整个社区参与上述规划大纲的编制过程。			
●编写历史建筑产权人手册，引导他们及房客照料自己的遗产建筑。			
●培训导游对游客讲解这些遗产场所的重要性。			
●制定游客教育策略以确保他们尊重这些历史文化遗产。			
●教育并使社区中的年轻人参与到历史遗产的保护中来，使地方的院校也参与其中。			
●与宗教团体建立联系并且邀请他们参加。			
●组织研讨会与保护培训课程，提高公众的保护意识。			
●与游客代表共同探讨遗产的解说方法、出版物和其他阐释工具。			
●在可能的情况下建立一个地方咨询委员会。			
●建立一个历史阐释中心。			
●开展文化发展项目。			
●设立地方遗产保护奖和参与奖项。			
●发展创新性的历史遗产展示方法以教育并吸引游客。			
其他			

续表

保护规划的策略与政策	应用选择 √	应用选择 ×	时间安排
金融策略			
●收集可能提供资助的单位的信息，列出相关人员的联系方法。			
●建立一个遗产基金——资金来自政府的特别资助、提高税收的政策以及可能的赞助者的投入。建立一个遗产保护激励机制以利用这笔基金，如支付 50% 的修复费用。			
●制定提高旅游税收政策——例如收取宾馆税、进入遗产保护区的门票费、机场费、旅游中心门票费、服务税等。			
●调查国际及私人基金资源——例如盖蒂基金会、世界银行、特别大使基金、世界纪念建筑基金会、私人企业赞助商、通过合作获得赞助等。要明确各种基金的申报截止日期。			
●鼓励非现金的赞助——如志愿者、遗产协会、遗产信托、学校的孩子们、大学生、职员培训项目。			
其他			
文化旅游策略			
●建立一个集中的信息及交流中心。			
●制定生态旅游的操作模式及政策。			
●发展创新的公共艺术策略并鼓励地方艺术家参与改善街景（如标志、座椅、宣传栏等）。			
●定期评估地方旅游承载力并在需要时限制游客数量。			
●控制遗产保护区的商业化。			
●鼓励对历史建筑进行再利用，为游客提供食宿。			
其他			
促进策略			
●设立当地的历史遗产保护奖，奖励当地的参与者并参与国际性的保护奖（例如联合国教科文组织亚太地区文化遗产保护奖）。			
●为街区整治及遗产评估准备影像资料。			
●与媒体联系以准备出版物的发布。			
●确立地方政府在保护工作中的主导地位，建立公共环境标准，改善政府拥有的遗产资源。			
●召开座谈会讨论相关问题并开展宣传工作。			
●发行出版物，宣传并记录历史遗产的重要性以及该地区的历史。			
●策划特殊的商业活动（如建立影视基地、召开演唱会）			
其他			

（资料来源：[澳]伊丽莎白·瓦伊斯．城市挑战：亚洲城镇遗产保护与复兴实用指南[M]. 南京：东南大学出版社，2007：51-52.）

6.3.7 建立历史文化遗产保护的行政考评制度

在科学发展观的指导下，我国政府绩效评估体系在发展的过程中不断更新与完善，从最初的“唯 GDP 论英雄”逐步转向当代关注“GDP 系统理论”的平台上。GDP 系统理论包含经济 GDP、绿色 GDP、文化 GDP、人力 GDP 和法治 GDP。文化 GDP 理论的提出正是对民族文化的重视与传承，对地域文化的提炼与保护，它要求人们在经济增长的同时注重地域文化的发扬，将文化资源的价值带来的财富也计算纳入评估指标中，一方面，可以使优秀的文化得到宣传和保护，另一方面可以培养人们的民族情感，在建设物质文明的同时加强精神文明建设。[①] 对于具有传统地域特色和民族文化的历史文化村镇，将文化遗产保护纳入行政考评体系将促使地方领导重视文化遗产的保护和发扬，积极主动地寻求文化生产力的提高，有利于文化产业的发展和城市竞争力的提高。根据历史文化村镇的资源特色和价值特色，采取客观性、数量性、可比性的评价原则和科学的考评方法，笔者提出具体的历史文化村镇行政考评指标体系参考模型（表 6-5），对地方政府文化 GDP 进行绩效考评。

历史文化村镇行政考评指标体系参考模型　　表 6-5

考评指标体系				个人打分	主管打分	公众打分	考评委打分	平均分	考评等级				
一级指标	二级指标（权重）	三级指标（权重）	四级指标（权重）						合计	A	B	C	D
历史文化村镇	物质文化遗产（70）	自然环境（20）	自然生态环境完好度（10）										
			聚落周边环境和谐度（10）										
		空间形态（20）	村镇肌理和谐度（10）										
			街巷空间格局完整度（10）										
		建筑遗产（30）	文物古迹保存真实性（15）										
			乡土建筑保护完整性（15）										
	非物质文化遗产（30）	民俗文化（30）	传统乡风民俗保持度（10）										
			传统民间工艺保持度（10）										
			传统生活延续性（10）										

考评指标说明：A：优秀，指合计≥（权重分值 90 ~ 100）
B：良好，指合计≥（权重分值 80 ~ 90）
C：合格，指合计≥（权重分值 60 ~ 80）
D：不合格，指合计＜（权重分值 60）

① 宋斌，余曼．地方政府文化 GDP 绩效考评指标研究 [J]. 求实，2008（2）：286-288.

6.4　拓宽资金来源渠道，建立资金保障制度

《历史文化名城名镇名村保护条例》第四条规定“国家对历史文化名城、名镇、名村的保护给予必要的资金支持。历史文化名城、名镇、名村所在地的县级以上地方人民政府，根据本地实际情况安排保护资金，列入本级财政预算”。2007 年 11 月在长沙召开的“国家历史文化名城 2007 年年会”上，建设部宣布从 2007 年起国家对历史文化名城名镇名村补贴资金由每年 8000 万元增加到 2 亿元。“十一五”期间，这笔资金总额将达到 10 亿元。建设部规划司副司长孙安军介绍说，国家对历史文化名城名镇名村的补贴资金，主要用于改善技术设施和一些历史文化街区居民的居住环境，不包括一些特大型文化项目保护经费。国家通过中央财政资金补助，希望引导带动地方政府及社会资金投入，推动文化名城等的保护工作。[①]

广东省应根据各地经济情况制定历史文化村镇资金保障制度，确定保护资金所占当地年度财政支出的比例，明确资金的用途，做好财政预算，根据经济增长，逐年加大维修资金的投入。《广州市“十五”期间历史文化名城保护规划》提出“在城市建设维护费中，收取一定比例（5%）的历史文化名城和文物维护维修费。”

6.4.1　建立多元化的保护资金的筹措途径

目前世界各国文化遗产保护经费的主要来源是国家和地方政府的财政拨款和贷款。欧、日等发达国家实行国家投资带动地方政府资金相配合，并辅以社会团体、慈善机构及个人的多方合作的资金保障制度。国家和地方资金分担的份额，由保护对象及其重要程度决定。另外，还建立了多渠道、多层次的资金筹措方式，如减免税收、贷款、公用事业拨款、发行奖券等。相比之下，我国历史文化遗产的国家保护资金非常有限，主要还得靠地方政府。由于我国对历史文化村镇实施保护整治的时间较短，相关的法律政策不完善，各地方普遍存在资金匮乏，保护不力的问题。实践中，各地方政府都在尝试多渠道、多层次的资金筹措和有效利用，以弥补国家财政投入的不足。笔者认为，历史文化村镇保护资金筹措途径可通过以下几种方式。

（1）国家设立历史文化村镇专项保护资金

目前中央财政对国家历史文化名城、全国重点文物保护单位设有专项经费，但对历史文化村镇资金投入较少。建设部和国家发展计划委员会、财政部于 1997 年底共同设立了历史文化名城专项保护资金，并于 1998 年 9 月 14 日公布《国家历史文化名城保护专项资金管理办法》，对国家级历史文化名城中的重要历史街区

---

① 李丹，陈黎明 . 中国历史文化名城保护补贴资金增至 2 亿 . 新华网 .2007-11-18.http：//news.xinhuanet.com/newscenter/2007-11/18/content_7100553.htm

的保护整治和改善基础设施、环境条件等给予资金的援助，每年总额度 3000 万元。

国家文物局每年拨给全国重点文物保护单位专项补助经费，如果历史文化村镇内有全国重点文物保护单位，在修缮这些文保单位时就可以申请该资金。但这也是对村镇个别历史建筑群或单体进行保护，并非对村镇整体格局的保护。2003 年国家公布第一批历史文化村镇以来，历史文化村镇保护资金的问题一直受到人们的关注，保护资金匮乏使得许多地方对自然损毁以及日益受到城市化侵蚀的历史文化村镇无能为力。因此，国家应设立历史文化村镇专项保护资金，以国家资金的重点投入带动地方、集体、个人的多渠道资金配合。

（2）政府设立历史文化村镇保护经费预算

各级政府应积极投入到历史文化村镇保护事业中。省级资金的来源可从省级文化事业建设费、城市建设维护费以及旅游收入产生的税收等中间提取一定比例用于历史文化村镇的环境整治和基建建设。可根据历史文化村镇的历史遗产的保护价值和危急程度统筹安排资金。县（市）以上政府应把保护经费列入同级计划与财政预算，制定相应的融资政策，如在城市维护费、土地资源流转费、文保单位的门票收入及工商利润中按比例提取部分资金作为村镇文化的保护资金。

（3）银行贷款

申请银行贷款是保护经费筹措的重要方式，可向国内银行和世界银行申请贷款。对于具有重要历史文化价值、急于维修历史建筑、整治村镇环境、开发旅游而又遇到资金不足瓶颈的村镇，通过合法有效的途径，向银行贷款是解决燃眉之急的有效方法。

（4）个人赠款

现阶段个人资金主要针对历史文化村镇内的祠堂、私有房屋的修缮和内部更新。港澳侨乡对珠三角历史文化村镇的保护起到重要作用，他们大多数都能积极参与家乡祠堂的修缮，出资出力。民居私有产权人与政府共同投资私房保护和修缮的措施，使住户切身地参与到保护工作中，在很大程度上激发了居民的保护积极性，有利于历史文化村镇的永续保存。

（5）社会融资

境内外个人、法人及其他组织的捐赠在保护优秀历史建筑的资金来源中占据着较为重要的地位，资金额逐年攀升。我国已有多部法律调整捐赠法律关系，如《合同法》、《公益事业捐赠法》等，目前的法制环境有望使捐赠和受捐赠的行为更趋规范。[①] 社会各界善心人士为公益事业竞相捐赠是一种良好的社会风尚，应大力提倡。此外以保护历史环境、繁荣文化艺术等为宗旨而设立的众多基金会掌握了大

---

① 杨心明，郑芹．优秀历史建筑保护法中的专项资金制度 [J]. 同济大学学报，2005，16（6）：114-119.

量的社会公益基金，是历史文化村镇保护工作可以利用的资源。面向社会知名人士和企业融资，采取接受赞助、捐赠，设捐款箱等方式来进行。对于企业或个人赞助保护文化遗产的活动，政府要出台一些鼓励政策，如减免税或税收优惠政策等。

（6）招标和拍卖资金

历史文化村镇具有深厚的文化价值、科学价值和社会价值，利用其隐含的经济价值，进行土地使用权的拍卖，可以有效地缓解村镇保护资金缺乏的压力，但其中存在的问题，比如整体拍卖造成村镇的过度商业化和原居民过多外迁，从而导致村镇失去原有功能和传统特色，违背了历史文化村镇保护的历史真实性和生活延续性原则。另外，历史文化村镇的土地使用权拍卖尚处于尝试阶段，需要制定相关法规政策对其运作进行规范。

（7）开发商资金

对于涉及历史文化村镇的房地产开发行为和旅游开发行为，主管部门应进行严格控制和提出有利于保护的交换条件，要求开发商投入部分资金完成历史文化村镇历史建筑的修缮、环境整治或者市政基础设施的建设，制定保护政策要求开发商在取得开发权的同时必须保护好村镇的历史环境。当一个遗产单位的经营收入远超过管理成本时，应提取部分超额收入作为保护资金。只要这种方法运用合理、适度，并有一定的法律政策依据，不失为一种有力的资金筹措方式。江门自力村碉楼申遗成功后吸引了无数中外游客，旅游价值凸显，开发商将旅游经营的收益一部分还之于民，一部分用于碉楼的维护，一部分用于市政道路的建设，取得较好的效果。

（8）发行文化遗产保护公益彩票

由政府发行历史文化村镇文化遗产国债、彩票和上市文化遗产股票来筹款。在国外，意大利通过立法形式，将彩票收入的 0.8% 作为文物保护资金；法国每年的文化部预算经费中有 1.5% 用于文化遗产保护。日本每年春、秋两季向国民发行筹措历史文化城镇保存事业费用为目标的“历史文化城镇保存奖券”“文化保护奖券”等，其收益由都道府县文化厅建筑科、历史文化城镇保存团体等各方达成协议，作为历史文化城镇保存事业的专项经费。

（9）世界遗产基金会

联合国教科文组织成立了世界遗产基金会，向世界遗产名录上的遗产提供一定的资助，尽管数目并不大，但具体运作程序简便，十分迅捷。中国作为发展中国家，又是遗产大国，理应积极寻求国际资源的支持。据了解，某些发达国家和地区成立有专门保护中国文化遗产的基金会，如加拿大有保护中国文物基金会，香港有中国文物基金会。在 1999 年到 2002 年中，欧盟的文化遗产基金优先投资于遗产保存、国家遗产、地方遗产、遗产利用与教育推广等内容。基金每年投入 3 亿英镑。到目前为止，文化遗产基金总共拨款项目达 6450 个，拨款总额 16 亿英镑。[①]

6.4.2 保护资金的管理和运作

6.4.2.1 设立历史文化村镇专项保护资金机构

为了便于历史文化村镇保护资金的统一管理，各级政府应当设立专门的保护资金管理机构，按国家有关基本建设财务管理的要求进行管理。该机构主要负责申请保护资金，筹措来自政府、企事业、社会和个人的资金，对保护资金的运作制定方案。在保护工程实施中实行专款专用，接受群众监督。工程结束后，负责还贷还息，接受由于历史文化村镇环境整治带来的土地和营业效益增值，使之有效地用于村镇日后的维护和整治。

6.4.2.2 运用公益信托制度

信托，是指委托人基于对受托人的信任，将其财产权委托给受托人，由受托人按委托人的意愿以自己的名义，为受益人的利益或者特定目的，进行管理或者处分的行为。[②]

历史文化村镇的保护是为了发展教育、文化、艺术事业，属于公益信托。在历史文化村镇保护中，公益信托委托人应是历史文化村镇所在的市和区、县人民政府，受托人是经过有关机构批准的信托机构，受益人是委托人政府以及历史文化村镇中需要得到资助或补偿安置的历史建筑产权所有人，当他们为有效保护、合理利用历史建筑做出利益上的牺牲时，有权从该信托财产中获得适当的资助或补偿安置。在以历史文化村镇保护为目的而设立的公益信托中，各级人民政府把通过多种渠道筹措到的专项保护资金委托给由政府确定的专业信托机构管理，政府因此享有一系列权力来监督信托机构对信托财产的运作。这些权力主要包括知情权、调整权、撤销权与异议权。在历史文化村镇保护中，信托监察人可由规划建设部门以及文物主管部门来担任。两部门具有充分的专业能力来识别信托财产（保护资金）的处理是否恰当，这将有助于历史文化村镇的保护。但必须指出，目前我国信托制度在法律上仍不健全，缺乏具体的操作性规定和具体的审批程序。

6.4.3 保护资金的回报

历史文化村镇是全人类文明智慧的结晶。保护文化遗产需要长期的投入，在不违背历史文化村镇保护原则和目标的基础上，利用市场经济法则和手段，在保

---

① 王宇丹 . 文化投资与历史文化遗产保护 [J]. 建筑学报，2006（12）：52-53.

② 中华人民共和国信托法 .2001.

护区及周边地区进行适度的商业、旅游、房地产开发，争取部分资金来平衡前期的投入，以弥补严重短缺的保护资金，达到历史文化村镇自身发展的良性循环。历史文化村镇实施保护整治工程后，整体环境将得到很大的改善，必然会抬升其所在地段和周边地区的土地价格。

6.4.3.1　社会效益提升带来间接收入

罗哲文先生将文物古迹价值归纳为历史价值、艺术价值、科学价值三个方面。历史文化村镇拥有一定比例的文物古迹和历史建筑，同样具有上述价值。这些价值在一定的条件下能够转化为经济价值，并随着村镇环境的整治改善带动其他产业发展，间接地增加政府的财政收入。历史文化村镇实施保护整治工程后，整体环境将得到很大的改善，必然会抬升其所在地段和周边地区的土地价格。这些增加的财政收入为争取更多的保护资金提供了条件。如碧江金楼在古建修缮以及配套环境的建设后，每平方米土地价格比周边村居高出 300 元左右，每亩高出 20 万元，目前碧江的住宅群面积超过 1000 亩，无形资产为此增值 2 亿元。

6.4.3.2　房屋买卖与适度开发

历史文化村镇的整治带来了土地的增值和社会效益的提升，对历史建筑进行适当的功能置换，在核心保护区以外的建设控制地带进行适度的房地产开发，将有利于保护资金投入的产出。历史文化村镇的保护与整治应当鼓励部分闲置古建筑进行功能置换，承担文化展示宣传、旅游商业配套的功能。部分古民住宅还可以作为商品房出售或拍卖，有两种方式：一为出售或拍卖原房屋，由买主按保护要求整治；二为由政府出资整治住宅后再出售或拍卖，这样可能取得更高的收益。但以上方式需要注意的是：一要控制出售数量；二要提出附加条件，制约买主按保护要求对房屋进行使用和日常维护；三是应由政府主持这一行为，利于直接回收资金，回馈于下一步的保护工作；四要赋予政府强制购买权，买主在使用中行为严重违反原有建筑的保护要求时，政府有强制回购的权力，以保护建筑免遭破坏。① 苏州于 2002 年 10 月 25 日公布了《苏州市古建筑保护条例》，在国内首次提出鼓励国内外组织和个人购买或租用历史建筑，还就其维护装修等行为作出规定。此后，苏州已卖出的好几处“有相当价值”的古建筑，价格都在 200 万元以上。苏州认识到鼓励私人购买或租用历史建筑是一种正确的、积极的保护方法。只有实行市场化运作，修复才会有源源不断的资金，只有在政府的约束和专家的指导下重视它们的使用性才能得到很好的保护。可见通过适当的操作和经营，对历史文化遗产的保护也可带来可观的效益，实现其价值最大化，既解决保护所面临的资金困难，

① 桂晓峰，戈岳 . 关于历史文化街区保护资金问题的探讨 [J]. 城市规划，2005，29（7）：79-83.

又有利于自身的发展。[①]

6.4.3.3 租金和税收的回报

历史文化村镇整治使村镇环境得以改善，从而带动房屋租金的上涨。房屋产权人和经营者因此受益，而政府同样可获得增加的税金收益。

总的来说，文化遗产保护投入费用与国家遗产状况、国力、发展方向密切相关。没有资金，一切保护口号皆为空谈。

6.5 非正式制度：充分发挥乡规民约的作用

6.5.1 发挥乡规民约和村民自治的作用

乡规民约是中国农村基层社会中在某一特定地域、特定人群、特定时间内社会成员共同制订、共同遵守的自治性行为、组织、制度的总称。乡规民约起源于人类社会以地缘关系为纽带的乡村社区（以村落为主要形态）形成之后协调超越家庭、家族关系的社区社会秩序的需要，在相当漫长的一个历史时期维护着中国农村社会中的基本秩序。传统乡规民约的存在形态可以归结为劝戒性乡规民约与惩戒性乡规民约。[②]乡规民约最早在《周礼》中就有敬老、睦邻的约定性习俗。劝戒性乡规民约起到引导、劝告、督促乡民言行、提倡生活中相互合作帮助的劝戒作用，旨在重教化而厚风俗，重在“扬善”。惩戒性乡规民约起到宣示、明确乡村生活秩序的作用，旨在维护乡村公共秩序与利益，重在“惩恶”。大多数乡规民约都是劝戒性条文和惩戒性条文一体并存，只是孰多孰少、孰轻孰重而已。即使今日，制定并执行新的村规民约仍是村政大事。村民安土重迁，世世代代过着同样的生活，尽可以相信祖先的经验，将前人解决问题的方案拿来作为生活的指南，故而许多乡规民约可以长久有效。[③]

珠三角许多历史文化名村都有自己的乡规民约，如碧江金楼后花园就有一通立于乾隆二十九年（1764 年）的《碧江通乡禁约》石碑，碑上刻着 15 条禁约，对匪、盗、贪、赌等多有“通乡议罚”“闻官究治”“不得殉情”等辞令，对肃清乡风和稳定民心有很大作用。自力村 1984 年制定的乡规民约对各项具体的盗窃行为均有详细数目的罚款。大岭村 2005 年制定的村民自治章程对村民委员会的选举、村委会的工作、村民的权利以及民主管理制度都做了规定。

从 1982 年起，为了填补人民公社体制废除后出现的农村公共组织和公共权力“真空”，国家在继续发挥和加强执政党的农村基层组织的作用之外，大力推动

---

① 屠海鸣．保护历史建筑不妨产权多样化 [J]. 中华建设，2005（2）：64.

② 张明新．从乡规民约到村民自治章程——乡规民约的嬗变 [J]. 江苏社会科学，2006（4）：169-175.

③ 谭刚毅．两宋时期中国民居与居住形态研究（博士论文）[D]. 广州：华南理工大学，2003：197.

村民委员会的建立，并将其功能由制定乡规民约，维护社会治安扩大为社区事务的全面管理。[①]1998 年,《中华人民共和国村民委员会组织法》第一条明确规定“为了保障农村村民实行自治，由村民群众依法办理自己的事情，发展农村基层民主，促进农村社会主义物质文明和精神文明建设，根据宪法，制定本法。”村民自治是在一个乡村共同体内由村民自我管理，与政府的外部性管理不同，这种自我管理主要借助于共同体内部形成的规则和共同认可的权威，更严格地说是一个生活共同体和文化共同体，村民自治的本质是赋权于民。

在实行村民自治中村民委员会起到的承上启下的关键作用。因此，在保护村镇历史文化中，村民委员会起着带头、监督和管理的作用。村委会可以充当民间保护团体的作用，领导当地村民保护好村镇文化遗产。中国依靠法律实行古村镇的保护是近年来才有的事，而过去多年来许多古村镇能保留至今无不与乡规民约、道德伦理有关，乡规民约在古村镇的保护中起着重要的作用。一旦形成民间自发的保护团体将对历史文化村镇保护工作的开展十分有利，大大降低保护成本。

6.5.2　促进民间保护力量的成长

2007 年 6 月，广东省文联、广东省民间文艺家协会在全国率先正式启动“广东省古村落”普查、认定工作，受到了中国民协的认可。经过一年多对广东省过百个村落的普查、认定、编纂等抢救性工作，广东省文联、省民协于 2008 年 9 月 24 日认定广州市小洲村等 27 个村落为首批广东省古村落，其中 11 个古村落位于珠三角地区，部分古村落同时也是国家级历史文化名镇（村）。广东古村落的评选是对国家级、省级历史文化村镇评选的补充，反映了民间保护力量的觉醒。

目前在我国介入遗产保护的民间力量主要还是以营利性为目的的私营企业和个人，他们与政府达成一定的约定，通过对遗产地或历史建筑的保护作为一种投资而得到相应的开发或收益。虽然这种保护的最终目的是开发和收益，但在政府资金不足的情况下，这些民间资本对那些亟待抢救的历史遗产还是带来了希望；另外还有少部分的非营利性的组织和基金会，如阮仪三城市遗产保护基金会、冯骥才民间文化基金会等。这些刚刚起步的组织和基金会多半是由一些知名的人士组成，他们通过个人的社会影响和活动能力来筹措资金和向社会宣传，扩大了遗产保护在社会各阶层的影响。纵观国外，凡是城市文化遗产保护较好的国家民间团体无不发挥着重要作用。因此，我国也应重视并扶持这种民间保护力量。

专门从事遗产保护的非营利性组织在我国还刚刚开始。国外，如美国的盖蒂基金会（Getty Fourdation）、英国的国家信托（National Trust）等在国际城

① 胡永佳. 村民自治、农村民主与中国政治发展 [J]. 政治学研究，2000（2）：29-37.

市遗产保护领域里有很高的声望和建树，而我国目前专门从事城市遗产保护的基金会只有阮仪三城市遗产保护基金会一家，其他纯民间的非营利性组织几乎没有。[①]因此，我国应大力发展社会慈善事业，提高慈善事业在社会上的认同度，并鼓励和扶持成立遗产保护基金会，激发民间力量对城市遗产保护的热情。

本章小结

本章针对珠三角历史文化村镇的现实困境，借鉴国外保护制度，在新制度经济学、产权经济学和公共管理学等学科理论的基础上，提出土地流转治理“空心村”、建立明晰的文化遗产保护体系、建立登录制度与指定制度相辅相成的保护机制的法律制度策略；提出建立责任明晰的管理主体和分权化的管理环境、建立监管制度和古建修缮与新建建设管理机制以及历史文化村镇行政考评指标体系参考模型的行政管理制度策略；提出建立多元化的资金筹措途径和运作体制的资金保障制度策略以及对非正式制度乡规民约的利用论点。

① 阮仪三，丁枫．中国城市遗产保护和民间力量的成长 [J]. 建设科技，2007（17）：54–55.

第七章

珠三角历史文化村镇保护策略二：技术策略

7.1　构建科学的保护规划编制技术

7.2　构建科学的保护规划实施评价体系

7.3　古建修缮新技术的运用

7.1 构建科学的保护规划编制技术

7.1.1 历史文化村镇保护规划发展回顾

内格尔认为："正确的政策是技术革新效益最大化所必备的条件，如果没有合适的公共政策环境，技术革新就不大可能实现。"前些年来由于普遍的对城市历史文化价值认识不足，以发展经济、改善城市环境为主要目标，有的城市划定的保护区界线往往是名存实亡，城市规划与建设很少考虑这方面的问题。① 2002年颁布的《中华人民共和国文物保护法》中提出"历史文化名城和历史文化街区、村镇所在地的县级以上地方人民政府应当组织编制专门的历史文化名城和历史文化街区、村镇保护规划，并纳入城市总体规划。"可见历史文化村镇保护规划编制是从2002年才开始正式提出。而在此之前，历史文化村镇的保护从属于文物保护单位和名城保护体系。在中国，按现行的法律、政策，把物质实体历史文化遗产的保护分为3个层次，即文物保护单位、历史文化保护区、历史文化名城。② 历史文化村镇可以属于历史文化保护区这一保护层次范畴。历史文化村镇保护规划亦是作为历史文化保护区，参考文物保护单位保护规划和历史文化名城保护规划进行编制。

由于有《全国重点文物保护单位保护规划编制审批管理办法》(2004)和《全国重点文物保护单位保护规划编制要求》(2004)的严格规定，文物保护单位保护规划的编制较为规范，保护情况相对较好。历史文化名城保护规划有《历史文化名城保护规划编制要求》(1994)和《历史文化名城保护规划规范GB50357—2005》为指引，保护规划有明确的内容、深度及成果要求。而历史文化村镇无论从保护体系的建立还是保护规划的编制均处于探索阶段，需要完善的地方还很多。以广东省为例，2006年年底广东省建设厅和文化厅才联合发出关于组织申报第一批广东省历史文化街区、名镇(村)的通知(粤建规字[2006]153号)，而早在2002年，大旗头村古建筑群、南社村古建筑群、塘尾村明清古建筑群就被列入第四批省级文物保护单位，三村分别在2003年、2005年和2007年被评为国家级历史文化名村。2004年大旗头村编制了《三水大旗头村文物保护规划》,2002年南社村编制了《广东省东莞市茶山镇南社村古建筑群保护规划方案》,2003年塘尾村编制了《广东省东莞市石排镇塘尾村明清古村保护规划方案》。纵观三村的保护规划，大旗头村做的是文物保护规划，南社村做的是古建筑群保护规划，塘尾村做的是古村保护规划，三者均与历史文化村镇保护规划有一定差异，

① 阮仪三. 谈城市历史保护规划的误区[J]. 规划师，2001，17(30)：9-11.

② 王景慧. 论历史文化遗产保护的层次[J]. 规划师，2002(6)：9-13.

无论是文物保护规划还是古建筑群保护规划均不能代替历史文化村镇保护规划。

在 2008 年 4 月公布的《历史文化名城名镇名村保护条例》明确规定："保护规划应当自历史文化名城、名镇、名村批准公布之日起 1 年内编制完成。"因此，规范历史文化村镇保护规划势在必行。条例要求历史文化村镇的保护"应当遵循科学规划、严格保护的原则，保持和延续其传统格局和历史风貌，维护历史文化遗产的真实性和完整性，继承和弘扬中华民族优秀传统文化，正确处理经济社会发展和历史文化遗产保护的关系"。历史文化村镇保护规划除了考虑如何保护好历史文化遗产，并做到保护和合理利用相结合以外，更应注重保护与发展相结合，保护历史文化遗产，使之成为促进村镇经济发展的引擎点，成为弘扬中国传统文化的活的载体，成为社会教育的基地，成为人们生活不可分割的一部分。

广东省有必要进行一次全省的历史文化遗产普查，尤其是古镇、古村落，然后制定《广东省历史文化遗产保护规划》，科学地划定各历史文化村镇、街区、文物保护单位的保护等级和范围，保护内容和策略，协调好城市化同文化遗产保护的关系，形成国家级、省级和市级保护三结合的保护等级体系。

7.1.2　历史文化村镇保护规划的理论性思考

西方发达国家城市规划编制重点一般可以划分为 6 个阶段：注重物质空间的规划，注重经济发展的规划，注重环境保护的规划，注重社会公平的规划，注重生态建设的规划和注重文化特色的规划。我国经济社会发展基础较西方发达国家约滞后 2 至 3 个阶段，即大致处在以物质空间规划为主，开始注重经济发展和环境保护规划的时期。我国现面临的经济发展与历史性环境的矛盾是西方发达国家在上世纪末工业革命后已遇到过的。[①] 我国历史文化村镇保护规划的编制应顺应经济全球化和国家政治、经济制度的转型，充分借鉴西方文化保护先进国的理论和经验，总结我国文物保护单位保护规划和历史文化名城保护规划的编制理论、方法和经验教训。在快速城市化的大背景下，抓住社会主义新农村建设的机遇，对历史文化村镇保护规划的编制进行创新尝试。

近年来，城市规划编制理论与方法的社会和经济导向明显，[②] 城乡统筹、公众参与、综合规划等成为现代规划的理念。城乡规划以达到城乡经济、社会、环境的可持续发展为目标。历史文化村镇保护规划应与时俱进，注重新理念的导入与运用。

7.1.2.1　城乡统筹发展观念

2008 年 1 月 1 日起施行的《城乡规划法》更加突出了城乡规划在社会经济

① 阮仪三．历史环境保护的理论与实践 [M]. 上海：上海科学技术出版社，2000：43.

② 盛鸣．城市发展战略规划的技术流程 [J]. 城市问题，2005（1）：6–10.

发展中的全局性、综合性、战略性的地位，促进城乡经济、人口、资源、环境的协调发展将是今后规划的总体目标。伴随着城市化的推进，无论是发达国家还是较发达的发展中国家都经历了乡村重建的过程。先期城市化的国家乡村重建往往走的是一个被动的、滞后的路子，而后期城市化国家基本上都采取了主动的、同步的方式。① 历史文化村镇的保护规划要以城乡统筹发展观为指导，要将村镇的保护和发展与城市的发展统筹起来，强调城市与乡村、人与自然、区域之间和社会经济之间的协调和可持续发展。

7.1.2.2 人居环境学理念

在 20 世纪 50 ~ 60 年代，希腊学者道萨迪斯（C.A.Doxiadis）提出“人类聚居学”的概念，以探讨城市与乡村聚居的客观规律，指导城乡建设。人居环境科学的核心是“整体环境”与“普遍联系”，历史文化村镇是由中国传统聚落发展而成，反映着人与自然和谐的有机思想。编制历史文化村镇保护规划应梳理出传统聚居的客观规律，运用人居环境学理念指导村镇人居环境的建设。

7.1.2.3 文化生态学理念

文化生态学最初由美国人类学家斯图尔德（Steweardm J·H）提出。文化生态学旨在“解释具有地域性差别的一些特别的文化特征及文化模式的来源”。文化生态学的使命是把握文化生存与文化环境的调适与内在联系。在全球一体化的浪潮中，历史文化村镇除了面临着文化生存与经济发展的挑战，同时也经历着文化环境“趋同”的考验。历史文化村镇的保护始终面临着特有的历史风貌的继承与发扬的问题。运用文化生态学理念，寻找并创造适应历史文化生存的环境是保护规划无可回避的问题。

7.1.2.4 有机更新理论

历史文化村镇的保护必然涉及历史建筑的更新和改造问题。过去的“大拆大建”对历史环境的破坏已经成为人们的共识，小规模、渐进式的更新改造模式渐渐为人们所认同。所谓“有机更新”即采用适当规模，合适尺度，依据改造的内容与要求，妥善处理目前与将来的关系——不断提高规划设计的质量，使每一片的发展达到相对的完整性。② 历史文化村镇的保护应遵循有机更新的理念，制定循序渐进、分期开发、多元投资、多方参与的保护规划。

总之，与其他城市规划编制相比，历史文化村镇保护规划更加强调多学科、多角度、多层面的研究。保护规划必须反映所有相关因素，包括考古学、历史学、建筑学、工艺学、社会学以及经济学；保护规划的主要目标应该明确说明达到上述

① 马远军 . 城乡统筹发展中的村镇建设：国外经验与中国走向 [J]. 特区经济，2006（5）：41-43.

② 吴良镛 . 北京旧城与菊儿胡同 [M]. 北京：中国建筑工业出版社，1994：68.

目标所需的法律、行政和财政手段；保护规划应旨在确保历史城镇和城区作为一个整体的和谐关系。[①] 保护规划应努力促进多种效益的取得，除了人们常说的“社会效益、经济效益与环境效益”以外，更应强调文化效益与其他三者效益的统一。

7.1.3 历史文化村镇保护与发展的辩证统一

7.1.3.1 历史文化村镇的保护与社会、经济发展的目标是一致的

达尔文的生物进化论揭示了“适者生存”的道理，任何有机生物必须适应生存环境向前进化，而且有机生物进化也不可能抛弃原有基础，而是随着生存环境的变化而逐步进化。如“适者生存”的进化论一样，历史文化村镇只有适应发展的需要，才有可能得以不断延续传承。历史文化村镇作为自然和人工环境的有机整体，其发展如同生物进化一样，是在原有社会、经济、文化基础上进行有机的新陈代谢，从而得到适宜地持续发展。割断历史，抛弃既有的文明，就无从谈发展与进步；没有发展进步，也就不可能形成新的历史文化积淀。现代化建设与历史文化遗产的继承和保护之间不是相互割裂、更不是相互对立的，而是有机联系、相得益彰的。继承和保护历史文化遗产本身就是现代化建设的重要内容，也是现代文明进步的重要标志；现代化不仅要有完善的基础设施、良好的生态和高质量的生产生活环境，还要有深厚的历史文化内涵。[②]

历史文化村镇的发展应该既是对历史有机的继承和延续，更应该是适应时代发展的趋势对村镇的更新和完善。历史文化村镇的保护与社会、经济发展的目标是一致的。国内外的经验已经表明，越是现代化的城市越重视保护其历史文脉，越是历史文化深厚的城市越有魅力。历史文化村镇是促进城市发展的一种特殊的无可替代的资源。历史文化村镇保护得越完整、真实，其价值越高，越能源源不断地吸引人，促进当地的相关产业发展，从而带动社会经济的发展，成为提升城市竞争力的有力资源，成为当地永不枯竭的财源。

7.1.3.2 促进历史文化村镇的保护与发展的技术手段

（1）编制科学合理的保护规划

村镇发展的自然规律决定了村镇的空间结构会不断发生变迁，不断有新元素介入，目前存在的历史文化村镇是经历了长时间历史变迁的结果，有的空间已经发生很大的变化，这种变化还将在未来中不断演进，正是这种不断变化和更替的过程才造就了今天这样丰富的历史环境。如何调控这种过程，使得发展变化朝着有利于传承文化、延续文脉、改善环境、促进发展的方向进行，首先必须在规划层面上处理好保护与发展的关系。目前大多数历史文化村镇先制定保护规划，然

---

① ICOMOS. Charter for the Conservation of Historic Towns and Urban Areas（The Washington Charter）.1987.

② 赵勇 . 历史文化村镇的保护与发展 [M]. 北京：化学工业出版社，2005：25.

后制定详细的建设规划或者旅游规划，这种分阶段规划设计的方式往往由于衔接、管理等问题导致后者频频突破保护规划规定的条框，因此在制定保护规划时就应该充分考虑历史文化村镇的发展需求，使得保护是一种适应并促进村镇发展的保护，是一种动态有效的保护，而非一成不变的机械保存。

保护规划作为指导历史文化村镇实施保护的基本依据和手段，其内容是由村镇历史文化遗存、村镇发展需求以及村镇在城镇规划体系中的地位和作用所决定的。具体而言，历史文化村镇保护规划内容应包含以下方面：

●价值特色确认

在对历史文化村镇的自然环境、经济特征、历史文脉、空间形态、建筑风格以及乡风民俗等分析的基础上，总结提炼出自身独有的价值特色和潜在资源，明确保护和发展利用重点。

●保护范围划定

根据历史文化村镇文物古迹、古建筑、传统街区的分布范围，并在考虑村镇地形地貌、现状用地规模、周围环境影响以及发展空间的基础上，确定名镇（村）保护范围层次、界线和面积。

●建筑保护整治规划

根据历史文化村镇保护范围内建筑的现状风貌、规模年限、历史价值等情况，对有价值的建筑进行保护修缮，对已建成的、与传统风貌有冲突的新式建筑进行整治，并提出未来新建筑的规划控制引导。

●环境综合调整规划

为了改善村镇人居环境，在保护传统格局、风貌形态、历史建筑的前提下，对历史文化村镇的用地布局、道路交通、基础设施、绿化环境、消防卫生等进行调整完善。对于拥挤不堪、人口过于密集的历史文化村镇应采取逐步疏散、调整用地结构、另建新区的办法。

●旅游发展规划

在分析历史文化村镇的旅游资源类型、分布、发展条件以及客源分析的基础上，结合城镇旅游发展战略规划，进行历史文化村镇的旅游资源整理、旅游市场定位、旅游路线设计、旅游景区划分以及旅游环境容量预测。

●分期建设规划

确定近期内修缮整治的重点及时序安排，详细列出要修缮整治的历史建筑、街区以及需要改造的基础设施项目，做出相应的技术经济分析及投资估算。对于需要疏散人口的历史文化村镇应做好另建新区的安置工作。

●保护实施措施

提出保护规划实施的措施和方法建议，包括融资投资建议、保护管理办法、产业结构调整建议、公众参与方式、加强宣传教育等。

（2）利用 GIS 技术为历史文化村镇的保护和管理提供技术支撑平台

由于历史文化村镇保护是一项长期的、动态的过程，需要全过程的动态监控和调整，这就要求管理部门及时掌握各种能反映现状的准确动态资料，以此作为保护和管理的依据。GIS 技术可将卫星图片、地图、文献资料、遗产及文化景观等按一定的格式化要求予以融合，建立历史文化地理数据库，进行信息的多元综合分析和应用，实现地理空间数据处理、分析和可视化，① 为城市规划、历史保护和管理提供了技术支撑平台。通过 GIS 的运用，宏观层次可实现对历史文化村镇社会、经济等各要素的多因子叠加分析，进行如历史文化村镇保护规划的环境危害预测、人口动迁安置费用测算以及社会经济发展预测等；微观层次可实现建筑、院落的历史文化价值评估、人口容量等小层次的社会经济的图式化以及依据历史文化村镇的空间要素特征进行专题图操作等；通过图层叠加缓冲区以及最佳路径自动匹配等空间分析，从而实现对历史文化村镇的空间规划如停车设施、公共开放空间的设置、人流车流路线甚至于像垃圾箱布置等基础设施的安排。② 利用 GIS 技术可对历史文化村镇所有的信息（包括现状调查的资料和规划的信息）进行采集、输入、存贮、综合分析，可应用于历史文化村镇现状调查、保护规划编制、管理和控制全过程。

● GIS 技术在现状调查中的应用

历史文化村镇现状调查涉及大量历史和现状资料的收集整理，包括对建筑相关的属性，如建筑年代、功能、朝向、布局、进深、高度、面积、材料等信息，人口信息以及土地利用、道路街巷系统、管网管线、绿化、社会经济等现状进行全面测量和调查，在这些调查过程中获取的大量文字、图形、图像等资料和信息都具有定位特性，属于空间信息的范畴，迫切需要空间信息的管理技术对它们进行有效的管理，并以此作为保护规划编制的依据，传统方法使用 CAD 技术难以对这些与空间信息相关的属性资料进行处理，而利用 GIS 技术则可以快捷有效地建立地理空间数据库，并对历史文化信息实行动态有效地监控。

● GIS 在保护规划编制中的应用

GIS 具有拓扑结构分析和强大的空间分析功能，不仅能完成历史文化村镇现状调查资料的输入、存储、管理，实现图形与属性数据的双向查询、检索、分析，而且能够在多源数据集成的基础上，进行综合评价和判断，避免由于认识局限性所造成的保护规划失误，并给决策者提供多种保护方案，从而提高保护规划成果

---

① 李凡 .GIS 在历史、文化地理学研究中的应用及展望 [J]. 地理与地理信息科学，2008，24（1）：21-26.

② 许业和，董卫 . 基于 GIS 的历史街区规划设计方法初探 [J]. 华中建筑，2005，23（2）86：-88.

的科学性和综合性。[①] 具体而言，在建筑保护与整治规划中，可通过建立现状建筑保护价值的综合评价指标，采用特尔斐法和层次分析法实行多因子的综合评定，以此来确定建筑保护和整治的方式，改变以往价值评价的人为性和不确定性。在划定保护范围时，可应用 GIS 的空间叠置分析功能，评价不同保护规划方案保护等级范围边界效果，提出正确的历史文化村镇保护等级边界。在基础设施规划中，利用 GIS 给出历史文化村镇现状公共设施分布状况与容量比较正确的综合评价，为历史文化村镇的公共设施空间布局规划提供科学依据。利用 GIS 技术还可以提高保护规划预算的准确性，如通过比较土地费用，评价出具体项目的费用 / 效率比。

● GIS 在日常管理和控制中的应用

GIS 可为历史文化村镇的管理者提供快速的信息查询功能，随时监控保护建筑的状况以及方便与公众进行信息交流。

基于 GIS 的历史文化村镇保护管理信息系统建立以后，管理人员只需点击所需要查询的对象，即可显示对象的相关属性数据，在同一平台下可同时打开现状数据和规划图纸、说明，快速获得现状和规划的图形、图像信息。使用 GIS 系统中数据能够很容易地判别出历史文化村镇的建筑物保护和维修的优先级别，制定保护和维修的计划，同时对这些建筑实现动态的、现时的管理和控制。除此以外，GIS 可为公众提供最新的保护区和保护政策的信息，作为随时与公众交流保护策略以及与其他政府部门合作交流的工具。

7.1.4 建立历史文化村镇保护规划编制技术流程体系

7.1.4.1 历史文化村镇保护规划技术流程的分类

自 2003 年 10 月建设部和国家文物局公布了第一批中国历史文化名镇（村）以来，城市规划学界就对历史文化村镇保护规划这一新动向展开了诸多讨论（赵勇等，2004）。但到目前为止，大多数研究主要集中在概念、原则、内容、方法上，有关工作流程和技术路线的探讨较少。事实上，不同的规划技术流程产生的编制成果必然会有差异。由于国家还未出台历史文化村镇保护规划规范，有关历史文化村镇的保护规划内容深度不一、良莠不齐，对保护规划的科学性和可操作性产生一定影响。良好的规划技术路线，是保障村镇健康发展的影响因素之一。因此，有必要展开对历史文化村镇保护规划技术流程的探讨。

根据国内已编制的历史文化村镇保护规划文本，笔者通过分析、归纳和整理，可得到不同的技术流程模式。从实践层面看，保护规划的技术流程大多数从文化

① 胡明星，董卫 .GIS 技术在历史街区保护规划中的应用研究 [J]. 建筑学报，2004，(12): 63-65.

保护的角度入手，从整体出发，分析历史文化村镇的保护价值、存在的现状问题，结合上层次规划定位，明确保护地段、范围，提出一系列的保护规划对策和措施。从理论层面看，目前还处在摸索阶段。阮仪三教授等较早地探讨了江南水乡古镇保护与规划问题，提出了“保护古镇，建设新区，开辟旅游，发展经济”的战略方针，提出了保护古镇风貌、整治历史环境、提高旅游质量、改善居住环境的保护纲领。①、②、③ 罗德启结合贵州民族村镇的保护实践，提出划定保护范围和建设控制地带－确定保护项目、地段－提出保护、整治、利用的要求和具体保护措施的规划思路。④ 刘沛林提出基于传统村镇感应空间的“强化—体现—超越—保持”的规划路线。⑤ 赵勇提出基础资料调查、确认价值特色、划定保护范围、保护整治建筑、保护街巷空间、编制旅游规划的思路。⑥

纵观国内目前历史文化村镇保护规划，其技术流程综合概括起来可分为“战略导向型”“价值引导型”“问题推导型”“条件归纳型”4种类型（表7-1）。

几种历史文化村镇保护规划技术流程的分类比较　表7-1

类型	主要内容	技术流程	项目
战略导向型	资源评估、战略定位、保护体系	基础分析－资源评估－战略定位－保护体系	中山市翠亨村历史文化保护规划⑦、广州番禺沙湾镇历史文化名镇保护规划⑧，等
价值引导型	价值特色、保护措施	基础分析－价值特色－保护措施	三水大旗头村文物保护规划⑨、全国重点文物保护单位深圳大鹏所城保护规划⑩，等
问题推导型	保护问题、保护策略	基础分析－保护问题－保护策略－控制导则	广州市番禺区大岭村历史文化保护区保护规划⑪、周庄古镇保护规划⑫，等
条件归纳型	基础条件、保护指引	基础分析－资源评估－保护指引	东莞市石排镇塘尾明清古村保护规划方案⑬、碉石古镇历史文化保护规划⑭，等

① 阮仪三，黄海晨，程俐聰．江南水乡古镇保护与规划 [J]. 建筑学报，1996（9）：22-25.
② 阮仪三，邵甬．精益求精返璞归真——周庄古镇保护与规划 [J]. 城市规划，1999，23（7）：54-57.
③ 阮仪三，邵甬，林林．江南水乡城镇的特色、价值及保护 [J]. 城市规划汇刊，2002（1）：1-4.
④ 罗德启．中国贵州民族村镇保护和利用 [J]. 建筑学报，2004（6）：7-10.
⑤ 刘沛林．湖南传统村镇感应空间规划研究 [J]. 地理研究，1999，18（1）：66-72.
⑥ 赵勇，崔建甫．历史文化村镇保护规划研究 [J]. 城市规划，2004，28（8）：54-59.
⑦ 华南理工大学建筑设计研究院．中山市翠亨村历史文化保护规划．2006.
⑧ 广州市番禺城镇规划设计室．广州番禺沙湾镇历史文化名镇保护规划．2003.
⑨ 华南理工大学建筑设计研究院．三水大旗头村文物保护规划．2004.
⑩ 东南大学建筑设计研究院．全国重点文物保护单位深圳大鹏所城保护规划．2005.
⑪ 广州市城市规划设计所．广州市番禺区大岭村历史文化保护区保护规划．2007.
⑫ 阮仪三，邵甬．精益求精返璞归真——周庄古镇保护与规划 [J]. 城市规划，1999，23（7）：54-57.
⑬ 华南理工大学建筑设计研究院．东莞市石排镇塘尾明清古村保护规划方案．2003.
⑭ 华南理工大学．碉石古镇历史文化保护规划．2006.

（1）战略导向型

一般以“基础分析 - 资源评估 - 战略定位 - 保护体系”为技术流程，以历史文化村镇的战略定位为导向，制定保护体系。这是一种前瞻性的保护与发展相结合的规划思路，保护规划的编制注重与上层次规划相结合，提出发展战略目标，如翠亨村（图 7-1、图 7-2）、沙湾镇的保护规划。

图 7-1　中山市翠亨片区空间区划图

（资料来源：中山市翠亨村历史文化保护规划 . 2006）

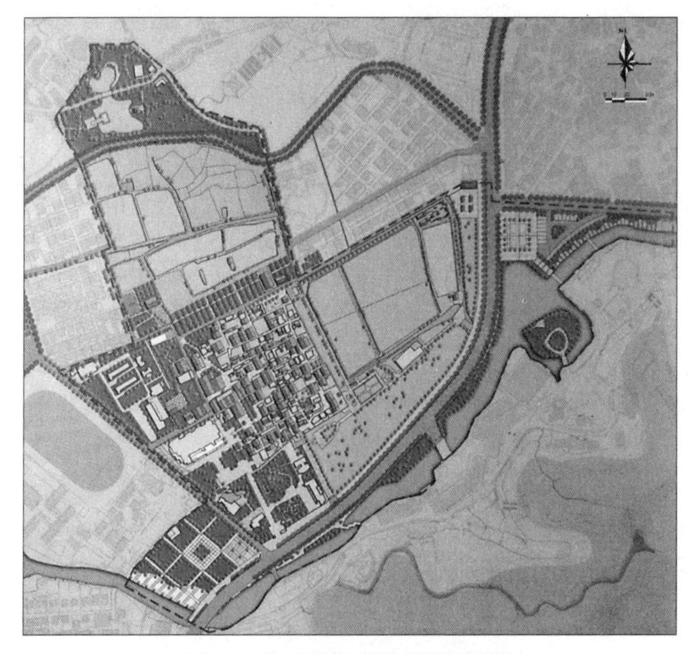

图 7-2　中山市翠亨村保护规划总平面图

（资料来源：中山市翠亨村历史文化保护规划 . 2006）

（2）价值引导型

一般以“基础分析 - 价值特色 - 保护措施”为技术流程，以研究历史文化村镇的价值特色为引导，进行价值、现状、管理、利用的专项评估，制定保护措施，如大旗头村、大鹏所城保护规划（图 7-3、图 7-4）。

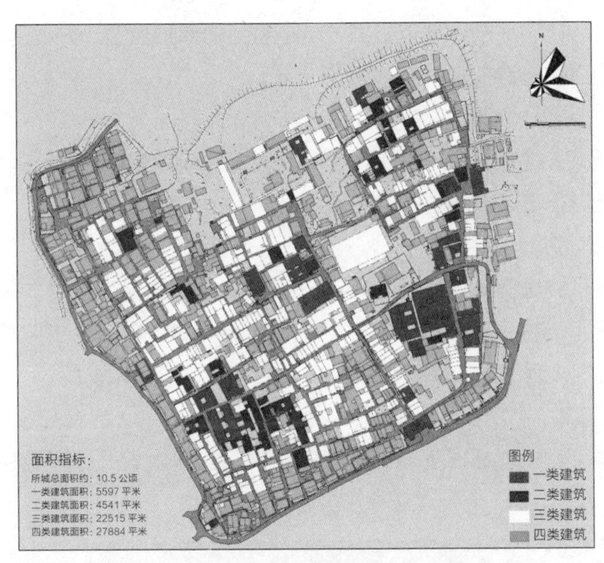

图 7-3　深圳大鹏所城建筑价值评估图

（资料来源：全国重点文物保护单位深圳大鹏所城保护规划 . 2005）

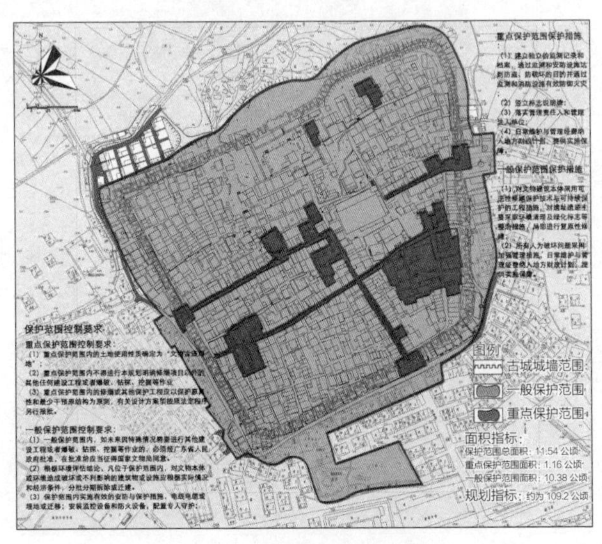

图 7-4　深圳大鹏所城保护措施图

（资料来源：全国重点文物保护单位深圳大鹏所城保护规划 . 2005）

（3）问题推导型

一般以“基础分析 - 保护问题 - 保护策略 - 控制导则”为技术流程，归纳历史文化村镇现状面临的问题，提出保护策略，如大岭村、周庄古镇保护规划。

（4）条件归纳型

一般以“基础分析—资源评估—保护指引”为技术流程，在分析历史文化村镇的资源条件后，因地制宜地提出发扬价值特色的保护指引，如塘尾村（图 7-5、图 7-6）、碣石古镇保护规划。

（5）保护规划技术流程存在的问题

总的看来，上述历史文化村镇保护规划的技术流程虽然进行了积极的探索，各有千秋，但仍存在以下问题。

①缺乏系统性

无论是在研究层面还是在实践层面，历史文化村镇保护规划均未梳理出较为系统全面的技术流程，致使保护规划的编制各有偏颇，应对历史文化村镇保护问题的规划研究很大程度上取决于规划师个人的经验、能力和素质。

②缺乏整体性

虽然许多保护规划都提到整体性原则，但从实践上看，大多数保护规划都未

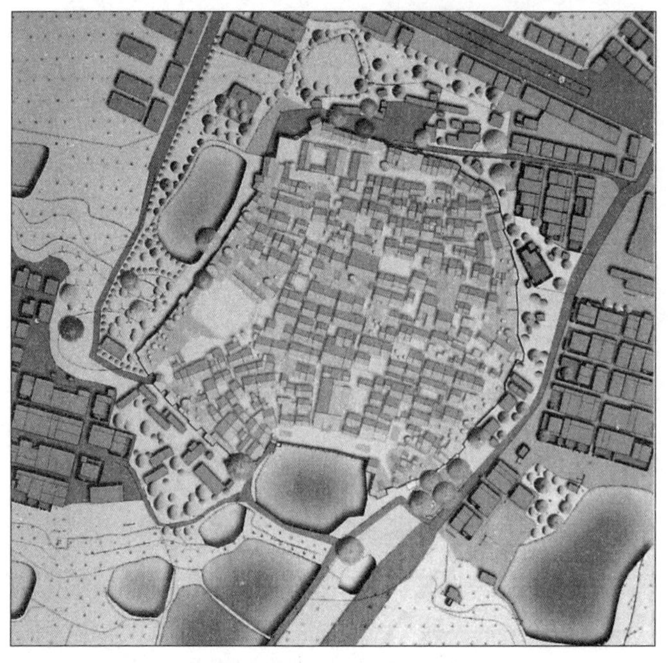

图 7-5　东莞市塘尾古村周边环境图

（资料来源：东莞市石排镇塘尾明清古村保护规划方案 . 2003）

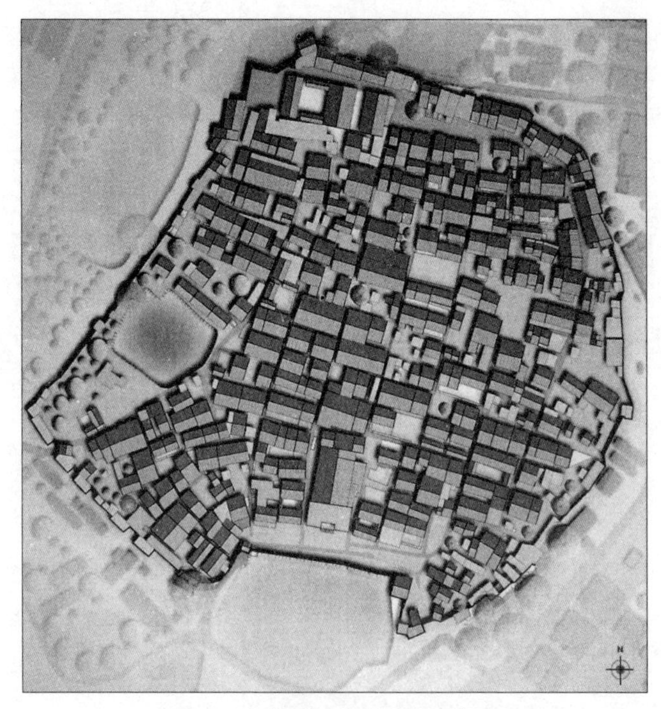

图 7-6　东莞市塘尾古村保护规划总平面
（资料来源：东莞市石排镇塘尾明清古村保护规划方案 . 2003）

能从研究内容的整体框架出发建立协调一致的技术流程，致使某些规划问题被忽视。从保护规划内容上看，目前普遍对物质文化的保护和利用关注较多，而对非物质文化的保护和利用研究较少。

③忽视社会技术

我们可以将以各种具体“设计”为代表的狭义的城市规划技术看作是一种“纯技术”，而将包含其实施目的手段和结果的广义城市规划技术看作是一种社会技术。[①] 历史文化村镇的保护在很大程度上是一种社会技术而非“纯规划技术”。早在 1976 年《关于历史地区的保护及其当代作用的建议》（内罗毕建议）就指出：“除了这种建筑方面的研究外，也有必要对社会、经济、文化和技术数据与结构以及更广泛的城市或地区联系进行全面研究……有关当局应高度重视这些研究并应牢记没有这些研究，就不可能制订出有效的保护计划。”[②] 但从目前的研究看来，对影响保护规划实施的保护制度、管理、产权、经济发展水平、社会道德观念等社会技术关注较少。

① 谭纵波 . 国外当代城市规划技术的借鉴与选择 [J]. 国外城市规划，2001（1）：38–41.

② 张松 . 城市文化遗产保护国际宪章与国内法规选编 [M]. 上海：同济大学出版社，2007：69–75.

7.1.4.2 历史文化村镇保护规划技术流程的实践性思维

《历史文化名城名镇名村保护条例》(2008)指出:“历史文化名城、名镇、名村的保护应当遵循科学规划、严格保护的原则，保持和延续其传统格局和历史风貌，维护历史文化遗产的真实性和完整性，继承和弘扬中华民族优秀传统文化，正确处理经济社会发展和历史文化遗产保护的关系。”结合保护条例，根据上述分析和工作实践，我们提出如下具有可操作性的历史文化村镇保护规划的技术流程(图7-7)。

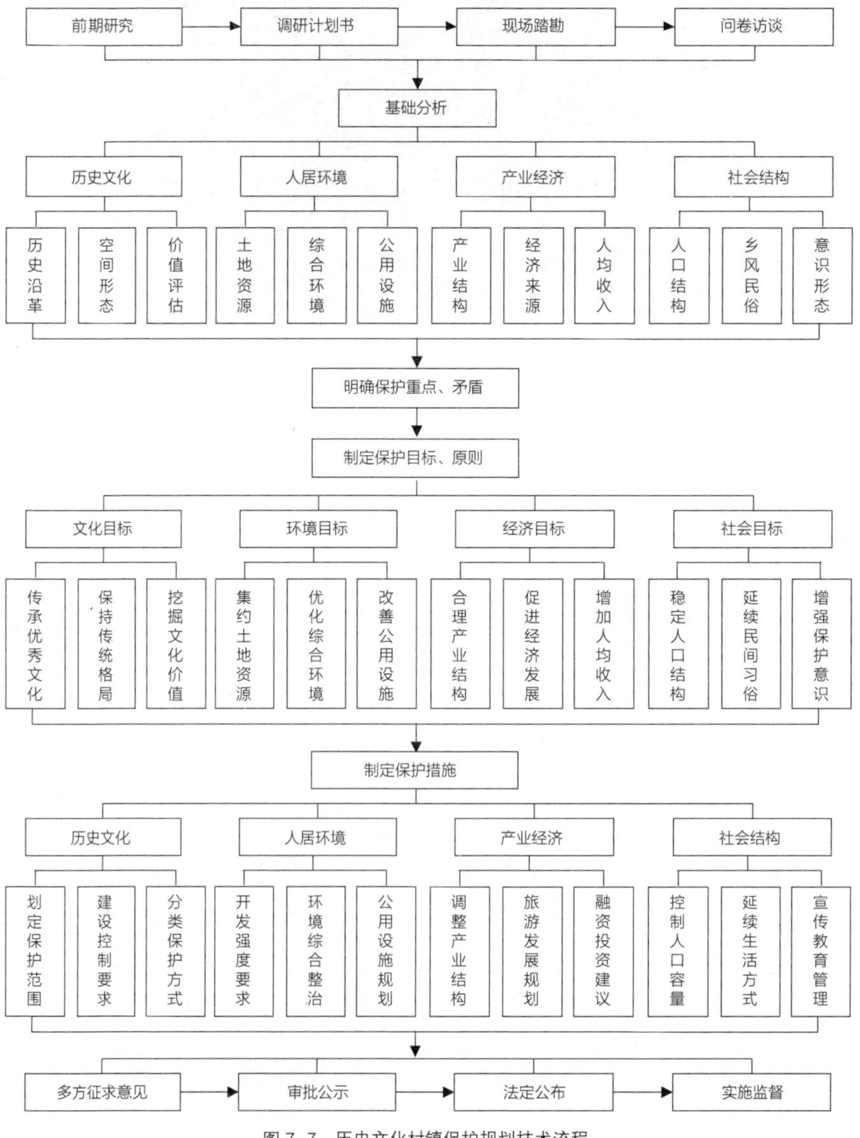

图7-7 历史文化村镇保护规划技术流程

（1）前期研究，基础分析

（a）前期研讨

在开展历史文化村镇保护规划的前期，应对有关历史文化村镇保护规划的法规、条例进行阅读和理解，查阅相关的文献资料，制定详细的调研计划书，列出调研清单、获取途径以及相应的规划意图，做到胸有成竹，以便在现场中有的放矢。在现场踏勘时应注重与居民的交流，采用开放式和封闭式相结合的问卷访谈，对收集的族谱、家谱应做出分析，辨别其中科学合理成分和夸大虚构成分。

（b）基础分析

大量的现场调研工作为下阶段的规划分析打下基础。历史文化村镇的基础分析除了常规的产业经济、社会结构、人居环境的分析以外，还包括对村镇的历史文化进行分析。历史文化的分析应对村镇的历史沿革进行梳理，找出村镇肌理、空间形态形成的规律，对历史文化村镇的价值，包括历史价值、艺术价值、科学价值和社会价值进行评估。此外，还要对村镇土地资源、综合环境、公用设施等人居环境方面以及产业结构、人口结构、人均收入等社会经济方面进行分析，明确保护内容、重点及其存在的主要矛盾。

（2）制定保护目标、原则

根据保护重点和主要矛盾，制定保护目标、原则。历史文化村镇保护规划的目标应包含以下四大目标：文化目标、环境目标、经济目标和社会目标。编制保护规划时要建立传承优秀文化、保持传统格局、挖掘文化价值的文化目标，要以集约土地资源、优化综合环境、改善公用设施为环境目标，同时对村镇经济和社会也要提出规划目标，以便制定相应的措施。

历史文化村镇保护规划应在有效保护历史文化遗产的基础上，改善村镇环境，延续原有居民的生活方式，适应现代生活的物质和精神需求，促进经济、社会协调发展。文化目标的实现是实现环境目标、经济目标和社会目标的前提和基础，后三者反过来有助于文化目标的实现。

（3）制定保护措施

历史文化村镇保护规划应全面和深入调查历史文化遗产的历史及现状，分析研究其文化内涵、价值和特色，确定保护的总体目标和原则，制定相应的保护措施。历史文化村镇保护的关键在于以保护来促发展，以发展来助保护。制定保护措施应包括保护历史文化、改善人居环境、促进经济发展、稳定社会结构的措施。

（a）历史文化保护措施

名镇（村）保护范围的划定可根据文物古迹、古建筑、传统街区的分布范围，并在考虑名（镇）村现状用地规模、地形地貌及周围环境影响因素的基础上，确定名镇（村）保护范围层次、界限和面积。[①] 历史文化村镇可划定为核心保护区和建设控制地带，并根据需要设定环境协调区，分别提出相应的保护要求。核心保护范围内的历史建筑，应当保持原有的高度、体量、外观形象及色彩，应当区分不同情况，对建筑物、构筑物实行分类保护，采取相应保护措施与利用途径，充分体现历史文化遗产的历史、科学和艺术价值，并对历史文化遗产的利用方式提出要求。对建设控制地带、环境协调区提出整治及建设控制要求。

（b）改善人居环境措施

改善村镇人居环境可通过控制开发强度、综合整治环境、完善公用设施来实现。从保护的角度分析区域环境，包括区域自然环境和区域人文环境，提出环境综合整治的目标，对历史文化村镇的村容村貌进行整治，对与历史环境风貌有影响的地方，包括绿化环境、卫生环境、道路交通、公用工程设施进行规划的调整完善，消除卫生、消防隐患。

（c）促进经济发展措施

在理顺历史文化保护与社会经济发展的关系的前提下，制定产业结构调整和旅游发展规划。采用有益于原居民的经营管理模式，促进村镇经济发展，对规划进行投资估算，提出规划实施措施以及融资建议。

（d）稳定社会结构措施

控制人口容量，稳定社会结构，延续原居民的生活方式，在保护规划的调研和编制过程中应多次与居民沟通交流，了解居民保护意愿，并鼓励居民积极参与村镇保护，同时对居民进行历史文化保护的宣传和教育，提高居民保护意识和参与意识。明确村镇土地和建筑的产权情况，对私有产权和公有产权分别制定相应的保护措施，明确保护人的权利和义务。制定合理的拆迁安置的办法，减少社会矛盾。

（4）保护规划的实施

历史文化村镇保护规划报送审批前，组织编制机关应当广泛征求有关部门、专家和公众的意见；必要时，可以举行听证。保护规划报送审批文件中应当附具意见采纳情况及理由；经听证的，还应当附具听证笔录。[②] 通过评审的保护规划应予以法定公布。应设定历史文化村镇保护监督机构对保护规划的实施进行监督，对违反保护规划的建设行为进行及时制止，并依法处置。

历史文化村镇有其自身的特点和条件，不同的村镇面临的保护重点和主要矛盾各不相同，在编制保护规划时应采取科学合理的技术流程，使保护规划能够保护和传承历史文化，引导和促进村镇的健康、持续发展。目前历史文化村镇保护

---

① 赵勇，崔建甫．历史文化村镇保护规划研究 [J]. 城市规划，2004，28（8）：54-59.

② 中华人民共和国国务院令．历史文化名城名镇名村保护条例 .2008.

规划的编制还没有形成一定规范，归纳总结当前保护规划在技术流程上存在的问题，结合新颁布的法规、条例进行保护规划的理论性思考，能对历史文化村镇保护规划的编制有所启示，促进保护工作的开展。

7.1.5　案例研究：肇庆大屋村历史文化名村保护规划

7.1.5.1　背景

肇庆是西江流域政治、经济、文化中心，国家级历史文化名城。大屋村是肇庆市第一批历史文化名村，位于广宁县北市镇扶溪社区内，始建于乾隆五十三年（1788 年）。目前全村居民多为江姓，有 138 户，约 600 人。大屋村拥有仁善里、福安里、永安里、福兴里等多座清式客家建筑，古建筑占地面积 6200 平方米。[1] 本次规划范围以大屋村古建筑群为核心，包括周边生态环境。规划“四至”分别为：北至狮子山脚，南至田心村村界，东至炮台山脚，西至北市镇扶溪路，规划总用地面积 16.54 公顷（图 7-8）。

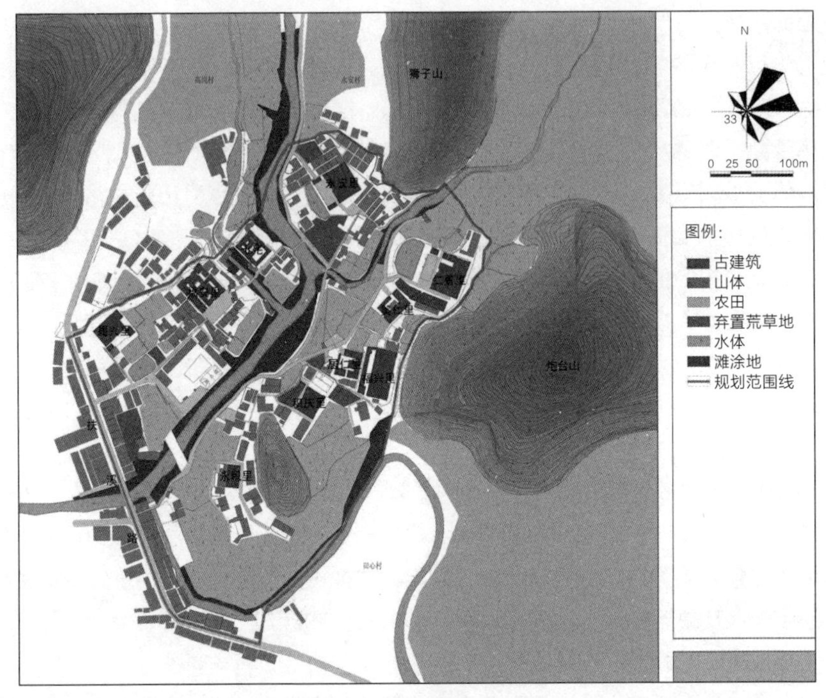

图 7-8　大屋村保护规划范围图

（资料来源：肇庆市北市镇大屋村保护规划 . 2008）

---

① 广东省肇庆市广宁县北市镇人民政府 . 广宁县北市镇大屋村历史文化名村申报材料 .2007.

2008年3月，作为“十一五”国家科技支撑计划项目——历史文化村镇保护规划技术研究的试点，我们对大屋村进行了为期3个月的调研和方案制作。我们通过现场踏勘、部门访谈、发放调查问卷（共发放问卷100份，有效回收95份）等方式调查了大屋村在保护和发展中存在的一系列问题，了解当地居民的生活现状以及期望，针对存在问题提出规划方案。

7.1.5.2 规划技术路线

（1）前期基础分析，明确保护和发展的主要矛盾

在开展大屋村调研的前期，我们对有关历史文化村镇的法规、条例进行阅读和理解，查阅相关的文献资料，制定详细的调研计划书，列出调研清单、获取途径以及相应的规划意图，以便在现场中有的放矢。

历史文化名镇、名村的保护应当遵循科学规划、严格保护的原则，保持和延续其传统格局和历史风貌，维护历史文化遗产的真实性和完整性，继承和弘扬中华民族优秀传统文化，正确处理经济社会发展和历史文化遗产保护的关系。[①]与其他规划相比，历史文化村镇的规划更加强调对历史的梳理与尊重，强调多学科、多层面的研究。保护规划必须反映所有相关因素，包括考古学、历史学、建筑学、社会学以及经济学；保护规划应旨在确保历史城镇和城区作为一个整体的和谐关系。[②]为了在短期内准确了解大屋村的历史、社会、经济和人居环境等，我们除了现场踏勘，部门提纲式访谈以外，还对村民采用开放式和封闭式相结合的问卷调查，对收集的族谱、家谱做相应分析，为规划打下基础。对大屋村历史文化的分析包括对其历史沿革进行梳理，找出村镇肌理、空间形态形成的规律（图7-9），对历史文化村镇的价值，包括历史价值、艺术价值、科学价值和社会价值进行评估。此外，还要对大屋村土地资源、综合环境、基础设施等人居环境方面以及产业结构、人口结构、人均收入等社会经济方面进行分析，明确保护重点及其存在的主要矛盾。

①历史文化方面的矛盾

由于大屋村的起源发展缺少详实的文献记载，我们只能从仅存的族谱、契约、壁画、石碑以及江氏后人的口碑传闻中对其历史发展痕迹做出梳理。如今的大屋村经过自然和人为毁坏已经无法恢复原貌，许多古建筑在维修中由于缺少有关部门的监管以及缺乏专业技术的指导遭遇着建设性的破坏。

②人居环境方面的矛盾

大屋村多数家庭人口达到6人左右，部分甚至达到10人（图7-10）。随着

---

① 中华人民共和国国务院令.历史文化名城名镇名村保护条例.2008.

② ICOMOS. Charter for the Conservation of Historic Towns and Urban Areas (1987). http://www.international.icomos.org/charters/towns_e.htm.

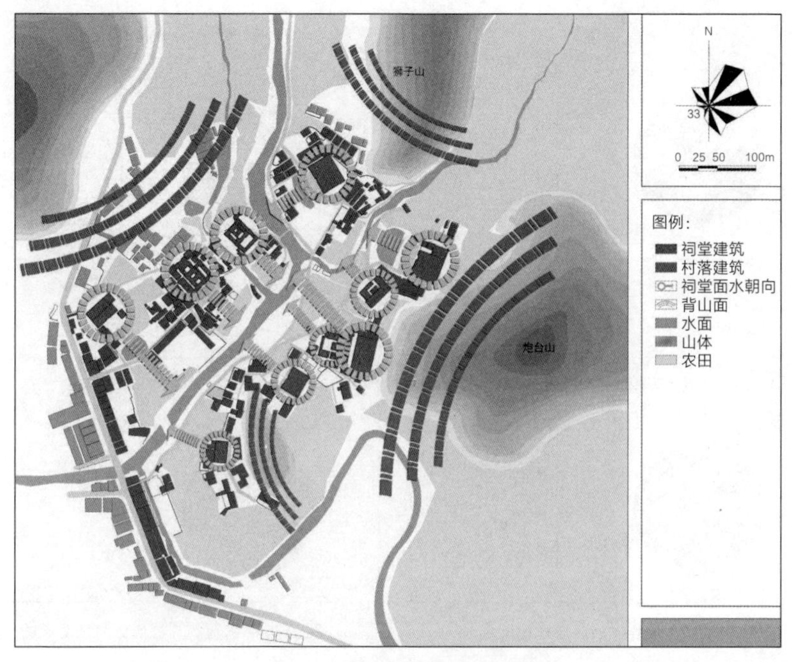

图 7-9　大屋村空间形态分析图

（资料来源：肇庆市北市镇大屋村保护规划 .2008）

家庭人口数量的增加，有 32% 的村民表示现居房屋已经不能满足需求，30% 的村民表示出对现居房屋破旧的不满，这部分村民多数居住在古建筑中，可见解决人地矛盾以及改善居住质量是村民关注的焦点问题。其次是对卫生、交通和基础设施改善的关注。

③产业经济方面的矛盾

大屋村村民目前主要经济收入是农耕作物。对大屋村家庭月收入调查显示，大多数家庭月收入低于 3000 元，有 28% 的村民家庭月收入甚至低于 300 元（图 7-11）。至 2007 年，村民人均年收入仅 3800 元，在国内属于低收入行列。大屋村第三产业很不发达，商业、旅馆、餐饮等服务设施均在镇上才有配置，这将制约大屋村的发展，而调查显示有 88% 的受访村民期望发展旅游业来增加就业机会和收入（图 7-12）。

④社会结构方面的矛盾

大屋村近几年来人口增长缓慢，年轻劳动力大多外出打工，留在村里的多数是老人和小孩。对于朝夕相处的客家建筑和客家文化除了个别老人比较熟悉以外，年轻一代大多较为陌生，传统文化处在青黄不接的尴尬状态（图 7-13）。上至政府官员下至村民对古村落整体的保护意识都比较淡薄。

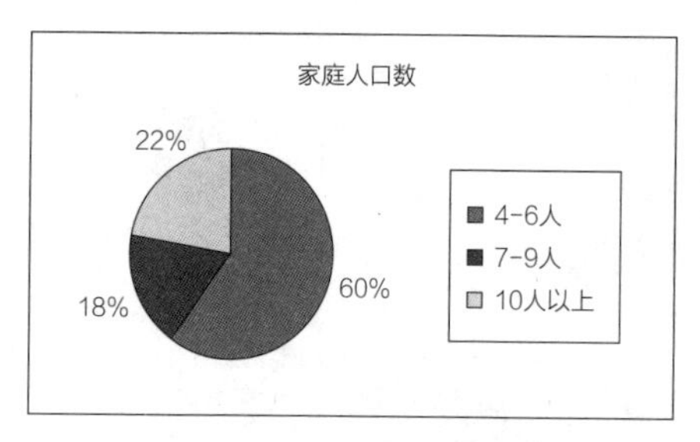

图 7-10　大屋村家庭人口调查

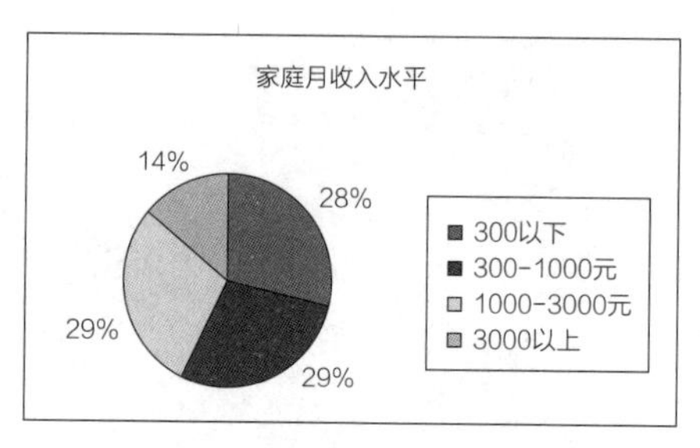

图 7-11　大屋村家庭月收入水平调查

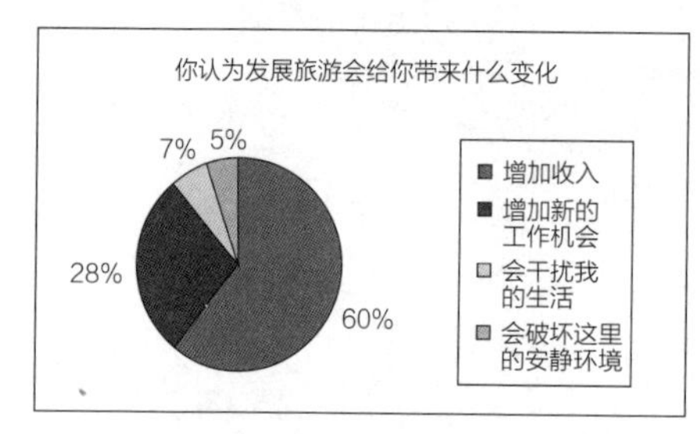

图 7-12　大屋村发展旅游意愿调查

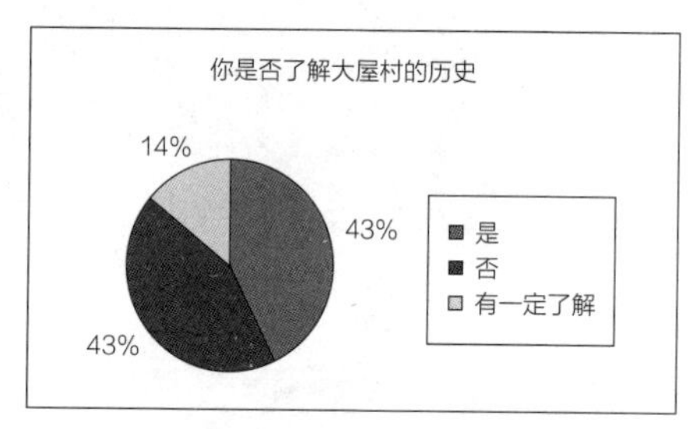

图 7-13　大屋村居民历史熟悉度调查

（2）制定规划目标、保护原则

针对大屋村现状主要矛盾，制定历史文化、人居环境、产业经济和社会发展四方面的规划目标、保护原则。

①历史文化目标、原则

编制大屋村规划时要建立传承客家文化、保持传统格局、充分挖掘和弘扬物质、非物质文化遗产价值的目标，采取全面真实的保护原则。除了古建筑本身以外，保护内容还应该包括其人文环境、生态环境和社会环境。

②人居环境目标、原则

以集约土地资源、优化综合环境、改善基础设施为目标，以人为本为原则，着力提高村民生活质量，丰富村民的精神文化生活。

③产业经济目标、原则

以合理调整产业结构、促进经济发展、增加居民收入为目标，实现古村落可持续发展为原则。规划既要保护好古村落，又要使古村焕发出新的活力，达到经济和文化双赢。

④社会发展目标、原则

以稳定社会结构、延续民风习俗、增强居民保护意识为目标，以保持村民生活原真性为原则。

总之，大屋村的规划应在有效保护历史文化遗产的基础上，改善古村环境，促进经济、社会发展，适应现代生活需求。

（3）制定规划措施

在确定了大屋村规划的目标和原则后，制定相应的保护措施。保护措施应包括保护历史文化、改善人居环境、促进经济发展、稳定社会结构的措施。关键在于以保护来促发展，以发展来助保护。

①历史文化保护措施

本着“空间结构完整、传统风貌完好、视觉景观连续”的原则[①]，将大屋村涵括仁善里、永安里、七宅、福兴里、美仁里、福安里、居仁里等传统建筑及其周边环境以用地边界、街道、山体为界限，划定为核心保护区。将规划范围内的建筑分为A、B、C、D四类，对登记保护的A类文物建筑除日常维护和修缮外，不得进行任何新建、改建、扩建工程及其他有损历史环境的项目。对B类历史建筑应进行修缮、维修或内部改善，更新利用。对于与历史风貌冲突严重的C类建筑，予以改造、整饬、拆除。对于与历史风貌无严重冲突的D类新建建筑，予以保留。保护古村内的古树、河岸、石板、石凳等历史环境要素，原则上限制机动车进入核心保护区（图7-14）。

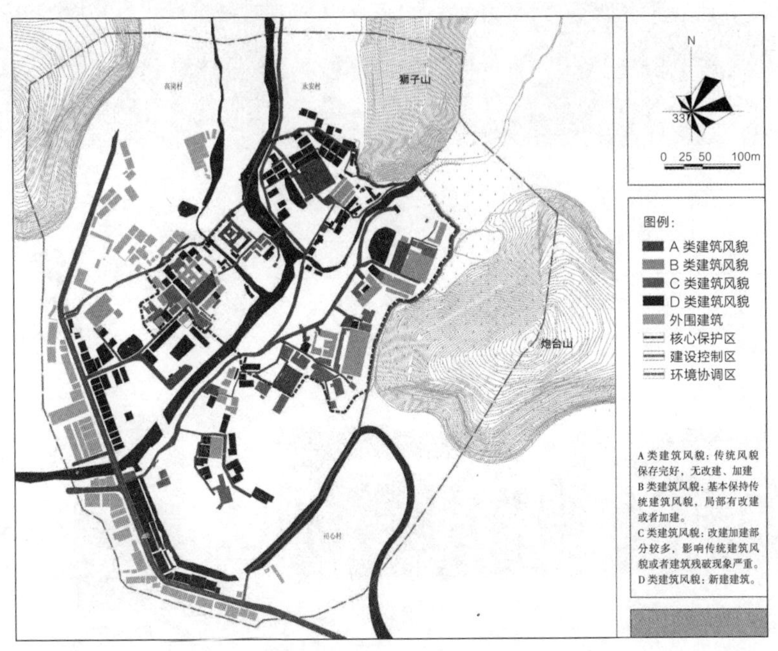

图7-14 大屋村保护措施图

（资料来源：肇庆市北市镇大屋村保护规划.2008）

① 赵勇，崔建甫.历史文化村镇保护规划研究[J].城市规划，2004，28（8）：54-59.

建设控制地带涵括居兴里，永积里等传统历史建筑及周边环境。提出建设控制要求，严格控制新建（构）筑物的性质、体量、高度、色彩及形式。对于与历史风貌不协调的建筑，予以改造、整饬、拆除。

环境协调区包括了大屋村周围的自然山体、基本农田和水体等，即影响大屋村村落整体风水格局的主要环境因素。环境协调区内山体、水体等自然环境要素必须严格加以保护，农田内不允许进行永久性建设。

②改善人居环境措施

改善大屋村的人居环境可通过控制开发强度、调整土地利用结构、整治居住环境、完善基础配套设施来实现。对大屋村的村容村貌进行整治，对与历史环境风貌有影响的地方，包括绿化环境、卫生环境、道路交通、公用工程设施进行规划的调整完善，消除卫生、消防隐患。通过在建设控制地带开辟新村集中式住宅的办法安置新增人口，避免在古村核心区内新建住宅。通过对传统古建筑进行功能置换，使其文化、聚集功能得以传承，并能适应居民现代生活和发展旅游产业的需求，继续发挥文化展示、公共服务的功能（图 7-15）。

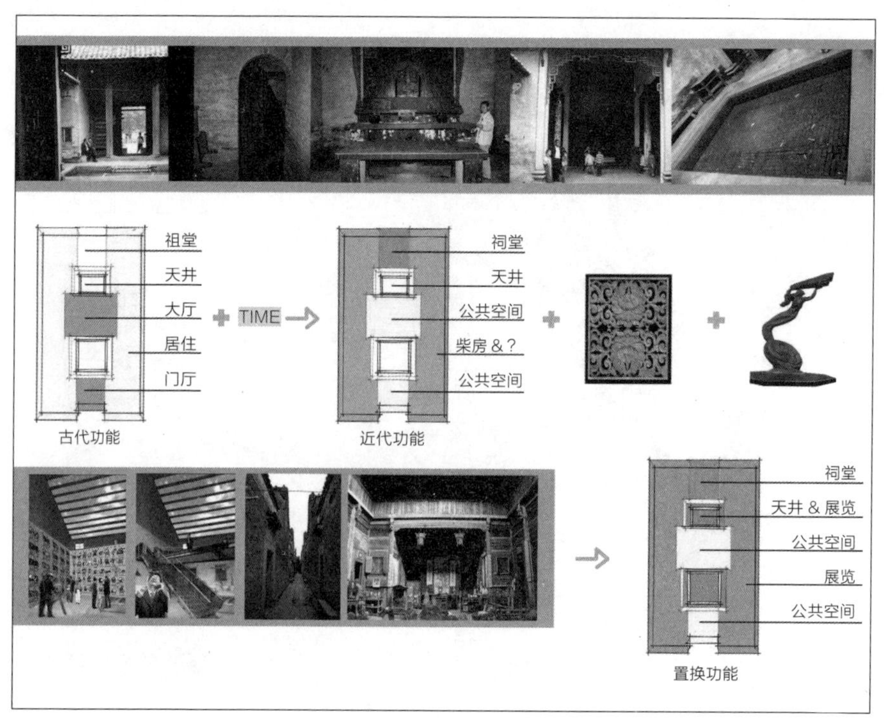

图 7-15 大屋村古建筑功能置换图

（资料来源：肇庆市北市镇大屋村保护规划 .2008）

③促进经济发展措施

通过调整大屋村产业结构，挖掘文化产业价值，结合市场需求和区域资源，发展民俗文化旅游业。将大屋村的旅游发展纳入到整个广宁县旅游发展的战略框架下，经过对其旅游资源、现代旅游市场、客源市场、交通区位等相关因素的综合分析，确定其旅游主题定位为：历史文化游，民俗风情游，生态休闲游和节事体验游四大主题。同时采用有益于原居民的经营管理模式，促进村镇经济发展，采取分期实施、多元投资、滚动发展的规划措施以及融资模式。

④稳定社会结构措施

大屋村发展旅游应控制人口容量，注重延续原居民的生活方式，增加就业机会，使年轻人愿意留下来，接受传统文化的熏陶和教育，通过培训、讲座、广播、派发宣传册等方式提高居民保护意识和参与意识。区别对待大屋村内的私有产权和公有产权，明确产权人的权利和义务。

（4）规划的实施

在规划编制过程中我们多方听取了政府部门、村委以及村民的意见，使得保护规划充分尊重了当地居民的意愿以及领导部门的建议，得到地方领导、民众的大力支持，规划得以顺利开展。

历史文化名村的保护与发展是编制规划时无可回避的焦点问题。当前许多保护规划往往只注重物质保护这一层面，而忽视了村落社会经济发展的需求，忽略了生活在其中的居民的生理及心理需求，这种静态的机械的规划充其量只能充当申报材料的硬件之一，无法真正起到引导古村走向可持续发展的道路。因此，只有充分尊重当地的文化习俗，理解当地居民的物质和精神需求，并将其作为古村落复兴的动力之一，才能在规划上因地制宜加以引导，在规划实施中得到当地居民的支持和配合，使得规划具有前瞻性和可操作性。大屋村保护规划的编制探索了一套以居民需求为起点，针对古村落保护和发展，包括历史文化、人居环境、产业经济和社会发展四方面的主要矛盾而确定的规划目标、保护原则，并提出相应的规划措施的新的保护规划技术路线，旨在化古村落的保护与开发的矛盾为动力，实现古村落文化和经济的复兴。

7.2　构建科学的保护规划实施评价体系

《中华人民共和国国民经济和社会发展“十三五”规划纲要》明确提出要加强城市文化遗产保护，延续历史文脉，建设人文城市。近年来，对城乡历史文化遗产的保护力度正在逐步加大。作为评选条件之一的保护规划在整个城乡历史文化遗产保护过程中的重要性不言而喻。然而由于众多的城乡历史文化遗产保护规划编制时效性和参考标准不一[1]，水平良莠不齐，有些甚至概念混淆，比如在第一批中国历史文化街区申报中以名城保护规划代替街区保护规划的占到25.6%[2]，致使保护规划实施效果不尽人意。由于我国当前尚未有系统的规划实施评价体制，在现行城市规划编制体系中无论政府还是规划师都“重编制，轻实施；重修编，轻反思”[3]，在已有研究成果中关注重点主要在城乡物质及非物质文化遗产分类、分级评价上，对保护规划的评价及实施情况的跟踪研究较少。因此，有必要从实施的角度反思保护规划存在的问题，检验保护规划的实效性，通过规划实施评价促进规划体系的完善以及规划编制的科学合理。

7.2.1 保护规划实施评价研究现状

国外规划评价起步于20世纪下半叶初期，最初仅针对规划方案及其决策的技术手段进行评价，评价规划方案及其内容的合理性。之后随着系统方法、应用经济学、政策科学等在城乡规划学中的应用，规划评价逐步发展为结合规划实施环境中的各种不确定性因素，对规划实施过程及效果的评价，并且已从单纯的技术手段演化为规划实施的重要保障[4]。

系统、全面的城市规划实施有效性评价在我国还没有真正开展[5]。当前我国城市规划评估实践主要集中在三个领域：一是关于城市土地利用总体规划方案和实施的宏观战略性评估，二是关于城市详细修建项目方案和建设的微观操作性评估，三是关于城市交通、环境、经济等方面的专项影响评估[6]。对城乡历史文化遗产的规划实施评价也是近几年才陆续开展。大体而言，学者对保护规划实施评价从阶段上划分可分为规划方案实施前评价、实施过程评价和实施结果评价。

保护规划方案实施前评价既是对方案本身的评价，也是最早引起关注的评价。阮仪三等（1996，1999）较早地探讨了江南水乡古镇保护与规划问题，主张保护范围划定要遵循历史真实性、生活真实性和风貌完整性的标准。国家现行的历史文化村镇评价体系由赵勇（2008）建立，该体系于2005年被国家住建部采用，

---

① 2005年《历史文化名城保护规划规范》颁布实施之后许多历史文化名城、名镇、名村、街区保护规划都是参照该规范编制，而在2012年《历史文化名城名镇名村保护规划编制要求（试行）》颁布实施之后编制的保护规划只是少数。由于规划编制未遵循最新条例、标准、规范的要求，造成规划内容不够严谨、科学，影响到保护规划实施效果。

② 胡敏，郑文良，陶诗琦，许龙，王军．我国历史文化街区总体评估与若干对策建议——基于第一批中国历史文化街区申报材料的技术分析[J]. 城市规划，2016，40（10）：65-73.

③ 李王鸣．城市总体规划实施评价研究[M]. 杭州：浙江大学出版社，2007.

④ Alexander，Ernest R. Evolution and status：Where is planning evaluation today and how did it get here? In Evaluation in planning：Evolution and prospects，ed. Aldershot，UK：Ashgate，2006.

⑤ 周国艳．西方城市规划有效性评价的理论范式及其演进[J]. 城市规划，2012，36（11）：58-66.

⑥ 欧阳鹏．公共政策视角下城市规划评估模式与方法初探[J]. 城市规划，2008，32（12）：22-28.

包含价值特色、保护措施两部分，保护规划内容由保护规划原则、实际需要以及在城乡规划体系中的地位与作用所决定。之后，诸多研究借鉴此思路并有所拓展，如竺雅莉提出建构历史街区资源原真性保护理论方法系统，建立历史街区资源保护的实施参与框架和评估决策方法①。邵甬认为应在现普遍以“评优”为目的的评价体系上，创建服务于整个保护过程的综合评价体系，提升评选的合理性、有效性，将价值评价分为特征评价和真实性、完整性评价两个方面，将评价框架从现行的“树状”转变为“网络状”结构②。黄家平等提出由历史文化遗产保护、现代适应性更新导控体系和发展规划三部分组成的保护规划编制体系③。与此同时，陆续有学者提出对保护规划实施过程和实施结果进行评价。梁乔等通过对历史街区保护性建成环境的剖析，指出社会各群体的需求的满意程度是对建成环境进行评价的关键④。石若明等应用了模糊数学的理论建构了模糊综合评判体系，对城市历史街区保护现状和影响进行评价，解决定性和定量指标难统一的问题⑤。徐红罡等以宏村为例，采用事件过程跟踪、居民口述历史事件和居民深度访谈的方式揭示了规划文本和管理文件对“原真性”解释的不足导致执行者理解的片面化⑥。孙莹以安阳殷墟作为实证研究对象，建立以规划目标实施情况、公众满意度 2 个领域，5 个评价指标，13 个评价因子的评价体系，运用定性与定量相结合的方法分析安阳殷墟保护规划实施效果⑦。魏樊从三坊七巷历史文化街区保护规划的实施出发，从保护要素的保护和传承、整治规划内容的执行情况、政策制定等方面开展评估，摸索历史文化街区保护规划评估工作的方法⑧。任栋提出历史文化村镇保护规划的评估体系，包括评估元素的选取以及评估的方法⑨。李靖以广东省中山市翠亨历史文化名村为例，对比保护规划目标与实施结果，并尝试构建“以目标为导向的过程研究”的实施评价方法⑩。刘渌璐从保存效应、社会效应、经济效应、环境效应四方面构建历史文化村落保护实施效果评估体系并对评估体系各指标确定权重，结合模糊综合评价法以大岭、小洲、松塘、歇马四个村落为例，对指标进行验证，

---

① 竺雅莉 . 历史街区资源的原真性保护与评价研究 [D]. 武汉：华中科技大学，2006.

② 邵甬，付娟娟 . 以价值为基础的历史文化村镇综合评价的特征与方法 [J]. 城市规划，2012（2）：82–88.

③ 黄家平，肖大威，魏成，张哲 . 历史文化村镇保护规划技术路线研究 [J]. 城市规划，2012，36（11）：14–19.

④ 梁乔，胡绍华 . 历史街区保护性建成环境的质量评析 [J]. 建筑学报，2007（6）：66–68.

⑤ 石若明，刘明增 . 应用模糊综合评判模型评价历史街区保护的研究 [J]. 规划师，2008（5）：72–76.

⑥ 徐红罡，万小娟，范晓君 . 从“原真性”实践反思中国遗产保护——以宏村为例 [J]. 人文地理，2012，123（1）：107–112.

⑦ 孙莹 . 城郊型大遗址保护规划实施评价机制研究 [D]. 西安：西北大学，2013.

⑧ 魏樊 . 福州市三坊七巷历史文化街区保护规划实施评估的启示与思考 . 福建建筑，2013（5）：4–5.

⑨ 任栋 . 历史文化村镇保护规划评估研究 [D]. 广州：华南理工大学，2012.

⑩ 李靖 . 翠亨历史文化名村保护规划的实施评价研究 [D]. 广州：华南理工大学，2011.

其评估侧重是考量实施最终效果是否遵循原真性、完整性[①]。

从以上研究中不难看出目前城乡历史文化遗产保护规划实施评价仍处于起步阶段，侧重个案研究，尚未形成系统有机的评价体系，而研究结论主要为定性描述，缺少定量分析。缺少系统评价理论与机制支撑将会对城乡历史文化遗产保护运动形成制约；而处在转型期的中国，一方面国人已经意识到文化遗产保护对维系国家稳定、社会凝聚力乃至提升国家文化形象都具有重要的作用，另一方面在经济快速发展和城镇化浪潮的冲击下，现实中的城乡历史文化遗产保护还面临着诸多保护困境，对保护规划进行实施评价有助于理清保护过程存在的主要问题。

7.2.2 构建历史文化村镇保护规划实施评价体系

通过规划实施评价可以全面地考量规划实施的结果和过程，有效地检测、监督既定规划的实施过程和实施效果，并在此基础上形成相关信息的反馈，从而作为规划的内容和政策设计以及规划运作制度的架构提出修正、调整的建议，使城市规划的运作过程进入良性循环[②]。有关于城市规划实施评价的类型，艾米丽·泰伦（E. Talen）（1996）在对众多研究文献进行综述的基础上对此作了全面的阐述，她的研究为人们全面认识规划实施评价及不同类型评价中可运用的方法提供了一个基本的框架。泰伦认为规划实施评价可分为规划实施前的方案评价、规划实践的过程及政策实施评价以及规划实施结果评价[③]。根据她提出的理论，城乡历史文化遗产保护规划实施评价亦可分为三个阶段的评价。

第一阶段是对保护规划实施前的方案文本进行评价，主要从价值特征、规划目标、技术路线、保护措施等方面进行评价，评价的目的是检验保护规划方案是否提出了有利于城乡历史文化遗产中的物质文化遗产的原真性和完整性保护的规划目标和实施措施，是否提出了能促进城乡历史文化遗产中的非物质文化遗产的活化利用和有效传承的对策和建议（表 7-2）。如果保护规划方案的制定本身就存在不合理的地方，比如把旅游规划当成是保护规划，片面强调旅游开发功能和经济效益，或者是把文物保护规划当成是历史文化村镇或者历史街区保护规划，片面强调博物馆式的静态保护，不许有任何改造或者利用，其制定的规划目标必然会偏离保护的本质，这样的规划即使是 100% 执行也不能很好地保护城乡历史文化遗产。

---

① 刘渌璐，肖大威，张肖．历史文化村落保护实施效果评估及应用 [J]. 城市规划，2016，40（6）：94-98.

② 孙施文，周宇．城市规划实施评价的理论与方法 [J]. 城市规划汇刊，2003，144（2）：15-20.

③ Talen，Emily. Do Plan Get Implemented? A review of evaluation in planning. Journal of Planning Literature，1996（10）：248-259.

历史文化村镇保护规划实施评价指标　表 7-2

<table>
<tr><th>评价指标</th><th colspan="2">评价内容</th><th>评价目的</th></tr>
<tr><td>保护规划方案</td><td colspan="2">价值特征、规划目标、技术路线、保护措施等</td><td>物质文化遗产：保持原真性和完整性
非物质文化遗产：活化利用、有效传承</td></tr>
<tr><td rowspan="2">规划实施过程</td><td>运作模式</td><td>政府主导、开发商主导、村委主导、居民自治、公私合作等</td><td rowspan="2">组织机构是否对保护规划进行有效实施</td></tr>
<tr><td>实施机制</td><td>政策、管理、资金、公众参与等</td></tr>
<tr><td rowspan="2">规划实施结果</td><td>建成环境</td><td>生态环境、古建筑保护、巷道肌理、绿化景观、基础设施、公共设施等</td><td rowspan="2">保护规划实施结果是否有效保护物质及非物质文化遗产，是否提高了居民的生活质量</td></tr>
<tr><td>实施效益</td><td>社会效益、经济效益、居民满意度</td></tr>
</table>

第二阶段是对城乡历史文化遗产保护规划实施过程进行评价。这里有两种情况，一种是保护规划制定合理，那么在实施过程中只要关注规划是否能有效实施；第二种情况是保护规划制定存在不合理的地方，那么在实施过程评价中则要重点关注不合理的地方是否在实施中得到修正。如果得到修正，那么组织机构对保护规划才有可能进行有效实施；如果不合理的地方没有得到修正，则可以判定组织机构对保护规划没有进行有效实施（图 7-16）。

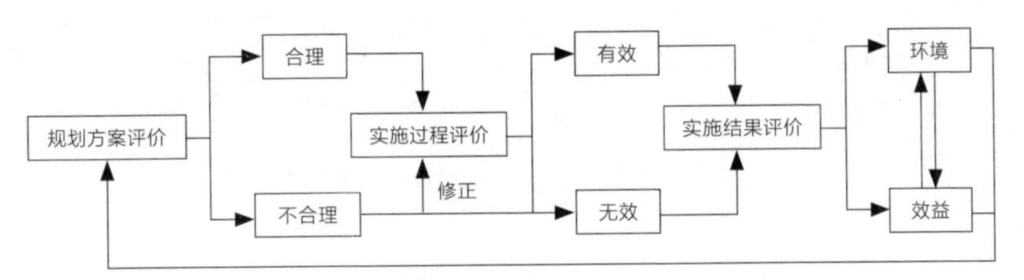

图 7-16　城乡历史文化遗产保护规划实施评价流程图

第三阶段是对城乡历史文化遗产保护规划实施结果进行评价。第二阶段无论是组织机构对保护规划进行的是有效还是无效实施均会对城乡历史文化环境产生影响，只是影响程度不同。实施结果评价可以分为建成环境评价以及实施效益评价（图 7-17）。建成环境评价可对城乡历史文化遗产地的古建筑保护、巷道交通、绿化环境、公共基础设施等方面进行实地踏勘调研，对比保护规划目标与实际建成效果的差距；实施效益评价可分为社会效益评价和经济效益评价，社会效益评价可衡量保护规划实施后产生的社会影响力、对居民归属感的提升、居民满意度评价等，经济效益评价可从居民收入增加、旅游收益、周边房地产价格租金提升等方面衡量。

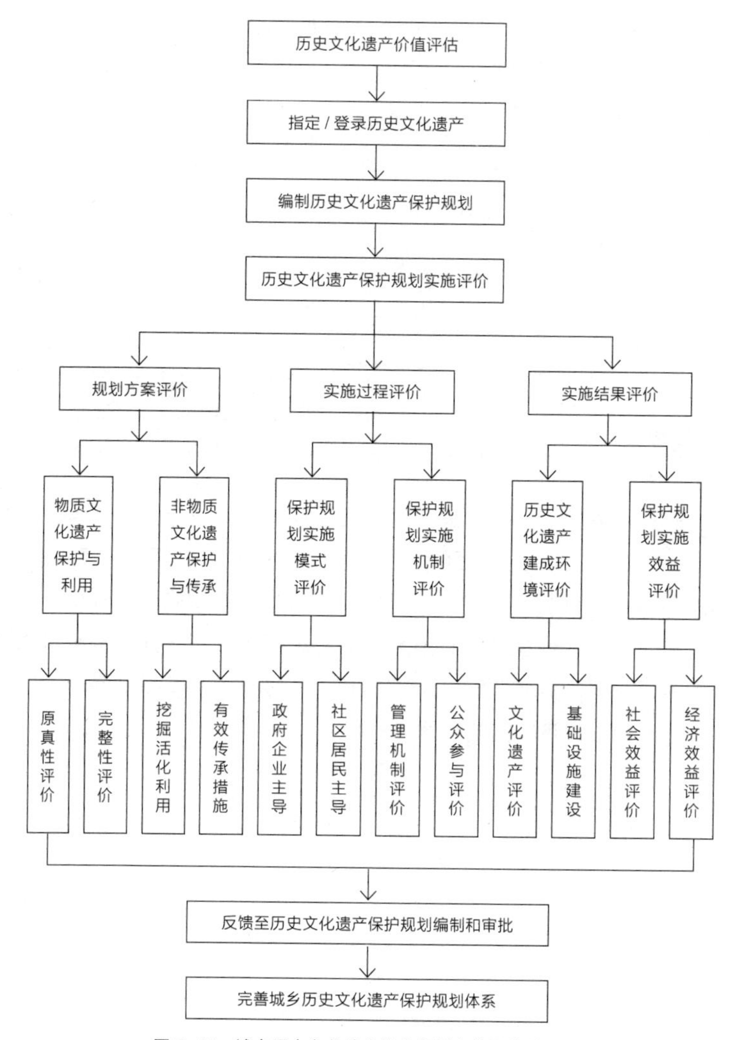

图 7-17 城乡历史文化遗产保护规划实施评价体系图

7.2.3 保护规划的“管治”实施

按照全球管治委员会的定义，管治是指有冲突的利益各方进行沟通协商，达成一致，采取共同行动的过程。管治的本质是政府与非政府力量之间以及力量内部的互动关系，寻求“综合的社会治理方式”。[①] 规划的决策实施过程是各种政治、社会力量相互博弈，相互讨价还价的过程，是一个充满冲突、分歧、妥协与折中的复杂过程。历史文化村镇涉及政府、村民、村委、开发商、旅游公司等多个利

① 陈秉钊．当代城市规划导论 [M]. 北京：中国建筑工业出版社，2003：124.

益相关主体，各自的价值取向和利益取向如果无法取得一致的话，很容易在保护规划实施中发生冲突，致使规划无法实施下去。规划的“综合性”要求面对诸多矛盾采取沟通协商和折中的方案，只有避免冲突，才能走出“囚徒困境”，求得合作成功。因此在保护规划的决策和实施过程中必须建立畅通有效的利益表达渠道和沟通方式，并形成机制，使得利益发生冲突的各方能进行快速有效的沟通和协商，实现未来行动中最大程度的步调一致。

历史文化村镇保护规划的“管治”实施涉及制定管理和实施管理两个环节（图7-18）。制定过程的管理是指制定、优选管理方案的过程管理，属于确定行政决策依据的范畴。依据行政行为“公平、公开、公正”的原则，保护规划管理关键是在一段时期内进行决策时，采取相同或近似的价值取向和方式。

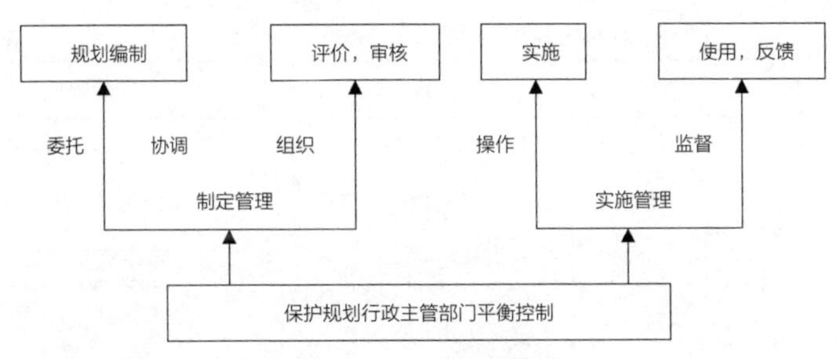

图 7-18　保护规划管理体系

（资料来源：伍江，王林．历史文化风貌区保护规划编制与管理．上海：同济大学出版社，2007：124.）

保护规划的实施管理包括解读保护规划、依据保护规划进行项目审批、保护规划实施的监督管理三方面内容。监督实施管理的内容包括：（1）对审批许可内容是否符合保护规划进行监督；（2）对已获得行政许可的建设活动在实施过程中的贯彻情况进行检查；（3）对影响历史文化村镇保护管理的违法、违规行为的查处。保护规划监督管理应及时、客观、正确地反馈保护规划实施的结果，提供修正和完善保护规划的参考资料。

7.2.4　案例研究：东莞塘尾村保护规划实施评价分析

7.2.4.1　保护规划实施前方案评价

塘尾古村落位于东莞市石排镇，始建于宋代，全村以古围墙为界，总面积约4万平方米，是一个以农耕为主的李氏大家族聚落。塘尾古村依自然山势缓坡而建，村落形态采用仿生意象的建造手法，围前一大两小三口鱼塘，分别代表蟹壳与两只蟹钳，围面两口古井代表两只蟹眼，仿生喻义一只巨蟹守护后面的村落和前面的千亩良田。塘尾村现有明清时期祠堂21座、古民居268座、书室19间、古井 10 眼，民居与书室结合、民居与祠堂结合是塘尾古村的一大特点[①]。该村早在 2002 年被列为广东省文物保护单位，2007 年被评为中国历史文化名村，并在其后相继获得“中国传统村落”“中国景观村落”等称号，并于 2016 年成功申报国家 4A 级旅游景区（表 7-3）。

为了更好地保护塘尾古村整体风貌格局，2003 年 11 月东莞市文物管理委员会办公室委托华南理工大学建筑文化遗产保护设计研究所编制了《东莞市石排镇塘尾明清古建筑群保护规划方案（2003 ~ 2010）》（以下简称保护规划），此后的十几年保护工作主要依据该保护规划，保护规划分为近期（2003 ~ 2005 年）、远期（2006 ~ 2010 年）。保护规划对于物质文化遗产的保护分为四部分，分别是古建筑保存及修缮、道路交通整治、绿化环境整治和环卫基础设施整治。

塘尾古村荣誉称号一览表　　表 7-3

名称	批准日期	级别	公布单位
塘尾明清古村	2002.7	广东省文物保护单位	广东省人民政府
塘尾明清古村	2006.5	全国重点文物保护单位	中华人民共和国国务院
康王宝诞	2007.4	广东省非物质文化遗产	广东省文化厅
东莞市石排镇塘尾村	2007.5	中国历史文化名村	中华人民共和国建设部 国家文物局
东莞市石排镇塘尾村	2012.12	中国传统村落	中华人民共和国住房和城乡建设部 中华人民共和国文化部 中华人民共和国财政部
塘尾古村	2013.12	中国景观村落	中国国土经济学会
塘尾村古建筑群	2016.2	国家 4A 级旅游景区	中华人民共和国国家旅游局

保护规划在古建筑保存及修缮方面提出对 16 栋重点建筑进行了价值评定并提出修缮意见，而对剩余的 200 多座古民居仅仅提出要“经常性保护维修”这一建议，至于如何进行保护维修并未有详细说明，可见规划虽然选择重点建筑进行了修缮指引，在一定程度上保护了古建筑的原真性，但对于维护古村落的完整性方面还有欠缺。而对于非物质文化遗产也仅仅停留在梳理现状层面，并未提出活化利用的策略。保护规划在道路交通整治方面提出外围车行道、停车场建设建议及内部巷道修缮建议，提出保持古村巷道原有尺度、比例，恢复古村“七纵四横”的巷道路网，有利于恢复古村落原有风貌。保护规划在绿化环境整治方面提出保护有

① 华南理工大学建筑文化遗产保护设计研究所．东莞市石排镇塘尾明清古建筑群保护规划方案，2003.

一定年代的古树名木，远期在古村围外围种植绿化形成一圈绿化带，分隔古村和新区，绿化要因地制宜，保持乡土化，有利于维持古村落完整的风貌景观。保护规划对古村落消防、线路管网、排水系统等方面提出了一系列建议，均有利于保护和恢复古村自然淳朴的历史面貌。

7.2.4.2　保护规划实施过程评价

塘尾古村的保护和修缮最早从 2002 年开始，保护工作主要依据保护规划，实施机构是由村委会设立文物保护小组，设立一名专员负责古村落的全面保护管理工作，同时在古村内设立游客中心及管理处，均由古村一位热心人士李氏老人负责。访谈中管理人员多次提出人手严重不足，很多工作根本无法开展。因大多数原住民都已经搬离古村落，对古村落的保护与发展并不热心，而居住在古村落内的多是外来打工人员，只因古村租金便宜而入住，本身对古村落也没有感情，更谈不上关心古村落的保护事业，制定的乡规民约的作用甚微，“他们不破坏就是最好的保护”，管理人员无奈地表示。

而资金匮乏也是塘尾古村保护面临的难题之一。塘尾古村修缮资金主要由村委自筹，每年塘尾村委均会从年度经济总收入中投入一部分资金进行古村的维护修缮，截至 2016 年上半年用于塘尾古村维修的专款资金约 2304 万元（图 7-19），主要用于修缮古村围墙范围内的重点建筑以及部分外围道路和基础设施建设，平均一栋古建筑修缮大约需要 200 万元。专款维修资金还包括东莞市政府、石排镇政府等外来资金投入约 807 万，塘尾村村委自筹资金 1497 万，外来投入资金与村委自投资金比例约为 1：1.85（图 7-20），用于古村维护和修缮资金总投入约占村委经济总收入的 16.26%。可见，如果村委没有一定的经济实力是无法做好保护工作。

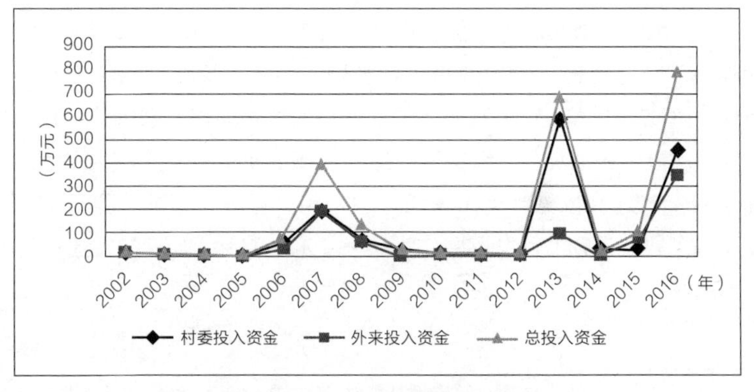

图 7-19　塘尾古村 2002 ~ 2016 年专款维修资金投入统计

（资料来源：根据塘尾村村委提供数据绘制）

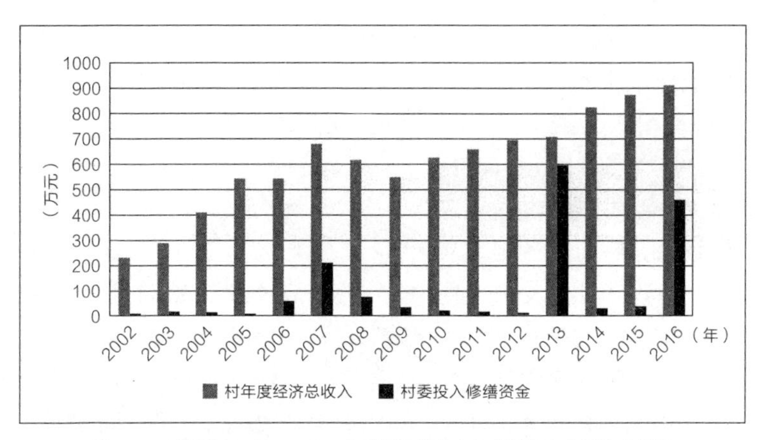

图 7-20 塘尾村 2002 ~ 2016 年度经济总收入与村委投入修缮资金情况

（资料来源：根据塘尾村村委提供数据绘制）

7.2.4.3 保护规划实施结果评价

根据我们与塘尾村委领导座谈以及现场踏勘的情况来看①，塘尾村保护规划制定的近、远期目标在实际用了将近 13 年时间仅仅实施了约 70% 的近期目标，而远期目标均因资金匮乏、拆迁困难等原因未能实施。这反映出保护规划的编制过于理想化，对修缮资金投入缺乏预算，对村委承受的经济压力缺少了解，对规划实施的可行性缺少预见，这也进一步说明了传统村落保护规划的制定一定要根据当地的社会、经济、人文条件，因地制宜地制定出细致可行的保护实施细则以指导保护工作的开展。

（1）建成环境评价

根据现场踏勘结果，我们发现保护规划提出的重点建筑当中修缮情况较好的仅仅占到 15%，主要集中主入口东门附近，包括七房厅、乐平书房和凤池书房（图 7-21）。其余重点建筑均为部分修缮或者未修缮，有的仅仅修缮了门面，有的仅仅修缮了主体结构，但内部装修如影壁、门罩、窗雕、地砖等部位均未能得到修葺。除此之外，还有大量无人过问的古民居长期得不到维护，有的甚至年久失修导致房屋倒塌损坏。已经得到修缮的古建筑使用率较低，大部分大门紧闭，得到利用的仅仅只有 3 栋，比如李氏大宗祠用作村史陈列馆（图 7-22）；乐平书房用作塘尾村管理所；六世祖屋作为游客中心。其余 85% 的古建筑无论修缮与否均为闲置。

① 2016 年期间，我们对塘尾古村进行详细的现场踏勘，对村委进行多次座谈，并对村民进行了随机访谈，共发放问卷 131 份，有效回收率为 100%，其中包括男 78 名，女 53 名，57% 居民已经在村里生活了 10 年以上。

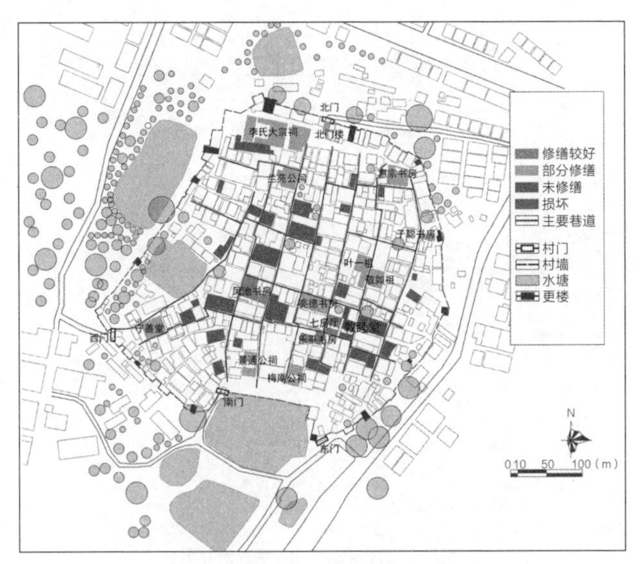

图 7-21　塘尾古村重点古建筑修缮评价图

图 7-22　塘尾古村用作展览场所的李氏大宗祠

保护规划提出的恢复塘尾古村“七纵四横”巷道网络大部分巷道保存完好（图7-23），巷道主要材质为红砂岩及麻石铺面，部分青砖铺面，大部分巷道保持原貌。只有约 15% 的巷道部分修缮，路面材质有些已经损坏。还有少量巷道杂草丛生，坑洼不平，处于废弃状态。总体路况纵巷较为通畅，而横巷联系不畅。巷道修缮未能采用原材料主要的原因是红砂岩的来源受到限制。另外，还发现村内有少量机动车出入，对巷道造成了一定的破坏，应对其加以及时制止。

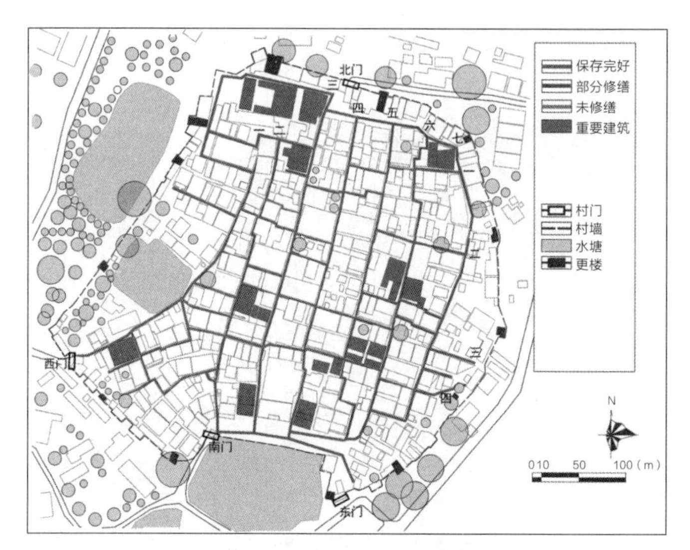

图 7-23 塘尾古村巷道修缮评价图

根据实地踏勘结果，我们发现塘尾古村绿化景观基本维持现状，水塘水质较好。东南入口两棵大榕树下增加了休闲座椅，形成使用率较高的休闲场所。古村内有些绿地已经荒废，有些绿地已被改造为私家菜地，新建少量绿地主要集中在古村外围停车场附近（图 7-24）。保护规划提到的远期环村绿化带的建设因资金困难未能实现。

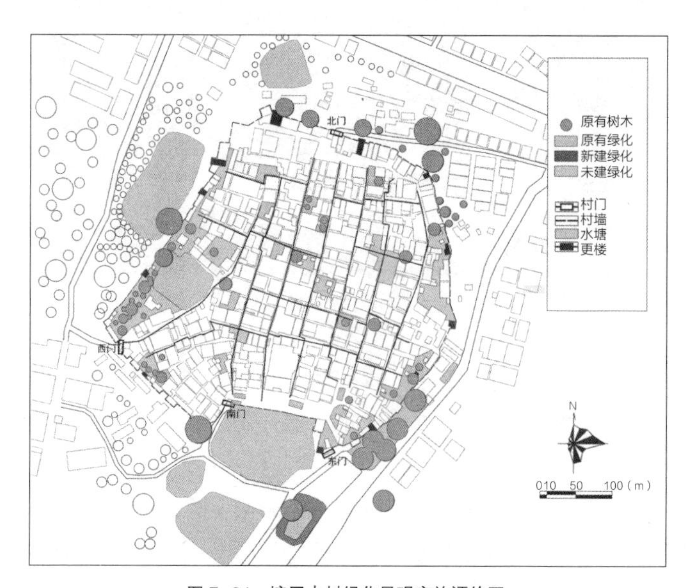

图 7-24 塘尾古村绿化景观实施评价图

保护规划在基础设施方面提出暗沟管道排污水的要求，但现状并未落实，古村内绝大部分还是采用明沟排水，裸露在外的水管与古村风格极不协调。我们发现塘尾古村缺少专门收集生活垃圾的垃圾场，致使部分生活垃圾随意堆放，严重影响景观（图 7-25）。古村内仍保留着旧式的电线杆，线网零乱，规划要求电线线网入地并未实施，一户一表虽然建成，但是大多没有在使用。古村内设有四处消防栓，已修缮的部分重点建筑内配备了灭火器及垃圾桶。

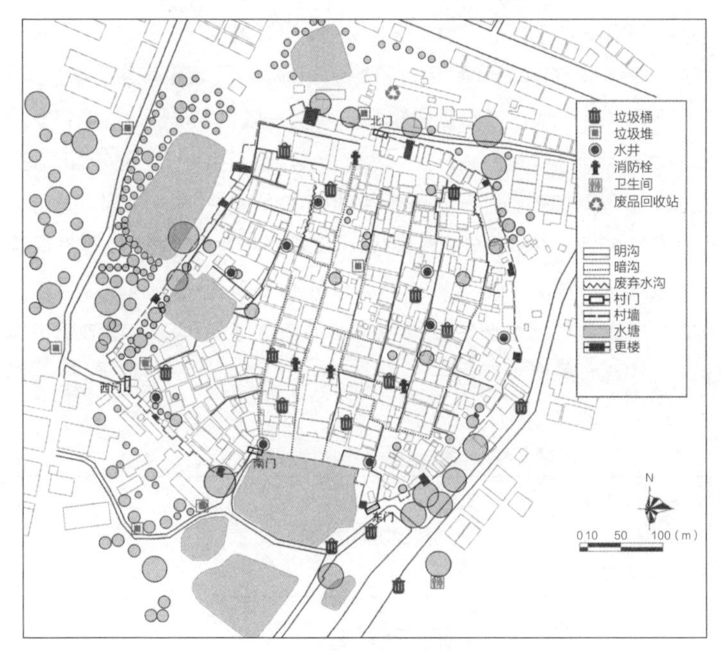

图 7-25　塘尾古村基础环卫设施分布图

（2）实施效益评价

路易斯·霍普金斯（Lewis D. Hopkins）教授曾提出四个评价规划是否产生作用的准则：效果（effect）、净利益（net benefit）、内在效度（internal validity）及外在效度（external validity）①。效果指的是规划是否对决策产生影响；净利益指的是规划所带来的效益扣除其制定的成本；内在效度是指规划内容是否具备合理逻辑；外在效度指的是规划的实施必须符合社会的期待②。按照 Hopkins 教授提出的四个准则评价塘尾村保护规划的实施，效果是显而易见的，保护规划的制定对塘尾古村近十几年的保护行动都起到直接的指导作用，具体体现在塘尾古

① ［美］路易斯·霍普金斯著，赖世刚译．都市发展——制定计划的逻辑 [M]. 北京：商务印书馆，2009.

② 赖世刚．城市规划实施效果评价研究综述 [J]. 规划师，2010，26（3）：10-13.

村古建筑、巷道的修缮以及绿化环境整治和基础设施的完善上。

塘尾村保护规划的内在效度基本是合理的，规划制定的近远期目标是根据历史遗产的保护价值、实施紧迫程度、范围规模等综合制定，实施结果也表明规划制定的近期目标具有可行性，但实施效果与保护规划预期目标仍有较大差距；塘尾村保护规划的外在效度并不明显，虽然根据保护规划修缮了部分重点宗祠、书房和住宅建筑，但并未对重点建筑进行有效的活化利用；塘尾古村的巷道空间、绿化景观也因部分倒塌的建筑或者废弃的场地而影响了古村风貌的完整性。

根据问卷调查统计结果，大多数村民对保护规划的实施现状满意度一般（表7-4），比如对古建筑的保护和利用评价中，40% 村民表示满意，43% 村民认为重点建筑中只有少量祠堂、书房修缮较好，利用率较低；对于巷道修缮状况的评价中，35% 村民表示满意，47% 村民认为主要巷道保存完好，部分巷道堵塞废弃，巷道修缮工作还有待加强；对于绿化景观建成的评价中，44% 村民表示满意；对于基础环卫设施的评价中，31% 村民表示满意，47% 村民认为虽然塘尾古村增设了部分环卫设施，环境卫生得到改善，但还有很多基础设施未能完善。部分村民认为塘尾古村内有些绿地已经变为私家菜地应加强管理，水塘边的垃圾应进行及时处理以免污染水质。

塘尾古村保护规划实施满意度评价　　表 7-4

指标	目标完成度（100%）		居民满意度评价	结论
	近期	远期		
古建筑保护与利用	70%	0%	满意 40%；一般 43%；不满意 17%	重点建筑中少量祠堂、书房修缮较好，利用率较低。居民满意度一般
巷道修缮状况评价	60%	10%	满意 35%；一般 47%；不满意 18%	主要巷道保存完好，部分巷道堵塞废弃。居民满意度一般
绿化景观建成评价	80%	0%	满意 44%；一般 39%；不满意 17%	东南入口增加休闲座椅，使用率较高。少量绿地荒废或成为私家菜地。居民比较满意
基础环卫设施评价	60%	0%	满意 31%；一般 47%；不满意 22%	增设了部分环卫设施，环境卫生得到改善。居民满意度一般

塘尾古村 2016 年 2 月已经取得中华人民共和国国家旅游局国家 4A 级旅游景区的资格，但其旅游开发还正处在起步阶段，旅游配套设施不完善，门票也未开始收取，每年旅客统计工作均未进行。由此可见在塘尾村年度经济总收入中，旅游收入占的比例非常少。而塘尾古村的维护长期需要大量的资金，村委一直处在入不敷出的阶段，村民亦暂时未能从古村维护上获得直接的经济回报，因此村民对古村的保护态度是既不反对也不积极支持，公众参与还是“象征性”的参与而非“实质性”的参与。与此同时塘尾古村的历史文化还是引起了外界文化人士的关注，吸引了诸如北京 798 艺术作坊的入驻。

7.2.5　文化遗产保护构建公众参与模式的设想

公众参与是国外文化遗产保护的重要特色之一，它渗透到历史文化遗产保护事业的各个方面，无论是立法的制定、资金的筹措、保护运动的开展、保护规划的编制、工程修复的审批监督、成人教育以及职业培训等无不窥见公众的身影，公众也是文化遗产保护工作得以顺利开展的关键。[①] 然而，目前我国文化遗产保护中无论是历史特色调查、古迹维修技术、保护规划编制等等关注的重点仍然是文化遗产“本体”的物质层面，忽视了地方民众和社区对于文化遗产保护的作用和意义。尽管随着《城乡规划法》的颁布，公众参与被提升到一个新的高度，但众所周知的空间实践基本上还停留在“象征性参与”层面，离“实质性参与”相距甚远。古迹保护本质上是建构地方历史的集体记忆，居民才是古迹保护的真正主体，而缺乏社会团体与民众的集思广益和保护意愿，就不能透过地方或社区居民之间形成对话、辩论和反省的机会，社会资本和社区资源也不能进行有效整合，且很难形成社区凝聚力和地方文化认同，古迹保护的丰富性和多样性随之丧失殆尽。[②] 因此，有必要借鉴国外文化遗产保护的成功经验，对国内如何让公众参与成为“实质性参与”进行研究。

7.2.5.1　公众参与文化遗产保护的制度保障

公众参与文化遗产保护行为往往受到内在和外在两方面的驱动影响。内在因素是指公众对文化遗产价值的认知、认同，具有一定的情感，愿意做些对文化遗产保护有益的事情；外在因素是有相关的政策制度支持和保障文化遗产的保护行为，主要包括政策法律、参与文保行为的途径、渠道和组织、参与文保的成本与收益等外界条件。

有学者研究表明当今社会大多数公众都有文化遗产保护的意愿，但由于长期以

---

① J.F.Coeterier. Lay people's evaluation of historic sites [J]. Landscape and Urban Planning，2002（59）：111-123.

② 魏成．政策转向与社区赋权：台湾古迹保存的演变与经验 [J]. 国际城市规划，2011，26（3）：91-96.

来公众普遍存在“政府依赖型”心理，意识上认为文化遗产保护是“政府行为”[①]，与个人并无太大关系，同时也缺乏参与的途径，因此参与行为仅仅停留在“被告知”的浅层阶段，远远谈不上实质的参与。而国外文化遗产保护成功经验无不表明，只有充分调动公众参与的积极性，采取自上而下与自下而上相结合的保护模式才有可能实现文化遗产的永续保护。因此，应制定相关的法律政策明确公众参与文化遗产保护的组织、机构、途径、权力、责任、义务及资金保障，明确民间保护团体和志愿者组织的合法性。除此之外，应该确保公众能够有效地行使遗产管理的知情权、参与权、监督权，并使各种权力在程序上互相支撑。保证遗产信息的公开性和透明性，不断扩展工作参与文化遗产管理和决策的途径和方式。要让公众真正地参与到文化遗产的保护中来，必须建立和完善遗产信息公开制度。政府保证公众能够知道文化遗产管理的实情，让公众知道目前文化遗产立法情况、遗产的开发规划、遗产日常管理程序、管理部门工作人员的职责、办事程序等，增强遗产保护与管理工作的透明度。只有落实了公众的知情权，公众的参与才有实质的意义。[②]

7.2.5.2 公众参与城乡历史文化遗产保护的途径

（1）城乡历史文化遗产评选制度的公众参与模式

我国城乡历史文化遗产的评选由住房和城乡建设部、国家文物局等部门联合开展，主要分为普查—价值评估—申报评选—公布四个步骤，目前这项工作是自上而下的开展模式，即国家部委发文要求各地方政府展开城乡历史文化遗产申报工作，各地方政府组织相关部门、专家、技术人员展开城乡历史文化遗产调查，评估和撰写调查报告，形成申报材料上报，整个过程公众参与度甚少，只有在最后公布环节才被告知评选结果。评选过程公众参与的缺位存在以下问题：

（a）不利于城乡历史文化遗产的发现和保护。由于政府部门和技术人员的人力、精力和专业水平有限，不可能在短时间内发现和精确评估城乡历史文化遗产的价值，因此存在漏网现象，有些是远在深山未被发现，有些是价值未能得到正确评估而漏报。因此需要发挥广大人民群众的智慧和力量，主动将公众参与纳入评选环节，扩大城乡历史文化遗产的保护面。

（b）不利于形成公众对城乡历史文化遗产的认知和认同感。如果在评选环节公众未能参与进来，那么后续开展保护工作需要公众参与就会困难得多。因为保护行为是基于对文化遗产价值的认知和认同，只是处在整个评选环节末端公布时的被告知，公众只能接受而无法提出任何异议，从心理上难免会有抵触情绪。

因此，有必要在城乡历史文化遗产评选制度中设置公众参与的环节，转变公

① 张国超．我国公众参与文化遗产保护行为及影响因素实证研究 [J]. 东南文化，2012（6）：21-27.

② 张顺杰．国外文化遗产保护公众参与及对中国的启示 [J]. 法制与社会，2009（11）：233-234.

众普遍存在的“政府依赖思想”，让评选过程成为一次公众接受教育和参与文化遗产保护的实质行动，充分调动公众的积极性，加强公众对城乡历史文化遗产的价值认同，具体参与模式见图 7-26。

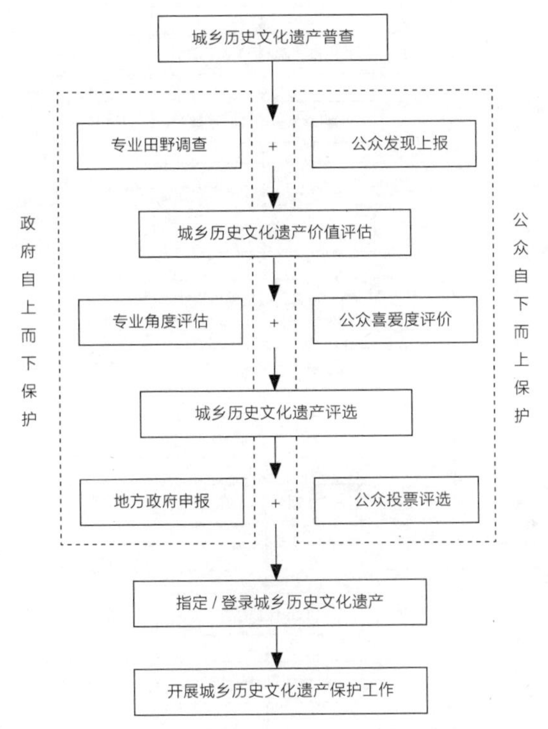

图 7-26 公众参与城乡历史文化遗产评选模式

（2）保护规划编制与实施的公众参与模式

保护规划的编制是文化遗产保护的重要措施之一，文化遗产从申报、评选、保护规划的制定到日常维护、实施监督都要积极鼓励公众参与，并提供有效的公众参与途径，具体可采取座谈讨论会、专题报告会、邻里会议、协调小组、工作坊等形式。在申报评选实行公众推荐投票方式，评选时期要求参选单位公开评选资料接受公众监督，并公开专家的评审意见，增加评选的透明度。文化遗产保护规划在前期研究阶段除了对基础资料进行整理，归纳价值特色以外，应对居民参与保护意愿进行调查，将有积极保护意向的居民吸纳进保护组织，成立民间保护团体，夯实文化遗产的基础资料，并建立资料库。规划方案阶段和成果实施阶段都应广泛征求公众的意见，对信息的公开要及时、透明并宣传到位，明确公众参与的形式以及公众意见的体现（图 7-27）。

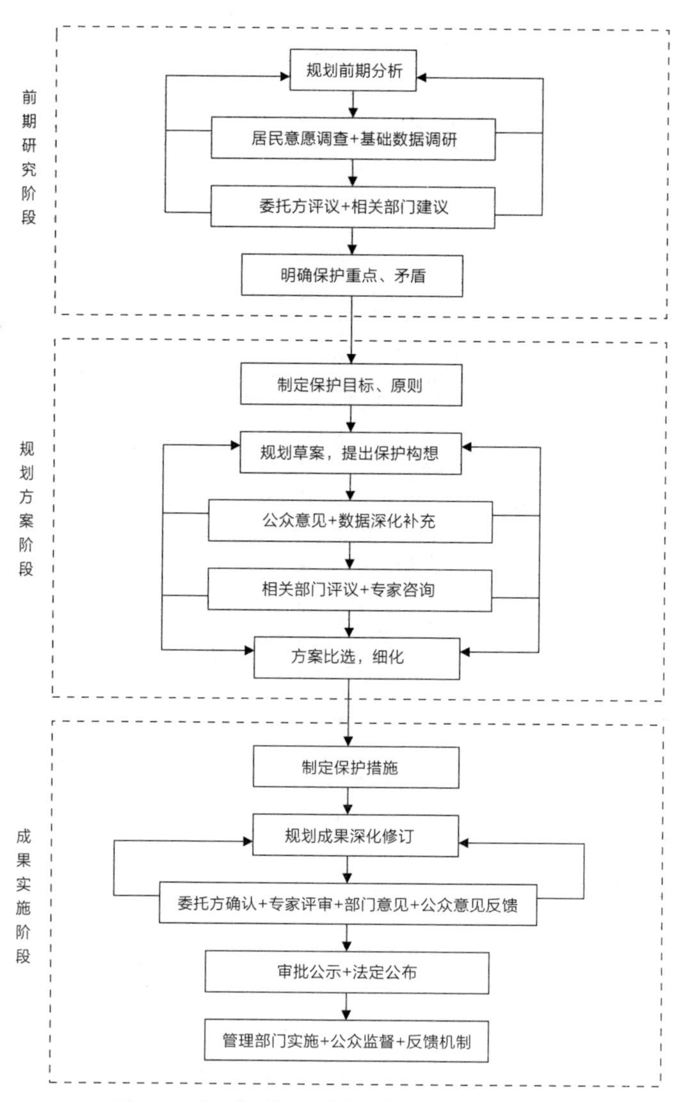

图 7-27　公众参与城乡历史文化遗产保护规划编制模式

（3）文化遗产修缮与监督的公众参与方式

文化遗产的保护要发动群众的积极参与意识，建立公众监督制度，公众有权举报文化遗产破坏行为，对积极参与文化遗产保护的群众予以表彰，形成一定的社会影响力，对破坏文化遗产的行为应公开批评，按情节轻重给予处分，造成社会舆论压力。通过媒体宣传让人们认识到保护历史文化遗产人人有责。通过古建筑修缮指南、专题讲座、现场示范等形式展开民众教育，增强其保护意识，同时在不损害保护原则的前提下，充分挖掘文化遗产的内涵，盘活遗产资源，让居住其中的居民受益。对具有古建修缮技术的民间匠人应积极吸纳进具有古建资质的技术团队，并主动向其学习取经，提供技术得以传承的平台和人员，形成政府和民间双重保护的良性循环。

（4）民间保护力量的扶持

目前在我国介入遗产保护的民间力量主要还是以营利性为目的的私营企业和个人，另外还有少部分的非营利性的组织和基金会。这些刚刚起步的组织和基金会多半是由一些知名的人士组成，他们通过个人的社会影响和活动能力来筹措资金和向社会宣传，扩大了遗产保护在社会各阶层的影响。纵观国外，凡是城市文化遗产保护较好的国家民间团体无不发挥着重要作用。因此，我国也应重视并扶持这种民间保护力量，大力发展社会慈善事业，提高慈善事业在社会上的认同度，并鼓励和扶持成立遗产保护基金会，激发民间力量对城市遗产保护的热情。

7.3　古建修缮新技术的运用

7.3.1　修复性再利用、改造式再利用和废物利用

《世界文化遗产公约实施守则》中写道："与艺术品相反，文物建筑保护的最好方法是继续使用它们。"历史文化村镇中传统建筑保护可以采用修复性再利用、改造式再利用和废物利用三种方式：修复性再利用是通过整修及时排除一些自然侵害，恢复坍塌部分，修补残损部分，如对已受到侵蚀的木门、花窗、柱子等进行修补。改造式再利用通过局部功能的改变使得原来服务于聚族而居的大家族为现代核心小家庭继续服务。目前继续居住在珠三角历史文化村镇内的住户绝大多数都有改善自身居住环境、提高生活标准的要求，而这种小范围的更新改造一直在进行中，如不及时加以引导和提供技术支持，很容易演变成大规模的违章私搭乱建，破坏传统风貌。废物利用是指对废弃的旧建筑构建、材料的重新利用。如对于年久失修濒临倒塌无法修复的旧建筑可以将某些构建材料保存下来以供其他旧建筑维修和环境整饬之用。

7.3.2　防潮、防水、防蚁技术

珠三角地处南亚热带，受季风海洋气候影响，炎热、潮湿、多雨，如《广东新语·天语》所说："岭南之地，愆阳所积，暑湿所居。"历史文化村镇内的古建筑普遍存在木柱霉烂、墙体渗漏、白蚁蛀蚀、灰雕风化、壁画剥落、铸铁锈蚀等现象，因此针对以上症状，可采取防潮、防渗、除虫等技术。

7.3.2.1 木构建的修缮与防潮

木柱由于原来建造时选料的干湿程度不同以及风雨侵蚀，年久易出现裂缝或霉烂。对于劈裂视其情况采取不同办法。对于小于 3 毫米的细裂缝采用环氧树脂腻子填充，对于 3 ~ 10 毫米的裂缝采用老材的木屑进行镶补，以环氧树脂黏结，比较弯曲的裂缝可以采取竹片的韧性来填补。对于更大的劈裂则采用顺纹通长的老木进行挖补。在环氧树脂中掺入适量的朱红，调整腻子的颜色使之接近原木柱的颜色。①

此外，利用油漆的憎水性在木构件上涂上桐油和生漆也是防腐防潮的重要手段之一。柱础的升高使得木柱离开地面多点也有利于防潮。

7.3.2.2 墙体的修缮与防水

珠三角历史文化村镇古建筑青砖墙体长期暴露在外，酥碱严重，可对其表面采取打磨等清理方式后，喷涂防水硅，以阻止其进一步风化，加强其耐久性。对于墙角的裂缝可采取换砖、纠偏、加固基础等措施。

7.3.2.3 防蚁技术

白蚁生性喜爱潮暑，故在南方地区尤为严重。防治白蚁的措施，在民居中有下列治理方法：1）桐油浇涂法，即用热桐油浇涂木材两端。《本草纲目》中记载："白蚁性畏烰炭、桐油。" 2）蜃灰、石灰洒灭法。民间还有用明矾、盐水、石灰水浸泡木材的方法，也能防腐、防虫和防白蚁。3）农药治蚁法。木材经过青矾溶液蒸熟后，药剂渗入木质纤维内部，白蚁不敢蠹蛀。4）砒霜粉治蚁法。现代治白蚁都广用此法。②

7.3.3 传统工艺技术的传承与创新

珠三角历史文化村镇传统建筑在最初营造时就针对岭南的气候特征采取了一系列的工艺技术，许多传统民居都是凭着老匠师的经验或是一把吉祥尺寸的尺子在现场"比划"而成，只有留心和掌握这些传统技艺，充分领会古人的意匠智慧，才能在修缮过程中做到"原真性"，使得传统工艺技术得以传承和发扬。

7.3.3.1 硬山

珠三角许多历史文化村镇传统建筑都采用硬山式，这种屋面能很好地抵御台风的破坏，还具有防火作用，能隔断相邻建筑物的火灾，保护瓦屋面。

7.3.3.2 青砖墙

青砖不怕水浸，防水效果自不待言。清代中晚期以后青砖长度一般为 28 公分，

① 谭刚毅，廖志．从化广裕祠修复纪实与随想 // 陆元鼎，潘安，主编．中国传统民居营造与技术 [M]. 广州：华南理工大学业出版社，2002：142-149.

② 陆琦．广东民居 [M]. 北京：中国建筑业出版社，2008：260.

宽 11 公分。砌筑一砖墙体，多用五顺一丁或七顺一丁法，于是，在砖墙中部形成一道 6 公分宽的空气隔离带（图 7-28），这层空气隔离带能有效隔绝外界的潮湿空气，以保持室内砖墙面的干燥。①

7.3.3.3　石砌筑墙裙

珠三角历史文化村镇传统民居多采用花岗岩条石砌筑墙裙，也有用红砂岩条石砌筑。墙裙高度在 30 厘米以上，一般可达到 100 厘米，石砌筑墙裙能较好地保护墙体免受外力碰撞、雨水侵袭和风化酥碱。

7.3.3.4　灰塑博风悬鱼

灰塑悬鱼的做法既有审美文化心态的需要，也有防水功能。在顺山墙排檩位置用蚝灰砂浆做出悬鱼博风不仅有很好的装饰效果，而且阻隔了雨水对瓦檩梁头的浸透侵蚀，起到保护木梁的作用（图 7-29）。

图 7-28　沙湾镇传统民居中的青砖墙

图 7-29　碧江村碧江主楼中灰塑博风悬鱼

7.3.3.5　灰土地面

珠三角传统民居中常采用灰土地面和三合土地面，因内含石灰，故在阴雨潮霉时期较干燥，不易泛潮。

7.3.3.6　完善的排水系统

完善的排水系统是传统聚落中防水防潮必不可缺的措施。在暴雨时快速排出雨水，避免积水，以减少地下湿气对墙体的侵蚀。雨水从瓦面流到院内外地面，经明渠或暗沟引出街渠，再汇入村前的池塘，流往村外的溪流江河。

古建筑修缮中许多宝贵的传统工艺技术的经验，如偷梁换柱、拼镶补缺、墩接暗榫以及砖石结构中的补石剔砖等等，绝不应忽视，而且应该用现代的科学技术手段加以传承和创新（图 7-30）。

① 赖德劭，赖旻 . 岭南传统建筑中的防水技术 // 陆元鼎，潘安，主编 . 中国传统民居营造与技术 [M]. 广州：华南理工大学业出版社，2002：182-188.

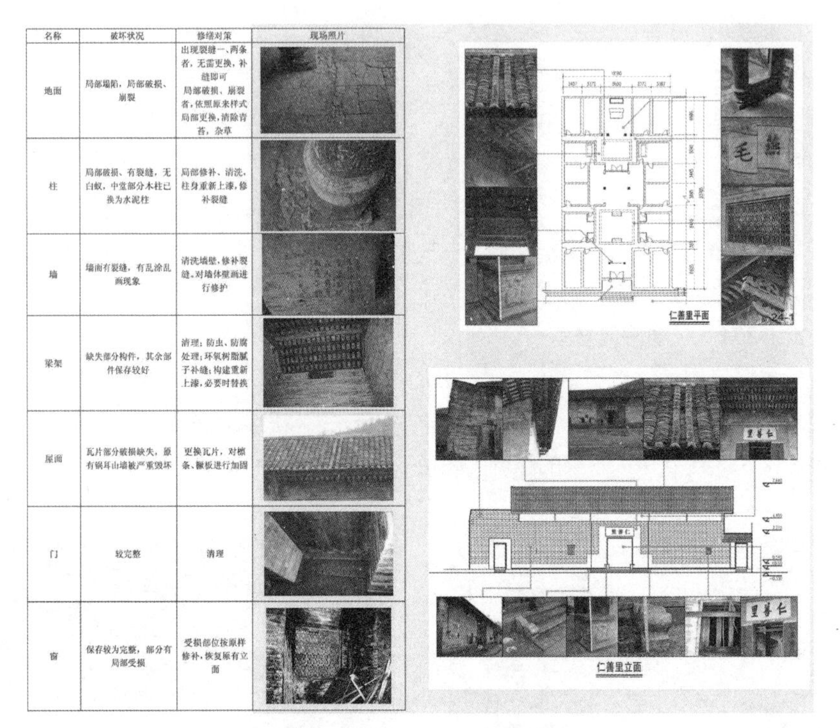

名称	破坏状况	修缮对策	现场照片
地面	局部塌陷，局部破损、崩裂	出现裂缝一、两条者，无需更换，补缝即可 局部破损、崩裂者，依照原来样式局部更换，清除青苔，杂草	
柱	局部破损、有裂缝，无白蚁，中堂部分木柱已换为水泥柱	局部修补、清洗，柱身重新上漆，修补裂缝	
墙	墙面有裂缝，有乱涂乱画现象	清洗墙壁，修补裂缝。对墙体壁画进行修护	
梁架	缺失部分构件，其余部件保存较好	清理：防虫、防腐处理；环氧树脂腻子补缝；构建重新上漆，必要时替换	
屋面	瓦片部分破损缺失，原有锅耳山墙被严重毁坏	更换瓦片，对檩条、椽板进行加固	
门	较完整	清理	
窗	保存较为完整，部分有局部受损	受损部位按原样修补，恢复原有立面	

图 7-30　大屋村仁善里建筑修缮图

资料来源：肇庆市北市镇大屋村保护规划 .2008

本章小结

本章针对前文提出的保护规划困境问题，提出了历史文化村镇保护的技术策略。在回顾了历史文化村镇保护规划的发展之后，总结了现行保护规划技术流程的主要类型及存在问题，结合规划新理念进行理性思考和适应性归纳，提出历史文化村镇保护规划系统的技术流程模式。以东莞塘尾传统村落保护规划实施评价为例，尝试构建一个“规划方案评价—实施过程评价—实施结果评价”的城乡历史文化遗产保护规划实施评价的理论体系，并提出三个阶段的评价指标、评价流程及评价内容。

在借鉴国外公众参与城乡文化遗产保护运动经验的基础上提出构建我国文化遗产保护公众参与模式的设想，包括公众参与城乡历史文化遗产保护的制度保障、参与途径以及组织激励措施。其中公众参与途径体现在城乡历史文化遗产评选制度、文化遗产保护规划编制实施以及文化遗产修缮与监督等环节上，以期达到政府自上而下以及公众自下而上相辅相成的保护局面，促进城乡历史文化遗产的永续保护。

此外，针对珠三角炎热、多雨、潮湿的气候环境，对古建筑修缮技术的运用加以论述，使得技术策略更加完善。

第八章

珠三角历史文化村镇保护策略三：实施策略

8.1　城乡一体，有机更新

8.2　动态保护，协同发展

8.3　以文养文，建立文化产业集群

8.1　城乡一体，有机更新

8.1.1　维护城乡生态平衡

8.1.1.1　村镇——自然和人工生态系统的有机结合体

德国生物学家海克尔（Haeckel，1866）首次提出生态学概念，认为生态学是关于有机体与周围外部世界关系的一般科学。按照《环境科学词典》将城市生态系统定义为：特定地域内的人口、资源、环境（包括生物的和物理的、社会的和经济的、政治的和文化的）通过各种相生相克的关系建立起来的人类聚居地或社会、经济、自然的复合体（图 8-1）。

历史文化村镇是自然生态系统和人工生态系统有机的结合体，在这个有机结合体中，人起着重要的支配作用，这一点与自然生态系统明显不同。人类在生产活动和日常生活中所产生的大量废物，由于不能完全在本系统内分解和再利用，必须输送到其他生态系统中去（图 8-2）。由此可见，人工生态系统必须与自然生态系统很好地结合起来才有利于自身系统的完善。历史文化村镇对外界自然环境具有很大的依赖性，失去了外界生存的自然环境，村镇自身也无法生存下去。珠三角历史文化村镇都是处在快速发展的城市生态系统中，由于城市生态系统需要从其他生态系统中输入大量的物质和能量，同时又将大量废物排放到其他生态系统中去，它就必然会对其他生态系统造成强大的冲击和干扰。虽然历史文化村镇自身的生态系统有自我调节能力，但是一旦外界城市的生态系统的干扰力大于村镇自身的调节能力时，就会对村镇生态系统产生破坏，而且这种破坏力是不可逆转的。由此可见，历史文化村镇的生存依靠外在生态系统的支撑，城市、村镇都必须通过物质能量的消耗、再生、输出、输入来维持其内在的正常运行。城乡生态系统在发展过程当中总是不断地进行着物质循环和能量交换，各种对立因素通

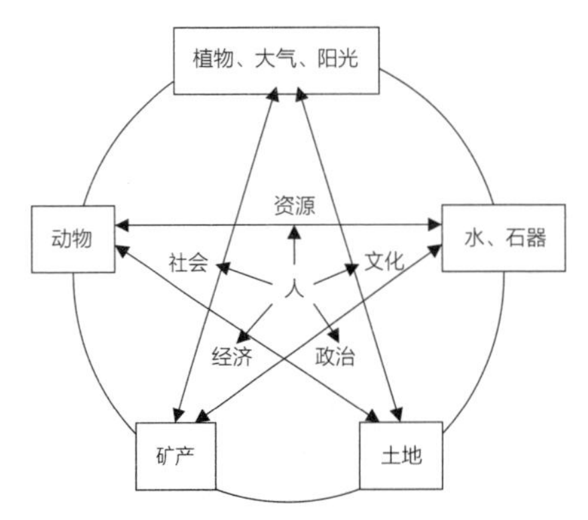

图 8-1　自然生态系统和人工生态系统关系示意

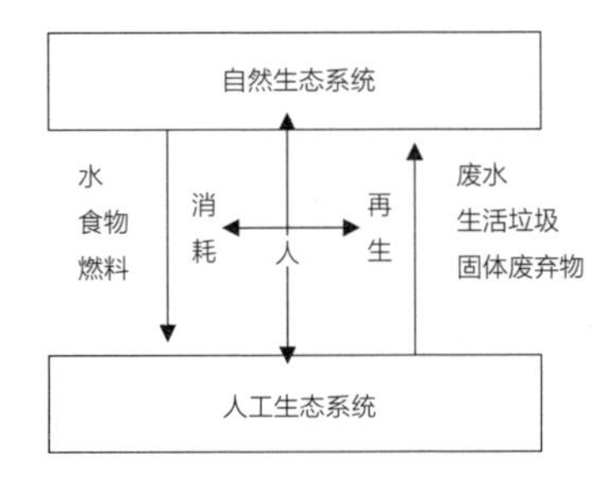

图 8-2　自然生态系统和人工生态系统作用示意

过相互制约、转化、补偿、交换等作用，使城乡生态系统达到高度有序，呈现出生态平衡、社会安定、综合经济平衡的状态。

8.1.1.2　维护城乡的生态平衡

历史文化村镇的保护与发展是城市更新的重要环节，珠三角城市的快速发展必然会对历史文化村镇产生深刻的影响。如何决策有所为和有所不为，如何衡量保护与发展、保留与建设的关系至关重要。城市更新无论在物质上还是结构上，归根到底是由城市生态系统失衡引起。因此，我们在城市更新中应以恢复城乡生态平衡为目标，在提出历史文化村镇的保护中应以维护村镇的生态平衡来达到可持续发展的最终目的（表 8-1）。只有协调好城市人口的消费需求、社会经济发展与生态系统自然补偿能力之间的平衡关系，城市更新才达到了最终理想的目的，历史文化村镇才能永续保存下去，城镇居民才能健康舒适的生活。

传统城市更新与生态城市更新比较　表 8-1

项目	传统城市更新	生态城市更新
哲学观	忽视自然	与自然共生
目标	经济复兴、传承文化、疏通交通、改善环境	恢复城市生态平衡、建设生态城市
规划方法	物质形体机械更新，注重眼前利益	生态整体有机更新，注重长远效益
规划内容	人工环境、社会经济	自然环境、人工环境、社会经济
范畴	独立学科，规划师操作	交叉学科，规划师、生态学家、社会学家、经济学家合作
分析程序	单向、静止、主观、局部	互动、循环、主客观、整体
决策方式	封闭、行政干预	开放、科学监控、公众参与

“平衡的城市概念必须扩大到区域”（芒福德，1961）这就要求我们的“规划必须在不断发展的城市化过程中反映出城市与其周围地域之间动态的统一性”（马丘比丘宪章，1977）。以高度的可达性和多样性为目标进行城市结构重组，以便使自然生物栖息地的恢复和地方性生物物种的复苏成为可能，并且也有助于创造文化的多样性。①

8.1.1.3　量化指标

加拿大生态经济学家威廉·里斯（William E.Rees）教授在 1992 年首次提出“生态足迹”概念，将区域生态足迹（EF：Ecological Footprint）定义为“为

① [美]理查德·瑞吉斯特．生态城市伯克利：为一个健康的未来建设城市[M]．沈清基，沈贻，译．北京：中国建筑工业出版社，2005：13.

生产特定区域人口消费所需的资源和化解这些人口消费所产生的废物，需要生态系统提供的生产性土地面积和水体面积”。随后 1996 年他和学生马希斯·威克那格（Mathis Wackernagel）以及亚斯科·瓦达（Yoshihiko Wada）博士提出的生态足迹分析法（EFAA：Ecological Footprint Analyses Approach）是一组基于土地面积的量化指标，表现人所在的空间施加于地球所产生生态荷载的量化工具。

恢复城乡生态平衡的量化评价可借鉴生态学的指标体系和评价方法，将引发城乡生态失衡问题的若干主要因子选出，作为评价指标，指标的选择原则应注意因子的地域性、综合性、代表性和现实性。由于城乡问题非常复杂而且不能足一而论，具有独特性，因此在建立分析体系时应有层次性，主次性，形成清晰的结构评价体系，从大到小，从主到次，从整体到部分建立分级因子指标，分析各级系统指标的影响关系，找出矛盾的主要冲突点。通过这种因子分析技术和评价系统，借助计算机等辅助工具可以减少分析的盲目性和随机性。只有清楚城乡生态失衡的根本原因，才能有目的地在建设城市中不再对生态造成破坏，建立更加舒适宜人和布局合理的人居环境。

8.1.1.4 方法步骤

保护历史文化村镇，在区域环境上以恢复城乡生态平衡为目标进行城乡建设和城市更新，具体做法可分为以下几个步骤：

（1）确立城乡生态平衡的综合指标体系，利用 GIS、GPS、遥感等工具建立城乡生态平衡监控系统。

（2）分析评价城乡生态平衡状况，找出与平衡状态差距最大的指标，即关键限制指标，及其相关的地区。

（3）分析该地区的生态因子，找出影响关键限制指标的主导因子，分析各级因子间的关系，制定相应的规划方案。

（4）将方案生态因子的新的数值反馈至城市生态平衡监控系统，不断修正因子数值，使其接近城市生态平衡，调整规划方案。评价方案生成的生态足迹。

（5）建设过程随时监控该地区的生态状况，及时调整策略。

8.1.2 融入现代生活的保护方式

对历史文化村镇进行保护和整治，在宏观上先要对所处城市的整体空间环境进行调整和保护，新区的建设应避开古村镇，避免在古村镇上“插花拼贴”，对村镇整体空间环境要站在城市的角度对其进行保护和梳理，使其成为城市大环境中的一部分，融入其中。

对历史文化村镇内部应借鉴历史街区细化的保护方式，对村镇格局、尺度、古建筑、巷道进行保护，对基础设施和公共服务设施进行改造和完善，对局部的用地功能进行调整，对废弃的古建筑进行功能置换，使之融入现代生活，激发村镇活力。

历史文化村镇通常存在设施老化、建筑结构衰败、居住人口流失、社会活动趋于消亡等问题，因此村镇功能的振兴和充实是保护的重要内容之一，应根据历史文化村镇的历史特色以及在城市生活中的功能作用，合理地把握村镇的功能与性质，因为功能的转变会引起空间使用性质的变化，用地的性质及其人口的规模强度等等的一系列变化。

8.1.2.1 历史文化村镇的保护与更新模式

对不同类型的历史文化遗产保护与更新模式的比较（表 8-2），我们可以看出采用了功能置换这种更新模式的历史地段通常土地出让程度较高，商业性开发程度较强，参与改造主体主要是政府和开发商，而保持原有功能不变的历史地段通常商业性开发程度较弱，因原有居住功能不变，居民可参与改造工程，对古建筑采用传统的地方性材料和适当的技术手段，保持了传统风貌。

不同类型的历史文化遗产保护与更新模式的比较　表 8-2

类型	历史街区	历史文物建筑	古村落	古镇
案例	三坊七巷	钱岗村广裕祠	连溪村	乌镇
土地出让程度	除文物建筑用地外其余全部出让	不出让	除文物建筑用地外其余全部出让	小部分出让（非商业性）
更新前后风貌协调程度	不协调	协调	基本协调	协调
商业性开发程度	强	弱	强	弱
参与改造的主体	房地产开发商、政府部门及其官员	社区居民、政府机构及专家技术顾问	政府部门及合适组织、房地产开发商	社区居民、政府部门及合适组织
技术与材料	工业化生产、流行性材料，倾向清除与新建	传统的地方性材料，适当技术，保护与修缮相结合	传统的新的地方性材料，适当技术，保护、整治与改造相结合	传统的新的地方性材料，适当技术、保护、整治与改造相结合
保护整治或开发方式	除保留部分保护建筑外全部拆掉建高层建筑，疏散人口，控制密度	对古建筑采用保存、保护、整治、修缮的方式	保护文物建筑置换为民俗展示场所，整饬老建筑置换为文化休闲场所，改造与传统风貌不协调的建筑	对大部分建筑采用保存、保护、整治、修缮的方式
原有使用功能	名人故居转为文化旅游功能	不变	居住功能转向商业和民俗文化展示功能	不变

历史文化村镇的保护与更新无论采用哪种模式，都应该注重保护与发展相结合，使得村镇能够融入现代生活，继续发挥作用。单纯是静态的“博物馆”式的冻结保存而没有发展，事实证明是一种消极的保护方式，虽然将历史建筑保留了下来，却使得村镇失去了活力和生机，而拼贴式的保护方式虽然兼顾了现实的发展需求，却往往因缺少有力的控制，新旧建筑之间缺少协调，而使得整体风貌变得混乱。尤其是在城市发展过程中面临改造的地段和历史建筑（包括保存良好的民居），与其被建设的浪潮所吞没或勉强、生硬地与新的建筑、环境凑在一起，倒不如异地重建。①

8.1.2.2 改善人居环境和基础设施

历史文化村镇人居环境的改善应该遵循天人合一的自然法则，营造符合人类发展规律的生存环境，构建和谐的人性社会环境和居住空间，完善基础设施。需要改善居民的生活基础设施的条件，增加服务设施，增加包括供水、供电、排水、垃圾清理、道路修整以及供气或取暖等市政基础设施，同时开辟必要的儿童游戏场地、增加绿化等，以改善居民的居住环境。一个有上下水、电气、卫生设备、冷暖空调的四合院、低层建筑，被认为是最佳的居住选择。②

对于历史文化村镇的保护还要关注防盗防火的问题。盗窃艺术品和考古资料已成为一项主要的跨国产业。安全是遗产管理者的责任，而不应由雇佣保安来承担，保安只会使成本不断增加。预防盗窃的问题应与防止火灾和建筑居住者的安全问题一并考虑。如果一场火灾不能在 3 分钟内被控制，5 分钟后就可能造成彻底的灾难。对偏远的历史建筑而言，这意味着安装自动灭火系统是十分必要的。把火灾探测系统直接与消防站相连是可取的。手提灭火器（粉末型或气体型，例如 CO_2）对文化财产最安全，消防水带和消防栓应小心放置在遗址处，并有清除的路标。③

8.1.3 有机更新的保护与发展模式

早在 1917 年，伊利尔·沙里宁就提出有机疏散理论，深刻指出城市的演变犹如人体细胞的演变，城市更新过程犹如细胞有机更新的过程，相互协调和有机更新原是万事万物和谐共存的基础。

古村镇内的大部分居民虽然生活平淡清苦，但是长时间的和平共处使得社区邻里关系十分和睦，交往联系也十分频繁，形成了互助合作的良好氛围。邻居街坊之间对彼此家庭状况以及家庭成员十分熟悉，任何时候都能对外界闯入的陌生

---

① 王景慧，阮仪三，王林．历史文化名城保护理论与规划 [M]. 上海：同济大学出版社，1999：42.

② 罗哲文．关于我国历史文化村镇保护与发展的管见 [J]. 中国文物科学研究，2006（3）：43–47.

③ ［英］费尔登·贝纳德，朱卡·朱可托．世界文化遗产地管理指南 [M]. 上海：同济大学出版社，2008：54–56.

人产生无形的监督，形成简·雅各布斯笔下的“街道眼”。历史文化村镇应提倡渐进有序的有机更新模式。大量事实已经证明，大规模的改造运动会造成原有社会结构的迅速瓦解。此外，还会威胁到原有社区的多样性。旧建筑固有的混合用途以及在费用和趣味上的多样化对形成居住人口的多样性和稳定性，以及企业的多样性都是至关重要的一环。[①]

作为开发商和本地居民之间纽带的地方政府和村委会不仅能对居民的去留起着决定性影响作用，同时也能对开发的项目和规模进行控制，因此政府的立场和领导人的决策至关重要。如果政府能以一种审慎、公平的态度协调各方利益，采用渐进的更新模式将开发风险降至最低，将对村镇社区经济社会的稳定发展产生积极的作用。除了控制改造更新的规模之外，政府还可以通过制订一系列的公共政策来实现有序改造和社会稳定。目前我国正试图通过一系列政策保障弱势居民合法利益，但整个法律机制仍旧有待完善，这就对我们的政府提出了更高的要求，无论何时，政府如何决策十分重要。

8.2　动态保护，协同发展

随着世界范围内对历史城镇保护工作的普遍重视与不断探索，保护理论正日趋成熟与完善，成功的保护实践可谓不胜枚举。然而，理论与实践的进步并不意味着万事大吉，相反，出现的问题却从来没有停止过，这促使我们不停地在思考保护理论到底还有哪些不足。现实中保护工程实践总是与复杂的社会、经济、居民生活形影不离，这促使保护理论也不得不向更加多元、多学科的方向发展。正因如此，保护理论已经从建筑学扩展到经济学、社会学、人类学、管理学、法学等学科，保护实践也不再是单纯的整治、修缮、改造活动，而与“城市复兴”、“社区自治”、“公众参与”等字眼紧密联系起来。珠三角历史文化村镇的保护也是这样，如果仅仅停留在物质层面的保护，而脱离社会、经济、文化等现实环境，终究只能是“头痛治头，脚痛治脚”，不能从根本上解决问题。因此，历史文化村镇的保护有必要与当地社会、经济联系起来，协同发展。

历史城区复兴涉及历史遗产的继承和与当代经济，政治和社会条件一体化的要求。因此，复兴可以用一种简单的形式来定义，即“历史城区的衰退和恶化情况得以终止或逆转的过程”。这个过程是复杂的，必须从许多不同的角度看待，因为它包含社会、经济层面而非仅仅物质的保护，要以长远的眼光来提出改善措施。这个过程要求与保护区的目标以及物质环境的改善、社会活力、经济活力的振兴

① ［加］简·雅各布斯著．美国大城市的死与生（纪念版）[M]. 金衡山，译．南京：译林出版社，2006：215.

联系起来，甚至关注更广泛的可持续发展。所有这一切都要求快速，高效和有重点地将新知识转化成社会、经济和环境可以接受的解决办法。用传统规划的保护方法很难实现历史城区的复兴，因为它主要解决的是规划的技术科学问题，关注的是文化遗产的物质材料的保护。[①]

8.2.1 妥善安置外来人口将成为村镇复兴的契机

东莞、深圳和广州是省外迁移流入人口的主要集聚区域，三座城市汇集了广东省外迁移流入人口的 68.7%。对于位于城市边缘，正逐步衰落的历史文化村镇而言，随着本地户籍人口的大量外迁，很显然，接纳并妥善安置外来人口将成为其复兴的契机。

城市人口的减少从表面上看是经济衰退的结果，但其实也是衰退的原因。简·雅各布斯曾经指出人口的减少总是和经济萧条相关联，而经济发展只有在人口首先开始扩充时才成为可能。因为增长的人口扩大了地方市场的规模，形成了更多能够开始新的经济活动的人，并拓宽了雇主对劳动力的选择。[②] 流动人口在保障城市正常运营方面起到了非常重要的作用，它们已经成为城市这一巨系统中不可或缺的群体。生活在珠三角历史文化村镇的这些外来人口，虽然大多文化素质较低，但不少人在此居住的时间已超过 5 年，他们有的务工，有的务农，承包那些被本地人闲置的土地，举家生活在历史文化村镇中。他们应该得到历史文化村镇的认可与接纳，应该给予他们公平的待遇、应有的社会地位，促使他们在这里长期定居，把历史文化村镇当作自己又一个家园来建设，让他们在这里找到自尊和归宿感。同样，地方政府也应该将他们作为本地居民来管理服务，提供与本地居民同样的待遇，享受医保、社保等福利措施，解决户口问题，使他们在此安居乐业。

外来人口的入驻虽然使房屋产权复杂化，增加了古建筑修缮工作的难度，但也有它有利的一面。本地居民迁出后，如果古民居没有出租给外来人口，大多会空置在那里，如此一来，反而会加速建筑的老化与衰败。外来人口居住在历史文化村镇里，至少能给予这些古建筑基本的照顾，不会任之倒塌或烧毁，因此从某种意义来说还起到了延长了历史建筑寿命的作用。

8.2.2 激发社区活力，培育社区新文化

地方文化不仅需要继承，还应该有新的发展。目前，在西方发达国家，以唤

---

① Naciye Doratli，Sebnem Onal Hoskara and Mukaddes Fasli. An analytical methodology for revitalization strategies in historic urban quarters：a case study of the Walled City of Nicosia，North Cyprus. Cities，2004，21（4）：329–348.

② （英）大卫·路德林，尼古拉斯·福克 . 营造 21 世纪的家园——可持续的城市邻里社区 [M]. 北京：中国建筑工业出版社，2005：162.

醒社区公民意识和公共领域参与行动为主轴的“社区总体营造”运动方兴未艾[①]，历史保护正逐步纳入到社区长远发展目标之中，以居民为主体，以历史保护为重点的社区环境营造正成为城镇发展的重点。对于珠三角的历史文化村镇而言，在原有兼容并蓄，开放进取的岭南文化的基础上发展新的社区文化，将更利于其保护的开展。历史文化村镇居民间只有建立亲密的人际关系和良好的社区氛围，才能为其发展打下了良好的基础。

对于历史文化村镇而言，发展新的社区文化是村镇复兴的必然要求。历史文化村镇并非解决了居民就业，提高了居民收入，就可以高枕无忧了。如果社区不能成为精神的家园，致富后的居民还是会选择离开。因此，唯一真正的希望是通过创造具有可持续发展的能力、具有持久的吸引力的邻里社区来扭转分散的力量，这种有吸引力的邻里社区是人们在找到工作时希望居留的地方，是能给居民带来归属感的社区，同时它还将影响和说服其他人重新回到这里。

社区文化的建设决不能狭隘地理解为单纯的文化设施的健全，它还包括更深层次的内容，例如促进社区文化交流、提升社区文化品位、促成邻里和睦、消除社会分层等等，更多涉及的是社会、人际关系研究的范畴，而不仅仅局限在文化建设的表象特征上。新的社区文化要求历史文化村镇既要保护原本的物质、非物质文化遗产和良好的人际关系、行为规范、道德准则，同时还需要培养居民的现代意识、公民意识，提高他们的文化素养和自治能力。只有这样，历史文化村镇的保护才能在社区内部达成共识，从而改变以往政府、专家充当保护主体的局面，实现保护主体的真正回归和转移。

8.2.3　普及保护知识，提高教育质量

历史文化村镇的保护必须得到居民的支持，国外很多保护成功的案例无不与居民保护团体组织的积极参与和合作有关，要得到居民的理解和积极参与，首先要普及保护知识，让保护成为上至政府官员下至平民百姓的共识。首先，可通过印发历史文化村镇保护知识指南、古建筑的日常护理常识等小册子给居民，并利用电视媒体宣传历史文化村镇保护知识的公益告示，将这些宣传教育作为老百姓生活的一个部分，潜移默化地影响老百姓的日常行为。

其次，要对专业人员进行培训，对从事有关历史文化村镇的保护事业的各行各业进行联向的专业教育，加强相关行业之间的理解和配合，提高专业教育的质量。近年来城市和建筑不再是由当地人们根据传统模式建造，而是把这种技能拱手让

---

① 张松 . 留下时代的印记，守护城市的灵魂——论城市遗产保护再生的前沿问题 [J]. 城市规划汇刊，2005（3）：33-34.

给具有专业知识的设计师，城市活力开始丧失，设计师被所谓的专业知识所限。① 可见，教育设计师尊重、理解并继承当地传统建造模式也是教育的重要环节。历史文化村镇正是中华民族继承了千年文明流传下来的宝贵财富，如何利用现代科学技术来传承古代传统建造模式是十分值得展开研究的。

8.3 以文养文，建立文化产业集群

8.3.1 全球背景下的文化产业

在人类社会发展的过程中，半世纪以前开始出现一个崭新的产业——“文化产业”，这是在全球化的消费社会背景中发展起来的一门新兴产业，被公认为 21 世纪最具发展潜力的产业之一。这一新兴产业属于第三产业的范畴，包括娱乐业、电子传媒业、出版业、印刷业、旅游业等。它既包含工艺美术、音乐、戏剧、文学等传统文化艺术领域，近年来又形成了艺术展览、设计广告、影视传媒、创意动漫制作、视觉创作、互动休闲软件等新兴行业。文化产业在世界很多发达国家已经成为一种支柱性产业，而“文化立国”也逐渐成为各国的重要战略。②

2001 年，文化产业被正式纳入我国“十五”规划纲要，成为国民经济和社会发展战略的重要组成部分。中共中央在“十五”计划建议中提出要“完善文化产业政策，加强文化市场建设和管理，推动有关文化产业发展”。“十一五”规划更是将文化产业提到了前所未有的高度。胡锦涛同志在党的十七大报告中指出“当今时代，文化越来越成为民族凝聚力和创造力的重要源泉，越来越成为综合国力竞争的重要因素，丰富精神文化生活越来越成为我国人民的热切愿望。”实现这一目标的根本途径之一是“大力发展文化产业，实施重大文化产业项目带动战略，加快文化产业基地和区域性特色文化产业群建设，培育文化产业骨干企业和战略投资者，繁荣文化市场，增强国际竞争力”。

根据我国 2004 ~ 2005 年出台的《文化及相关产业分类》和《文化及相关产业指标体系框架》，将文化及相关产业共划分为 9 大类，24 中类，80 小类，范围包括：提供文化产品、文化传播服务和文化休闲娱乐活动有直接关联的用品、设备的生产和销售活动以及相关文化产品的生产和销售活动，具体可划分为“核心层”、“外围层”和“相关层”。文物及文化保护属于文化产业核心层，属于文化艺术服务类（图 8-3）。

---

① [美]C·亚历山大. 建筑的永恒之道 [M]. 北京：知识产权出版社，2002：184-185.

② 蒋晓丽. 全球化背景下中国文化产业论 [M]. 成都：四川大学出版社，2006：296.

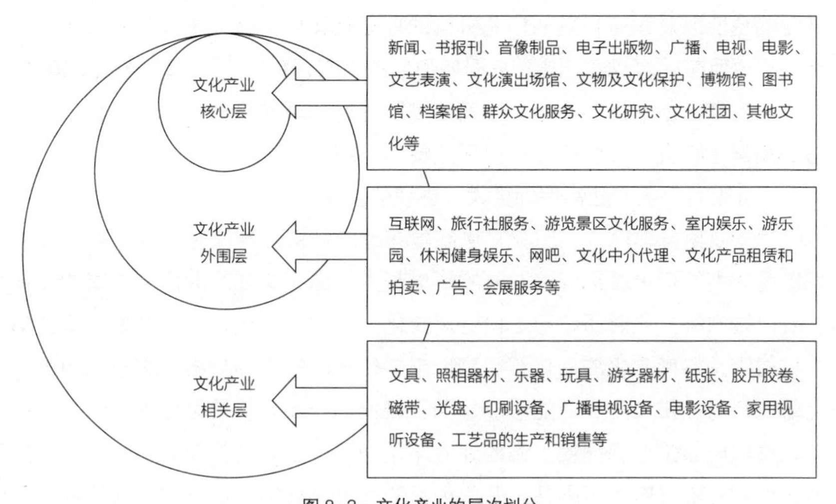

图 8-3　文化产业的层次划分

（资料来源：人民日报．我国出台《文化及相关产业指标体系框架》．2005-03-02.）

8.3.2　产业区位理论的解释

经济地理学认为，产业区位取决于消费市场接近、供给市场接近和要素市场接近三者之间的相互作用，也就是说影响产业的生产空间位置的因素包括需求、生产要素（劳动力、资本和信息等）和产业关联等。马斯洛把人类的需要分为了五个层次，即生理需要、安全需要、社会需要、尊重需要和自我实现的需要，由此可见文化需求是一个更高层次的需要。一个产业的兴起和发展是经济社会发展到一定阶段的产物，而文化产业的兴起是在工业化革命之后，随着人们的收入水平的提高，为了满足人们的精神需求而产生的。[①] 所以只有人们的物质生活达到一定水准，精神需求足够大到可以支撑一个产业的发展时，文化产业才能作为一个独立的产业兴起和发展。文化经济的这种布局上的不平衡性与基础经济的发展水平有关。珠江三角洲地区城镇化速度快，居民收入较高，对文化产品的需求较大，无论其文化产品的生产能力还是文化市场需求能力都要远远高于其东西两翼经济欠发达的地区，正是这种超越物质需求的文化需求使得历史文化村镇得以完好保存。而珠三角毗邻港澳良好的区位和交通条件，也有助于发展文化旅游产业。

8.3.3　产业集群理论

哈佛商学院教授迈克尔·E·波特最早提出产业集群概念，认为产业集群是在既竞争又合作的特定领域内，彼此关联的公司、专业化供应商、服务供应商和相

① 刘蔚．文化产业集群的形成机理研究（博士论文）[D]. 广州：暨南大学，2007：54-60.

关产业的企业以及政府和其他相关机构的地理聚集体。产业集群对城镇化的助推作用主要体现在：引导要素集聚，拓展城镇地理空间，降低交易成本，增强城镇功能，提供物质支撑，创新机会等等。与其他物质生产领域的产业相比，文化产业具有更强的集群化特征。文化产业一旦形成集群，将会在资源配置、规模效应、技术合作、人才聚合等各方面都得到更大、更快的发展。

根据产业集群理论，在历史文化底蕴深厚的城镇发展文化产业集群将成为提升城镇竞争力，促进城镇经济发展的新增长点。由于文化产业需要丰富的文化资源，所以城市的文化潜质和历史积淀对文化产业企业的定位十分重要。珠三角历史文化村镇是岭南文化的活化石，是城市文化天然的宣传广告，充分利用这些传统文化遗产对城市文化产业的形成起到积极促进作用。传统区位理论认为，劳动力的数量和质量（熟练程度）的地理分布是确定产业区位的重要参考因素。珠三角地区便利基础设施的可得性，开放创新的社会大环境，良好的生活居住条件使许多高质量的劳动力聚集在其中，要接近这样的劳动力市场只有分布在其中或周围，这又再次加强了文化产业的集聚。

8.3.4 发展与保护相适应的主导产业

正如中心镇的发展需要培育主导产业一样，历史文化城镇的发展也需要有主导产业来带动城镇经济，提升城镇的竞争力和吸引力，解决就业问题。许多成功实现历史城区复兴的案例表明，关键是要实施与就业问题高度相关的战略方针（Doratli，2000）。珠三角历史文化村镇要解决这些社会、经济问题，关键也是要解决居民的就业问题，提高社区的吸引力。要解决就业问题，最重要的措施之一，就是要鼓励投资，发展第三产业。第三产业发展的关键是文化产业，文化产业是一个巨大的就业“蓄水池”，不但能增加经济的文化含量和文化附加值，还能引起产业结构和就业结构的变化。[①] 这就要求历史文化城镇必须有自己的主导产业，并且这一产业在区域范围内具有一定的竞争能力，独具特色，只有这样才能既满足本地居民就业要求，还吸引一定数量的外来人口，保持村镇的人脉和活力。历史文化城镇主导产业的选择可以借鉴中心镇的发展模式，通过城乡统筹规划，根据当地发展条件、市场需求、要素供给等综合论证的基础上选择某一根植性强、关联带动作用大、市场拓展能力强、能促进城镇生态可持续发展的主导产业加以培育和扶持。[②] 历史文化城镇主导产业的选择应注意以下问题：

（1）主导产业的选择要与自身的地理位置、环境资源和市场条件相匹配，有

① 陆祖鹤．文化产业发展方略 [M]. 北京：社会科学文献出版社，2006：247.

② 申报人．论产业集群对珠江三角洲中心镇发展的影响 [J]. 城市规划，2008，32（3）：75-78.

利于发挥自身优势，增加产业的持续发展力。同时，主导产业还要注意与其他产业的关联性，以带动其他产业的发展。

（2）主导产业的选择要注意保护历史文化城镇的生态环境和历史资源。注重挖掘、保护和延续传统特色。

珠江三角洲历史文化城镇的主导产业可以有以下几种选择：

（1）主导产业为旅游业，形成生态旅游型城镇。交通便捷的珠三角地区历史文化村镇较为集中，文化遗产丰富，格局保存完好，可发展与文化旅游有关的产业作为主导产业。但需要指出的是，并不是每一个历史文化村镇都适合发展旅游，要视其地理位置、旅游环境和自身资源而定。此外，区域内旅游业应统筹安排，合理布局，体现旅游产业的差异性，突出自身特色。旅游服务产业应实行生态化，提供生态餐饮、生态旅馆、生态交通等。历史文化村镇旅游业的发展应该在积极保护村镇历史文化的前提下进行，寓教育于休闲娱乐之中，使置身在其中的人们不知不觉地接受文化的熏陶和生态的教育。此外，还应处理好旅游与当地居民生活之间的关系，让居民能继续在此地安居乐业，而游客也能乘兴而来，满意而归。如广州番禺沙湾镇有国家 4A 级旅游景点宝墨园、鳌山古庙群、包公庙等，利用紫坭岛良好的旅游资源，大力发展生态旅游，建成集文化、休闲、观光、度假于一体的生态旅游区将成为沙湾未来的新经济增长极。

（2）主导产业为特色农业，形成特色农业型村镇。珠三角历史文化村镇特有的自然环境和地理区位，为发展特色养殖业、生态农业、观光休闲农业提供了绝好的条件，同时这对历史文化村镇而言也是一种积极的保护。如开平自力村周边完好保留着大片农田，具有异国风情的碉楼与田园风光交相辉映，利用世界文化遗产的品牌大力发展旅游业和特色农业将是自力村未来可持续发展之路。

（3）主导产业为文化创意产业。文化创意产业是指依靠创意人的智慧、技能和天赋，借助于高科技对文化资源进行创造与提升，通过知识产权的开发和运用，产生出高附加值产品，具有创造财富和就业潜力的产业。创意不是对传统文化的简单复制，而是依靠人的灵感和想象力，借助科技对传统文化资源的再提升。利用历史文化村镇丰富的物质文化遗产和非物质文化遗产资源，通过影视传媒、广播电视、音乐创作、书籍出版、传统工艺创意设计等盘活文化资源，提升村镇知名度，将传统文化与现代科技相结合，走文化和科技双赢的道路。如江门赤坎古镇堤西路因为绵延 300 多米的骑楼街、保存完好的 600 多座古老的骑楼，具有 20 世纪二三十年代旧广州、旧香港的韵味，而深得影视界人士青睐。香港电影《醉拳 II》、央视《香港的故事》、凤凰卫视《寻找远去的家园》以及我国著名作家欧阳山的作品《三家巷》都曾在这里拍摄。

8.3.5 建立文化产业增长极，形成文化产业集群

8.3.5.1 经济增长极概念

经济增长极概念最初是由法国经济学家弗郎索瓦.佩鲁提出来的，是指具有支配效应的经济空间中的推进性单元。增长极理论认为经济增长通常是从一个或数个“增长中心”逐渐向其他部门或地区传导。文化产业增长极可以定义为围绕推进性的某一文化产业部门而组织的有活力的高度联合的一组产业，它不仅能迅速增长，而且能通过乘数效应推动其他文化产业部门的增长。这种增长效应并非出现在所有地方，而是以不同强度首先出现一些增长点，通过不同的渠道向外扩散，对整个文化产业经济和区域经济产生不同的最终影响。因此，合理选择特定的文化地理空间作为文化产业增长极，对带动文化产业和地方经济发展有重要作用。据统计，广东的文化及相关产业规模在国内名列前茅，增加值、从业人数、年营业收入位居各省市之首。2005 年，广东省文化及相关产业实现增加值 1433.2 亿元，在全国的比重超过三分之一。珠三角地区集中了全省文化企业总数的 73.2%。[①] 文化企业在珠三角历史文化遗产地的集中发展，将成为珠三角文化产业和区域经济发展理想的增长极。

8.3.5.2 建立文化产业集群

广东省应集中投资，重点开发建设一批知名度大、历史文化价值高的文物景点以树立精品，提高文化品位，利用珠三角文化资源相对集中的优势和国家级历史文化村镇的品牌效应，建立文化产业集群，以文养文，促进文化遗产的有效保护，带动地区经济的繁荣。《广东省建设文化大省规划纲要（2003 ~ 2010 年）》提出“加强对广府文化、潮州文化、客家文化、侨乡文化、少数民族文化等的保护和研究。有效保护与合理开发民间艺术、民俗文化、历史文物古迹以及饮食文化等资源，形成一地一品、一地一特色的岭南民间文化品牌，促进文化与旅游、商贸、农业等经济活动结合。”

8.3.5.3 案例研究：沙湾镇文化产业集群的建立

广州市番禺区沙湾镇有着 800 年深厚的历史文化底蕴和得天独厚的南国水乡地理环境优势（图 8-4），沙

图 8-4 沙湾古镇鸟瞰图
（资料来源：沙湾古镇安宁西街历史街区保护规划 .2006）

---

① 刘启宇，刘红红 . 广东文化产业发展的现状、问题和对策 [J]. 学术研究，2007（6）：40-45.

湾古镇历史文化可分为物质文化和非物质文化。物质文化遗产包括具有传统历史文化价值的古建筑群 7 万平方米，分为文化型，如留耕堂、三稔厅；经贸型，如安宁西街、车陂街；革命历史型，如广游二支队司令部旧址；宗教型，如玉虚宫、鳌山古庙群。沙湾古镇几乎有街必有祠堂，祠堂多，分布广，充分反映出沙湾的宗族文化。沙湾保存较好的历史街区，呈现出典型的由镬耳山墙、水磨青砖墙、红砂岩或花岗岩勒脚、麻石街为特色的广府乡土聚落文化景观。

沙湾镇非物质文化以沙湾飘色、沙坑醒狮、广东音乐、沙湾兰花为代表，其中沙坑醒狮和广东音乐被列入“第一批国家级非物质文化遗产名录”。沙湾的民间游艺多以宗祠、庙宇为依托展开。作为广东音乐发祥地之一，沙湾孕育了广东音乐名家——“何氏三杰”，他们在三稔厅演奏、研究、创作广东音乐，先后创作了《雨打芭蕉》、《七星伴月》等名曲。

沙湾镇应充分利用丰富深厚的历史文化资源和良好的区位环境、便捷的交通优势，大力发展以文化产业为主导的第三产业，与广州市历史文化名城这一生态人文大环境融为一体，建立地方特色鲜明、具有岭南水乡特色和南国风光的集传统和现代于一体的山水文明城镇。

近年来，广州番禺沙湾镇抓住广州城市“南拓”和举办 2010 年“亚运会”的历史契机，深入挖掘古镇历史文化内涵，充分发挥文化的核心价值，走出具有沙湾特色的发展之路。与东莞、中山等地的一些工业强镇相比，沙湾镇具有更大、更明显的优势。其一在于沙湾镇历史文化的丰厚积淀，其二在于沙湾镇所处的优越地理区位，工业、农业、第三产业在沙湾镇出现了新的整合，发生了产业聚集。沙湾的历史文化氛围带动了以房地产、旅游、商贸服务为重点的第三产业的稳步发展，产生了文化产业的连锁效益。沙湾镇丰富的物质文化遗产和非物质文化遗产将有利于促进弘扬岭南传统文化的电影娱乐、广播电视、广告、图书出版、音乐发行等文化产业的发展，并由此带动一系列如餐饮、商贸、旅游、房地产、科研等连锁产业的发展，形成文化产业规模效应和聚集效应，最终形成文化产业集群（图 8-5），在保护历史文化遗产的同时促进当地经济发展和精神文明建设，提升城市品位和市场竞争力。

8.3.6　引导和规范文化旅游产业

文化遗产价值更多体现在文化旅游产业发展对不同产业的带动作用。文化遗产旅游带来的文化消费市场，刺激了围绕文化遗产承载的文化精神价值、历史记忆等等的影视出版、文艺表演等核心层文化产业的发展。同时，围绕文化遗产开展的文化旅游、休闲服务等文化外围层产业强有力地推动了地方经济发展；旅游产品开发、遗产地旅游服务业的发展为地方产业结构调整提供了新方向。针对目前

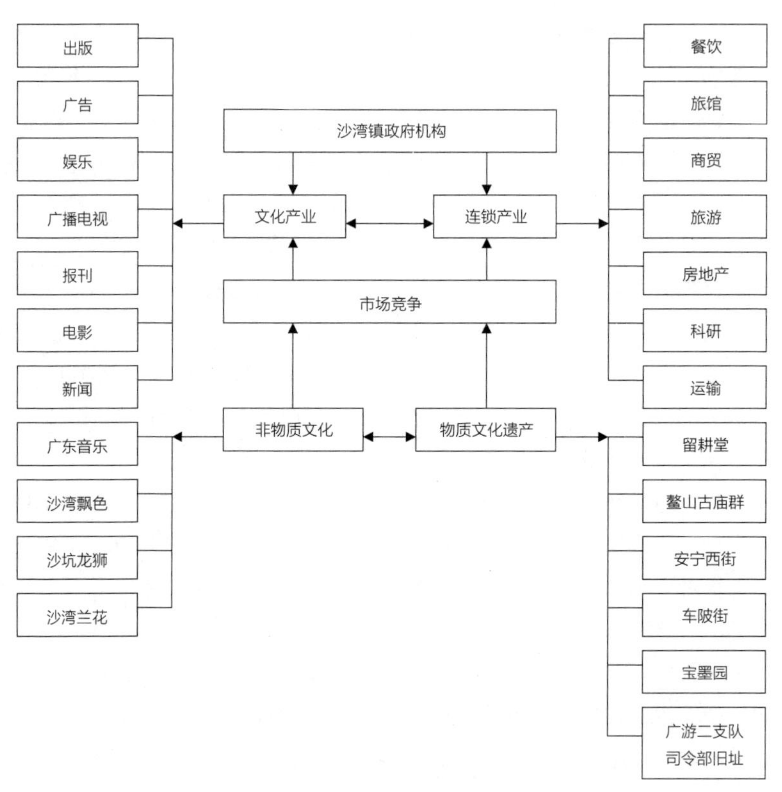

图 8-5 沙湾文化产业集群示意图

在古村镇旅游开发中出现的一系列问题，应加强对文化旅游的引导和规范，理顺管理体制，培育文化市场，扶持文化产业的发展。

8.3.7 发展文化产业，化保护与开发的矛盾为动力

21 世纪随着技术沿着由硬件到软件到互联网再到文化的方向发展，产业链的核心价值也沿着由制造到信息到知识再到文化的链条转移。[①] 西方国家把文化产业链形象地称之为“微笑曲线”，该曲线左边最高点代表上游的原创研发，右边最高点代表下游的销售发行，中间谷底代表中游的生产制造，它一端连接着高新技术的前沿领域，另一端连接着人们的文化需求。

我国是一个历史悠久的文明古国，在长期的历史发展中，不仅创造了大量的有形文化遗产，也创造了丰富的无形文化遗产，包括各种神话、史诗、音乐、舞蹈、曲艺、戏曲、皮影、剪纸、绘画、雕刻、刺绣、印染等艺术和技艺及各种礼仪、节日、

① 丹增．文化产业发展论 [M]. 北京：人民出版社，2005：5.

民间活动等。历史文化城镇是人工与自然的有机结合体，是有形文化遗产和无形文化遗产的集合体，其中包含有中国传统的建筑艺术文化、居住文化、饮食文化、服饰文化、婚嫁文化、丧葬文化、宗族文化等等，是文化产业开发中独具市场潜力的丰富而珍贵的历史资源。结合这一资源开发文化产业链不但能使保护和开发的矛盾化为动力，还能使两者相互促进，相得益彰。在市场经济条件下，由于生活方式和经济收入的改善，人们对跨文化体验的追求使得文化遗产成为一种可以用于发展文化产业的经济资源，发挥教化、传承精神文明的作用。但是作为一种特殊的资源，文化遗产具有原创性、不可替代性、唯一性、不可再生性和易毁性，不能复制生产，并且公共性很强，因此在发展文化产业的同时一定要注意对文化遗产的保护，只有不失去原汁原味的文化遗产才是文化产业发展源源不断的动力。

8.3.8　思考与展望

随着中国文化遗产保护运动的不断推进，越来越多的城市村镇历史文化资源将被人们发掘和认识，如何协调保护和发展的矛盾，如何才能做到两全齐美，既保护好历史文化遗产，又能充分发挥其文化价值和经济价值，使其成为促进当地经济发展的新动力，融入现代人的生活，是亟待解决的关键问题。

广大古村落、古镇加入历史文化村镇的行列是大势所趋，也是国家对古村落、古镇制定保护制度的结果，正是这一次次的全国范围的评选活动，扩大了古村镇的影响，也引起了人们的关注。然而历史文化村镇遭遇着建设性破坏、保护性破坏、旅游开发性破坏却是不争的事实，这不得不引起我们的思考，问题究竟出在哪，产生这些问题的根源在哪里，我们究竟应该如何应对这些问题才能既保护好村镇历史文化又能适应其社会经济发展需求?

本文尝试以珠三角这一特殊地域上的历史文化村镇在物质空间生存、社会经济发展、法规管理资金、保护规划编制以及文化旅游产业这 5 方面上面临的现实困境入手，深究产生这些问题的根源，许多问题并非孤立产生，而是结伴而生，错综复杂，因此回答这些问题的根源常常有所交叉，这远非单一学科知识所能解释。针对现实困境提出的策略也涉及多个领域，应用多个交叉学科的知识。至此，论文完成了现实困境—深层原因—对策提出的过程，并最终建立起相关多学科构筑历史文化村镇保护策略体系（图 8-6）。

然而囿于个人学识所限，论文还存在以下不足之处：

（1）相关学科知识的贫乏，致使保护策略体系的建立还有待优化。

（2）时间和精力所限，调研的广度和深度有待进一步加强。

（3）收集的基础资料所限，致使某些问题无法深入展开论述。

正所谓“路漫漫其修远兮，吾将上下而求索”。

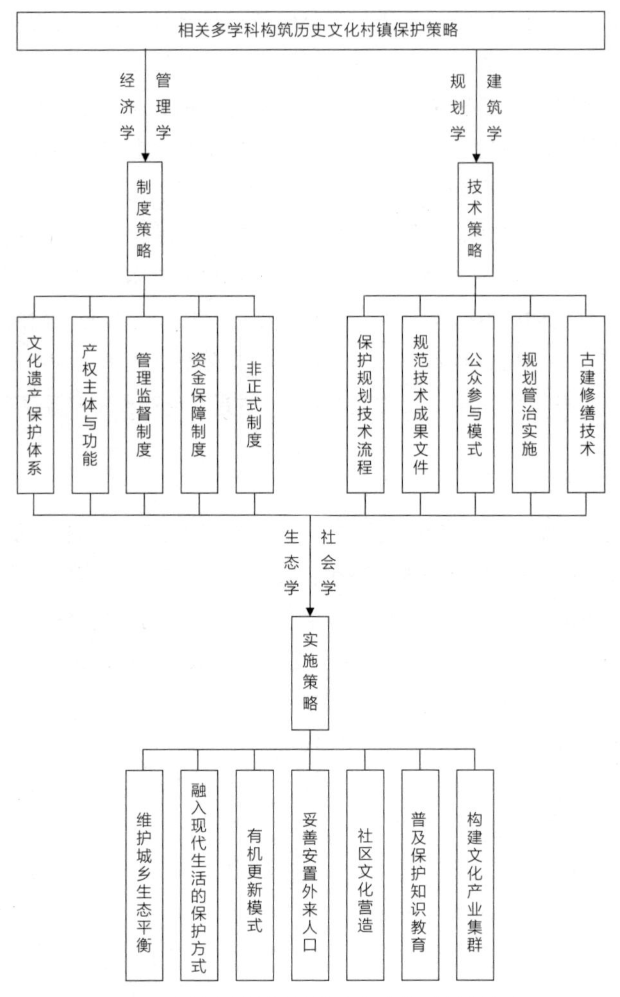

图 8-6 相关多学科构筑历史文化村镇保护策略体系

本章小结

本章针对前文提出的珠三角历史文化村镇保护的制度策略和技术策略，提出实施策略。实施策略包括三大部分：针对物质空间采取城乡一体、有机更新的策略；针对社会经济采取动态保护，协调发展的策略；针对文化旅游采取以文养文，建立文化产业集群的策略。

城乡一体、有机更新的实施策略具体而言指将历史文化村镇的发展纳入城乡生态平衡统筹考虑，采取融入现代生活的保护方式和有机更新保护模式；动态保护，协调发展的实施策略包括妥善安置外来人口，使其成为村镇复兴的契机，采取社区营造的方法激发社区活力，培育社区新文化，同时对居民普及保护知识，提高教育质量。以文养文的实施策略是在全球文化产业发展的大背景下提出，通过产业区位理论的解释，以产业集群理论为基础，本文提出利用珠三角作为广东省历史文化遗产集中地的优势、良好的区位、便利的交通、开放包容的政策环境发展与文化保护相适应的主导产业，构建文化产业集群，实现文化保护和经济发展双赢的新思路。

结　论

历史文化村镇的保护是一个复杂的、永无止境的过程，涉及国家制度政策、管理机制、社会经济发展、人居环境改善、保护规划、建筑修缮等多个方面，涉及政府、村民、开发商、旅游公司等多个利益相关主体，涉及历史遗留和未来发展问题。广东省历史文化村镇在快速城市化浪潮中正处在十字路口，许多原本处在深闺中的历史文化村镇正遭遇着城市建设用地扩张的侵蚀，特别是珠三角地区，经济快速发展，城市用地不断拓展，历史文化村镇时时受到冲击，保护与发展的矛盾突出，本文就其现实困境，循着问题—原因—答案的路径，找到治本之策。

（1）总结主要特征和保护历程：根据珠三角历史文化村镇的历史发展、功能特征、自然和人文景观资源以及物质构成要素特点，将其划分传统农耕聚落文化型、侨乡外来文化型、建筑遗产型、革命史迹型、商贸交通型和名人史迹型等六种类型。通过系统考察珠三角历史文化村镇的历史发展和社会变迁，总结其保护历程可分为列入文物保护单位、编制历史文化村镇保护规划、历史文化村镇保护的全面推进三个阶段，提出了历史文化村镇保护的三个基本动力：政策力、经济力、社会力。

（2）剖析保护困境：剖析历史文化村镇保护的关键影响因素，深入探讨珠三角历史文化村镇在物质空间生存、社会经济发展、保护制度构建、保护规划编制以及文化旅游产业等五个方面存在的现实困境。诚然，这些困境问题并非独立存在，而是相互穿插，错综复杂。珠三角历史文化村镇物质空间生存面临村镇遭遇肌理破坏，文化丧失的困境，具体而言许多村镇都面临着拆旧建新、基础设施落后、居住环境恶化、安全隐患突出、文化内涵丧失等困境，主要原因在于政策主导了文化遗产保护的方向以及历史空间格局与现代生活的矛盾等人为因素；除了物质空间上这一最为直观的破坏之外，人口外迁进而产生社会空间结构的改变也导致了“空心村”以及村镇“出租化”的出现，这些都使得村镇归属感失落，活力衰减，日益落寞。究其根源在于土地制度不完善，宅基地管理法缺失、监督缺位等体制障碍，当然传统聚落结构的缺陷和新住房需求的矛盾也使旧房闲置成为可能，而城区与郊区贫富差距的扩大，也吸引了村镇青年劳动力的外流；历史文化村镇物质空间生存遭遇威胁、原有社会结构转变都离不开政策力，保护工作的开展只有在强有力的制度保障体系中才能顺利展开。目前历史文化村镇保护制度存在的问题包括保护政策体系尚不健全、人为干扰因素大、管理部门职能分工不明确致使行政效率低下、文物保护人才缺乏、保护资金匮乏、产权问题复杂导致保护进展艰难等等。制度无法健全的根源在于经济和利益的角逐，加上许多产权不清等历史遗留问题，使得保护工作变得复杂，本文利用新制度经济学原理权衡了制度建立的成本与收益，解析目前保护制度难健全的原因；申报评选离不开保护规划的编制，珠三角历史文化村镇现实问题是保护规划易编制、难实施，许多规划为了迎合申报条件而频繁修编，偏离了保护村镇文化、引导村镇健康有序发展的本质。保护规划由于缺乏标准，编制成果参差不齐，许多规划采取机械静态的保护方法导致规划成果被束之高阁，而过于频繁的规划修编也削弱了规划的权威性和法律性，规划民众参与度不高，实施中遇到资金不足、拆迁补偿问题也使其举步维艰；虽然珠三角历史文化村镇的旅游还处在起步阶段，但也遇到产业结构不合理、文化产业集约化程度不高、文化市场发育不健全、文化管理体制、旅游开发体制未能理顺、广东旅游业缺乏“定位”，媒体宣传力度不够，未能利用好文化资源等现实困境。

（3）提出保护对策：针对前面剖析珠三角历史文化村镇的现实困境及原因，借鉴日本、英国、德国先进的历史村镇保护制度和策略，结合岭南地域文化特征，从宏观制度策略、微观技术策略、实施策略三层次提出促进珠三角历史文化村镇可持续发展的保护策略。国外先进的历史村镇保护经验表明：形成完整的历史文化遗产保护的法律框架是保护事业成功的基础和关键，保护资金的立法保证是各国历史文化遗产保护的重要保障，职责分明、有效监督的行政管理机构和民间保护团体是保护历史文化遗产的中坚力量。

制度策略的提出是建立在新制度经济学、产权经济学和公共管理学等学科理论的基础上，包括土地流转治理“空心村”、建立明晰的文化遗产保护体系、建立登录制度与指定制度相辅相成的保护机制的法律制度策略；建立责任明晰的管理主体和分权化的管理环境、建立监管制度和古建修缮与新建建设管理机制以及历史文化村镇行政考评指标体系参考模型的行政管理制度策略；建立多元化的资金筹措途径和运作体制的资金保障制度策略以及对非正式制度乡规民约的利用。

技术策略的提出是在回顾了历史文化村镇保护规划的发展之后，总结了现行保护规划技术流程的主要类型及存在问题，结合规划新理念进行理性思考和适应性归纳，提出历史文化村镇保护规划系统的技术流程模式、保护规划实施评价模式以及文化遗产保护公众参与模式，并以肇庆大屋村保护规划编制和东莞塘尾村保护规划实施评价为实证案例研究。此外，针对珠三角炎热、多雨、潮湿的气候环境，对古建筑修缮技术的运用加以论述，使得技术策略更加完善。

针对制度策略和技术策略，提出实施策略。实施策略包括三大部分：针对物质空间采取城乡一体，有机更新的策略；针对社会经济采取动态保护，协同发展的策略；针对文化旅游采取以文养文，建立文化产业集群的策略。城乡一体、有机更新的实施策略具体而言指将历史文化村镇的发展纳入城乡生态平衡统筹考虑，采取融入现代生活的保护方式和有机更新保护模式；动态保护，协调发展的实施策略包括妥善安置外来人口，使其成为村镇复兴的契机，采取社区营造的方法激发社区活力，培育社区新文化，同时对居民普及保护知识，提高教育质量。以文养文的实施策略是在全球文化产业发展的大背景下提出，通过产业区位理论的解释，以产业集群理论为基础，提出利用珠三角作为广东省历史文化遗产集中地的优势、良好的区位、便利的交通、开放包容的政策环境发展与文化保护相适应的主导产业，构建文化产业集群。论文最终在综合三层次策略的基础上建立起相关多学科构筑的历史文化村镇保护策略体系，为现实困境提出了解惑之道。

综上所述，历史文化村镇保护与发展的可行之策在于实行以保护文化资源为前提，以经济发展为动力，以制度为保障，以技术为手段，以实现文化保护和社会经济发展双赢为目的的新战略。

尽管从 2003 年起，我国已经开始了历史文化村镇的申报和评选活动，保护工作已经在全国范围内陆续展开，然而问题依然层出不穷，保护依然任重而道远！珠三角历史文化村镇的遭遇只是中国无数个古村镇的一个缩影，期间还有许多问题值得探讨，还有许多困难有待解决，还有许多工作亟待开展，我们期待有更多的人关注这些被城市边缘化了的古村、古镇，我们期待有更多的学者加入到这一研究领域，为历史文化遗产的保护，为历史文化村镇的未来献策献力。

参考文献

学术著作

[1] 王景慧，阮仪三，王林．历史文化名城保护理论与规划 [M]. 上海：同济大学出版社，1999.

[2] 阮仪三．历史环境保护的理论与实践 [M]. 上海：上海科学技术出版社，2000.

[3] 阮仪三．护城纪实 [M]. 北京：中国建筑工业出版社，2003.

[4] 董鉴弘，阮仪三．名城文化鉴赏与保护 [M]. 上海：同济大学出版社，1993.

[5] 赵勇，骆中钊，张韵．历史文化村镇的保护与发展 [M]. 北京：化学工业出版社，2005.

[6] 赵勇．中国历史文化名镇名村保护理论与方法 [M]. 北京：中国建筑工业出版社，2008.

[7] 朱晓明．历史 环境 生机——古村落的世界 [M]. 北京：中国建材工业出版社，2002.

[8] 朱晓明．寻找唐家湾 [M]. 上海：同济大学出版社，2006.

[9] 朱晓明．当代英国建筑遗产保护 [M].. 上海：同济大学出版社．2007.

[10] 费孝通．乡土中国 [M]. 北京：北京出版社，2005.

[11] 罗哲文．罗哲文历史文化名城与古建筑保护文集 [M]. 北京：中国建筑工业出版社，2003.

[12] 陈志华．楠溪江中游古村落 [M]. 北京：三联书店，1999.

[13] 陈志华，李秋香．梅县三村 [M]. 北京：清华大学出版社，2007.

[14] 李雄飞．城市规划与古建筑保护 [M]. 天津：天津科学技术出版社，1989.

[15] 方明，薛玉峰，熊燕．历史文化村镇继承与发展指南 [M]. 北京：中国社会出版社，2006.

[16] 徐嵩龄，张晓明，张建刚．文化遗产的保护与经营——中国实践与理论进展 [M]. 北京：社会科学文献出版社，2003.

[17] 彭一刚．传统村镇聚落景观分析 [M]. 北京：中国建筑工业出版社，1992.

[18] 张复合．中国近代建筑研究与保护（一、二、三、四、五）[M]. 北京：清华大学出版社，1999-2006.

[19] 孙大章．中国民居研究 [M]. 北京：中国建筑工业出版社，2004.

[20] 单霁翔．城市化发展与文化遗产保护 [M]. 天津：天津大学出版社，2006.

[21] 刘沛林．古村落：和谐的人聚空间 [M]. 上海：上海三联书店，1998.

[22] 陆元鼎，魏彦钧．广东民居 [M]. 北京：中国建筑工业出版社，1990.

[23] 陆元鼎，潘安．中国传统民居营造与技术 [M]. 广州：华南理工大学业出版社，2002.

[24] 陆元鼎，岭南人文·性格·建筑 [M]. 北京：中国建筑工业出版社，2005.

[25] 吴庆洲 . 建筑哲理、意匠与文化 [M]. 北京：中国建筑工业出版社，2005.
[26] 欧志图 . 岭南建筑与民俗 [M]. 天津：百花文艺出版社，2003.
[27] 司徒尚纪 . 广东文化地理 [M]. 广州：广东人民出版社，1993.
[28] 梁桂全 . 广东历史人文资源调研报告 [M]. 北京：社会科学文献出版社，2008.
[29] 陈志刚 . 江南水乡历史城镇保护与发展 [M]. 南京：东南大学出版社，2001.
[30] 张松 . 城市文化遗产保护国际宪章与国内法规选编 [M]. 上海：同济大学出版社，2007.
[31] 张松 . 历史城市保护学导论——文化遗产和历史环境保护的一种整体性方法 [M]. 上海：上海科学技术出版社，2001.
[32] 张松，王骏 . 我们的遗产·我们的未来——关于城市遗产保护的探索与思考 [M]. 上海：同济大学出版社，2008.
[33] 张凡 . 城市发展中的历史文化保护对策 [M]. 南京：东南大学出版社，2006.
[34] 伍江，王林 . 历史文化风貌区保护规划编制与管理 [M]. 上海：同济大学出版社，2007.
[35] 顾军，苑利 . 文化遗产报告：世界文化遗产保护运动的理论与实践 [M]. 北京：社会科学文献出版社，2005.
[36] 方明，刘军 . 国外村镇建设借鉴 [M]. 北京：中国社会出版社，2006.
[37] 杨宏烈 . 城市历史文化保护与发展 [M]. 北京：中国建筑工业出版社，2006.
[38] 仇保兴 . 追求繁荣与舒适——转型期间城市规划、建设与管理的若干策略 [M]. 北京：中国建筑工业出版社，2002.
[39] 仇保兴 . 中国城镇化——机遇与挑战 [M]. 北京：中国建筑工业出版社，2004.
[40] 邹兵 . 小城镇的制度变迁与政策分析 [M]. 北京：中国建筑工业出版社，2003.
[41] 冯现学 . 快速城市化进程中的城市规划管理 [M]. 北京：中国建筑工业出版社，2006.
[42] 郝娟 . 西欧城市规划理论与实践 [M]. 天津：天津大学出版社，1997.
[43] 朱启熏 . 都市更新：理论与范例 [M]. 台北：台隆书店，1984.
[44] 邹统钎 . 古城、古镇与古村旅游开发经典案例 [M]. 北京：旅游教育出版社，2005.
[45] 南方都市报珠三角新闻专刊部著 . 名镇天下：33 个广东历史文化镇村 [M]. 广州：广东人民出版社，2005.
[46] 北京市城市规划设计研究院，首尔市政开发研究院 . 北京、首尔、东京历史文化遗产保护 [M]. 北京：中国建筑工业出版社，2008.
[47] 日本观光资源保护财团 . 历史文化城镇保护 [M]. 北京：中国建筑工业出版社，1991.
[48] 周俭，张恺 . 在城市上建造城市：法国城市历史遗产保护实践 [M]. 北京：中国建筑工业出版社，2003.
[49] 左琰 . 德国柏林工业建筑遗产的保护与再生 [M]. 南京：东南大学出版社，2007.
[50] 卢现祥，朱巧玲 . 新制度经济学 [M]. 北京：北京大学出版社，2007.
[51] 卢现祥 . 西方新制度经济学 [M]. 北京：中国发展出版社，1996.

[52] 于语和 . 村民自治法律制度研究 [M]. 天津：天津社会科学院出版社，2006.
[53] 杜润生 . 中国农村制度变迁 [M]. 成都：四川人民出版社，2003.
[54] 李建勇 . 社会学 [M]. 北京：中国政法大学出版社，2005.
[55] 丹增 . 文化产业发展论 [M]. 北京：人民出版社，2005.
[56] 蒋晓丽 . 全球化背景下中国文化产业论 [M]. 成都：四川大学出版社，2006.
[57] 陆祖鹤 . 文化产业发展方略 [M]. 北京：社会科学文献出版社，2006.
[58] 广州市统计局 . 广州统计年鉴 [M]. 北京：中国统计出版社，2001-2006.
[59] 广东省统计局 . 广东统计年鉴 [M]. 北京：中国统计出版社，1999-2006.
[60] 番禺市地方志编辑纂委员会 . 番禺县志 [M]. 广州：广东人民出版社，1995.
[61] 广州市番禺区地方志编辑纂委员会 [M]. 番禺年鉴 . 北京：方志出版社，2006.
[62] 珠海市地方志办公室 . 唐家湾镇志 [M]. 广州：岭南美术出版社，2006.
[63] 陈华佳 . 大岭村历史文化 [M]. 陈坚，陈培康捐资印刷，2004.
[64] 黄小平 . 沙湾民俗文化 [M]. 北京：中央民主大学出版社，2007.
[65] 纪志龙 . 迈向新世纪的大鹏 [M]. 深圳：地方编委会，1998.
[66] 楼庆西 . 南社村——中国古村落 [M]. 郑州：河南教育出版社，2004.
[67] 程健军 . 开平碉楼——中西合璧的侨乡文化景观 [M]. 北京：中国建筑工业出版社，2007.
[68] 黄继桦 . 申遗之路 [M]. 珠海：珠海出版社，2007.
[69] 黄健敏 . 翠亨村 [M]. 北京：文物出版社，2008.
[70] 苏禹 . 历史文化名村碧江 [M]. 北京：人民出版社，2007.
[71] 李凡，郑坚强，等 . 探幽大旗头——历史、文化和环境研究 [M]. 香港：中国评论学术出版社，2005.
[72] 李王鸣 . 城市总体规划实施评价研究 [M]. 杭州：浙江大学出版社，2007.
[73] [英] 费尔登 · 贝纳德，朱卡 · 朱可托 . 世界文化遗产地管理指南 [M]. 上海：同济大学出版社，2008.
[74] [澳] 伊丽莎白 · 瓦伊斯 . 城市挑战：亚洲城镇遗产保护与复兴实用指南 [M]. 南京：东南大学出版社，2007.
[75] [美] 纳赫姆 · 科恩编著 . 王少华译 . 城市规划的保护与保存 [M]. 北京：机械工业出版社，2004.
[76] [南] 斯韦托扎尔 · 平乔维奇 . 产权经济学——一种关于比较体制的理论 [M]. 北京：经济科学出版社，2000.
[77] [美] 罗伯特 · 阿格拉诺夫，迈克尔 · 麦圭尔 . 协作性公共管理：地方政府新战略 [M]. 北京：北京大学出版社，2007.
[78] [英] 安东尼 · 吉登斯 . 社会学（第四版）[M]. 北京：北京大学出版社，2003.
[79] [英] 简 · 莱恩 . 新公共管理 [M]. 北京：中国青年出版社，2004.

[80] [澳] 欧文·E·休斯 . 公共管理导论（第三版）[M]. 北京：中国人民大学出版社，2007.

[81] [加]Bob Mckercher，[澳]Hilary du Cros. 文化旅游与文化遗产管理 [M]. 天津：南开大学出版社，2006.

[82] [加]M·歌德伯戈，P·钦洛依 . 城市土地经济学 [M]. 北京：中国人民大学出版社，1990.

[83] [美] 刘易斯·芒福德著 . 宋俊岭，倪文彦译 . 城市发展史——起源、演变和前景 [M]. 北京：中国建筑工业出版社，2005.

[84] [美] 伊利尔·沙里宁著 . 顾启源译 . 城市：它的发展、衰败与未来 [M]. 北京：中国建筑工业出版社，1986.

[85] [美] 麦克哈格著 . 芮经纬译 . 设计结合自然 [M]. 北京：中国建筑工业出版社，1992.

[86] [美] 理查德·瑞吉斯特著 . 王如松，胡聃译 . 生态城市——建设与自然平衡的人居环境 [M]. 北京：社会科学文献出版社，2002.

[87] [美] 约翰·M·利维著，孙景秋等译 . 现代城市规划 [M]. 北京：中国人民大学出版社，2003.

[88] [加] 简·雅各布斯著 . 金衡山译 . 美国大城市的死与生（纪念版）[M]. 南京：译林出版社，2006.

[89] [美] 路易斯·霍普金斯著，赖世刚译 . 都市发展——制定计划的逻辑 [M]. 北京：商务印书馆，2009.

学位论文

[90] 朱晓明 . 古村落保护发展的理论与实践 [M]. 同济大学博士学位论文，2000.

[91] 李昕 . 转型期江南古镇保护制度变迁研究 [M]. 同济大学博士学位论文，2006.

[92] 张剑涛 . 欧洲国家与中国的历史环境保护制度的比较研究 [M]. 同济大学博士后学位论文，2005.

[93] 李将 . 城市历史遗产保护的文化变迁与价值冲突——审美现代性、工具理性与传统的张力 [M]. 同济大学博士学位论文，2006.

[94] 郑利军 . 历史街区的动态保护研究 [M]. 天津大学博士学位论文，2004.

[95] 刘晖 . 珠三角城市边缘传统聚落形态的城市化演进研究 [M]. 华南理工大学博士学位论文，2005.

[96] 王健 . 广府民系民居建筑与文化研究 [M]. 华南理工大学博士学位论文，2002.

[97] 唐孝祥 . 近代岭南建筑美学研究 [M]. 华南理工大学博士学位论文，2002.

[98] 郭湘闽 . 旧城更新中传统规划机制的变革研究 [M]. 华南理工大学博士学位论文，2006.

[99] 孟丹 . 公众参与城市规划机制与模式研究 [M]. 华南理工大学博士学位论文，2006.

[100] 李伟 . 历史文化名城的政府保护机制研究——以广州市为例 [M]. 华南理工大学硕士学位论文，2008.

[101] 林冬娜 . 岭南历史村镇的特色与保护 [M]. 华南理工大学硕士学位论文，2004.

[102] 张海 . 沙湾古镇形态研究 [M]. 华南理工大学硕士学位论文，2005.

[103] 陈绍涛 . 珠三角若干历史村镇街市研究 [M]. 华南理工大学硕士学位论文，2006.

[104] 王玲玲 . 历史文化名城保护规划的发展与演变研究 [M]. 中国城市规划设计研究院硕士学位论文，2006.

[105] 白颖 . 建筑遗产保护规划编制体系中的技术问题研究 [M]. 东南大学硕士学位论文，2003.

[106] 吴黎梅 . 上海郊区历史村镇的保存状况与保护对策——以青浦区为例 [M]. 同济大学硕士学位论文，2006.

[107] 李军 . 中国历史文化名城保护法律制度研究 [M]. 重庆大学硕士学位论文，2005.

[108] 孙莹 . 城郊型大遗址保护规划实施评价机制研究 [M]. 西北大学硕士学位论文，2013.

[109] 任栋 . 历史文化村镇保护规划评估研究 [M]. 华南理工大学硕士学位论文，2012.

[110] 李靖 . 翠亨历史文化名村保护规划的实施评价研究 [M]. 华南理工大学硕士学位论文，2011.

[111] 刘渌璐 . 广府地区传统村落保护规划编制及其实施研究 [M]. 华南理工大学博士学位论文，2014.

期刊论文

[112] 阮仪三，孙萌 . 我国历史街区保护与规划的若干问题研究 [J]. 城市规划，2001，25（10）: 25-32.

[113] 阮仪三，黄海晨，程俐聰 . 江南水乡古镇保护与规划 [J]. 建筑学报，1996（9）: 22-25.

[114] 阮仪三，邵甬 . 精益求精返璞归真——周庄古镇保护与规划 [J]. 城市规划，1999，23（7）: 54-57.

[115] 阮仪三，邵甬，林林 . 江南水乡城镇的特色、价值及保护 [J]. 城市规划汇刊，2002（1）: 1-4.

[116] 阮仪三 . 谈城市历史保护规划的误区 [J]. 规划师，2001，17（3）: 9-11.

[117] 邵甬，阮仪三 . 关于历史文化遗产保护的法制建设——法国历史文化遗产保护制度发展的启示 [J]. 城市规划汇刊，2002（3）: 57-65.

[118] 阮仪三，张松 . 产业遗产保护推动都市文化产业发展——上海文化产业区面临的困境与机遇 [J]. 城市规划汇刊，2002，（4）: 53-57.

[119] 阮仪三，陈婷 . 历史城市保护优先权的确立 [J]. 城市规划，2002，26（7）: 31-34.

[120] 张琴 . 江南水乡城镇保护实践的反思 [J]. 城市规划学刊，2006（2）: 67-70.

[121] 刘晓东 . 浙江历史城镇保护的问题与对策 [J]. 城市规划，2003，27（12）: 65-67.

[122] 阳建强，冷嘉伟，王承慧 . 文化遗产 推陈出新——江南水乡古镇同里保护与发展的探索研究 [J]. 城市规划，2001，25（5）: 50-55.
[123] 王景慧 . 论历史文化遗产保护的层次 [J]. 规划师，2002（6）: 9-13.
[124] 王景慧 . 城市历史文化遗产保护的政策与规划 [J]. 城市规划，2004，2（1）: 68-73.
[125] 罗德启 . 中国贵州民族村镇保护和利用 [J]. 建筑学报，2004（6）: 7-10.
[126] 仇保兴 . 中国历史文化名镇（村）的保护和利用策略 [J]. 城乡建设,2004（1）:6-9.
[127] 赵中枢 . 从文物保护到历史文化名城保护——概念的扩大与保护方法的多样化 [J]. 城市规划，2001，25（10）: 33-36.
[128] 赵勇，崔建甫 . 历史文化村镇保护规划研究 [J]. 城市规划，2004，28（8）: 54-59.
[129] 赵勇 . 建立历史文化村镇保护制度的思考 [J]. 城乡建设，2004（7）: 43-45.
[130] 赵勇，张捷，秦中 . 我国历史文化村镇研究进展 [J]. 城市规划学刊，2005（2）: 59-64.
[131] 赵勇，张捷，章锦河 . 我国历史文化村镇保护的内容与方法研究 [J]. 人文地理，2005，25（1）: 68-74.
[132] 赵勇，张捷，李娜，梁莉 . 历史文化村镇保护评价体系及方法研究——以中国首批历史文化名镇（村）为例 [J]. 地理科学，2006，26（4）: 497-505.
[133] 单霁翔 . 进一步推动历史文化村镇的保护工作 [J]. 城乡建设，2004（1）: 10-11.
[134] 罗哲文 . 关于我国历史文化村镇保护与发展的管见 [J]. 中国文物科学研究，2006（3）: 43-47.
[135] 罗哲文 . 古建筑维修原则和新材料新技术的应用——兼谈文物建筑保护维修的中国特色问题 [J]. 中国文物科学研究，2006（4）: 58-62.
[136] 朱晓明 . 试论古村落的评价标准 [J]. 古建园林技术，2001（4）: 53-55.
[137] 王勇，李莉萍，刘香 . 谈自组织理论在历史文化村镇保护中的作用 [J]. 山西建筑，2006，32（8）: 10-11.
[138] 董艳芳，杜白操，薛玉峰 . 我国历史文化名镇（村）评选与保护 [J]. 建筑学报，2006（5）: 12-14.
[139] 伍月湖 . 从旅游地研究角度看历史文化村镇遗产保护 [J]. 重庆建筑大学学报，2007，29（2）: 38-42.
[140] 钟静，张捷等 . 历史文化村镇旅游流季节性特征比较研究——以西递、周庄为例 [J]. 人文地理，2007（4）: 68-71.
[141] 车震宇 . 传统村落保护中易被忽视的“保存性”破坏 [J]. 华中建筑，2008，26（8）: 182-184.
[142] 王林 . 中外历史文化遗产保护制度比较 [J]. 城市规划，2000，24（8）: 49-51.
[143] 任云兰 . 国外历史街区的保护 [J]. 城市问题，2007（7）: 93-96.

[144] 王景慧 . 日本的《古都保存法》[J]. 城市规划，1987（5）: 5-10.
[145] 张松 . 日本历史环境保护的理论与实践 [J]. 清华大学学报，2000，40（S1）: 44-48.
[146] 张松 . 国外文物登陆制度的特征与意义 [J]. 新建筑，1999（1）: 31-35.
[147] [英] 大卫・沃伦 . 历史名城的保护规划：政策与法规 [J]. 国外城市规划，1995（1）: 15-21.
[148] 赵中枢 . 英国古城保护的立法过程、保护内容及其保护方式 [J]. 北京规划建设，1999（2）: 20-22.
[149] 焦怡雪 . 英国历史文化遗产保护中的民间团体 [J]. 规划师，2002，18（5）: 79-83.
[150] 饶传坤 . 英国国民信托在环境保护中的作用及其对我国的借鉴意义 [J]. 浙江大学学报，2006，36（6）: 81-89.
[151] 刘武君 . 英国街区保护制度的建立与发展 [J]. 国外城市规划，1995（1）: 22-26.
[152] 殷成志，[德] 弗朗兹・佩世 . 德国建造规划的技术框架 [J]. 城市规划，2005，29（8）: 64-70.
[153] Alexandra Marsden. 澳大利亚国家遗产的保护机构及保护原则 [J]. 国外城市规划，1997（3）: 2-4.
[154] Ferrgus T.Maclaren. 加拿大遗产保护的实践以及有关机构 [J]. 国外城市规划，2001（4）: 17-21.
[155] 沈海虹 . 美国文化遗产保护领域中的税费激励政策 [J]. 建筑学报，2006（6）: 17-20.
[156] 谢友宁，盛志伟 . 国外历史文化名城名镇保护策略鸟瞰 [J]. 现代城市研究，2005（1）: 39-45.
[157] 谭纵波 . 国外当代城市规划技术的借鉴与选择 [J]. 国外城市规划，2001（1）: 38-41.
[158] 刘沛林 . 论“中国历史文化名村”保护制度的建立 [J]. 北京大学学报，1998，35（1）: 81-8.
[159] 刘敏，李先逵 . 历史文化名城保护管理制度评议 [J]. 小城镇建设，2002（11）: 62-63.
[160] 刘敏，李先逵 . 历史文化名城保护管理调控机制的思辨 [J]. 城市规划 . 2003，27（2）: 52-54.
[161] 赵燕菁 . 名城保护出路何在 [J]. 城市开发，2003（1）: 8-10.
[162] 赵燕菁 . 制度经济学视角下的城市规划（上）[J]. 城市规划，2005，29（6）: 40-47.
[163] 赵燕菁 . 制度经济学视角下的城市规划（下）[J]. 城市规划，2005，29（7）: 17-27.
[164] 盛鸣 . 城市发展战略规划的技术流程 [J]. 城市问题，2005（1）: 6-10.
[165] 刘宾，潘丽珍，高军 . 冲突与反思——转型期我国历史街区保护的几点思考 [J]. 城市规划，2005，29（9）: 60-63.
[166] 薛力 . 城市化背景下的“空心村”现象及其对策探讨——以江苏省为例 [J]. 城市规划，2001，25（6）: 8-123.

[167] 李勤，孙国玉．农村“空心村”现象的深层次剖析 [J]. 中国城市经济，2009（10）: 25-26.

[168] 魏成．路在何方——“空巢”古村落保护的困境与策略性方向 [J]. 南方建筑，2009（4）: 21-24.

[169] 桑东升．珠江三角洲地区村镇可持续发展的实践反思 [J]. 城市规划汇刊，2004（3）: 30-32.

[170] 房庆方，马向明，宋劲松．城中村：从广东看我国城市化进程中遇到的政策问题 [J]. 城市规划，1999，23（9）: 18-20.

[171] 陈荣，范大平．浅谈提高违约成本降低维权成本的必要性及措施 [J]. 法制与社会，2006（8）: 197-199.

[172] 李世庆．双维度产权视角下论我国历史街区的保护策略 [J]. 城市规划，2007，31（12）: 31-36.

[173] 张杰，庞骏，董卫．悖论中的产权、制度与历史建筑保护 [J]. 现代城市研究，2006（10）: 10-15.

[174] 郭湘闽．房屋产权私有化是拯救旧城的灵丹妙药吗？[J]. 城市规划，2007，31（1）: 9-15.

[175] 唐燕．经济转型期城市规划决策及管理中的寻租分析 [J]. 城市规划，2005，29（1）: 25-29.

[176] 何明俊．作为公共行政管理的城市规划 [J]. 城市规划，2005，29（12）: 40-44.

[177] 张松，顾承兵．历史环境保护运动中的主体意识分析 [J]. 规划师，2006，22（10）: 5-8.

[178] 周建军．论新城市时代城市规划制度与管理创新 [J]. 城市规划，2004，28（12）: 33-36.

[179] 陈凌云．建立健全我国文化遗产资金保障机制 [J]. 江南论坛，2003（12）: 40-41.

[180] 杨心明，郑芹．优秀历史建筑保护法中的专项资金制度 [J]. 同济大学学报，2005，16（6）: 114-119.

[181] 桂晓峰，戈岳．关于历史文化街区保护资金问题的探讨 [J]. 城市规划，2005，29（7）: 79-83.

[182] 任思蕴．建立有效的文化遗产保护资金保障机制 [J]. 文物世界，2007（3）: 65-73.

[183] 关松立．中外文化产业集群发展模式比较及启示 [J]. 发展研究，2007（5）: 20-21.

[184] 王宇丹．文化投资与历史文化遗产保护 [J]. 建筑学报，2006（12）: 52-53.

[185] 唐文跃．城市规划的社会化与公众参与 [J]. 城市规划，2002，26（9）: 25-27.

[186] 郭建，孙惠莲．城市规划中公众参与的法学思考 [J]. 城市规划，2004，28（1）: 65-68.

[187] 郑利军，杨昌鸣．历史街区动态保护中的公众参与 [J]. 城市规划，2005，29 (7): 63-65.

[188] 陈锦富．论公众参与的城市规划制度 [J]. 城市规划，2000，24 (7): 54-57.

[189] 张继刚．浅谈城市规划中的公众参与 [J]. 城市规划，2000，24 (7): 57-58.

[190] 邱明，宣建华．郑宅镇历史文化保护区保护策略研究 [J]. 华中建筑，2004，22 (4): 108-110.

[191] 刘启宇，刘红红．广东文化产业发展的现状、问题和对策 [J]. 学术研究，2007 (6): 40-45.

[192] 陈静敏，郑力鹏．广州城中村历史建筑保护对策初探 [J]. 华中建筑，2007，25 (7): 135-141.

[193] 迈克·E. 波特．簇群与新竞争经济学 [J]. 经济社会体制比较．2000 (2): 21-31.

[194] 吴昕．重赋活力——以福州三坊七巷为例，浅谈历史地段的保护与更新模式 [J]. 华中建筑，2007，25 (4): 63-65.

[195] 郑力鹏，郭祥．广州聚龙村清末民居群保护与利用研究 [J]. 华中建筑，2002，20 (1): 42-45.

[196] 赵红红，阎瑾．世界遗产、亚太地区文化遗产与一般民居保护——以广东省从化市广裕祠保护修复为例 [J]. 规划师，2005，21 (1): 25-27.

[197] 廖志，陆琦．岭南传统聚落的保护与功能置换——广州大学城民俗博物村保护与更新设计 [J]. 建筑学报，2008 (7): 46-51.

[198] 郭谦，林冬娜．厘清古村脉络，还原历史原貌——广东从化钱岗村保护与发展研究计划 [J]. 新建筑，2005 (4): 33-36.

[199] 尹向东．历史文化名镇保护思路的探索——以广州市沙湾镇为例 [J]. 小城镇建设，2007 (1): 77-80.

[200] 朱光文．浅谈沙湾古镇的历史文化资源特色与保护开发 [J]. 岭南文史，2002 (2): 33-37.

[201] 郑洵侯．还原中国历史文化名村的历史真相——大旗头村郑氏史料的追寻过程 [J]. 广东档案，2007 (2): 42-45.

[202] 黄蜀媛．大旗头村——华南农业聚落的典型 [J]. 华中建筑，1996，14 (4): 48-49.

[203] 朱光文．明清广府古村落文化景观初探 [J]. 岭南文史，2001 (3): 15-19.

[204] 王庆，胡卫华．古民居保护与旅游开发——以深圳大鹏所城、南头古城为例 [J]. 小城镇建设，2005 (4): 66-68.

[205] 邱丽，张海．广府民系聚落与居住建筑的防御性分析 [J]. 华中建筑，2007，25 (11): 132-134.

[206] 陆琦．岭南传统庭园布局与空间特色 [J]. 新建筑，2005 (5): 76-79.

[207] 钟国庆．肇庆广府古村落景观格局特点及其保护研究——以蕉园村为例 [J]. 城市规划，2009，33（4）: 92-96.

[208] 胡敏，郑文良，陶诗琦，许龙，王军．我国历史文化街区总体评估与若干对策建议——基于第一批中国历史文化街区申报材料的技术分析 [J]. 城市规划，2016，40（10）: 65-73.

[209] 周国艳．西方城市规划有效性评价的理论范式及其演进 [J]. 城市规划，2012，36（11）: 58-66.

[210] 欧阳鹏．公共政策视角下城市规划评估模式与方法初探 [J]. 城市规划，2008，32（12）: 22-28.

[211] 邵甬，付娟娟．以价值为基础的历史文化村镇综合评价的特征与方法 [J]. 城市规划，2012（2）: 82-88.

[212] 黄家平，肖大威，魏成，张哲．历史文化村镇保护规划技术路线研究 [J]. 城市规划，2012，36（11）: 14-19.

[213] 梁乔，胡绍华．历史街区保护性建成环境的质量评析 [J]. 建筑学报，2007（6）: 66-68.

[214] 徐红罡，万小娟，范晓君．从“原真性”实践反思中国遗产保护——以宏村为例 [J]. 人文地理，2012，123（1）: 107-112.

[215] 魏樊．福州市三坊七巷历史文化街区保护规划实施评估的启示与思考 [J]. 福建建筑，2013（5）: 4-5.

[216] 刘渌璐，肖大威，张肖．历史文化村落保护实施效果评估及应用 [J]. 城市规划，2016，40（6）: 94-98.

[217] 罗瑜斌．历史文化村镇行政管理制度探讨 [J]. 小城镇建设，2012，（5）: 92-96.

[218] 孙施文，周宇．城市规划实施评价的理论与方法 [J]. 城市规划汇刊，2003，144（2）: 15-20.

[219] 赖世刚．城市规划实施效果评价研究综述 [J]. 规划师，2010，26（3）: 10-13.

内部资料

[220] 广东省文化厅．厅计财处民主评议政风行风整改计划．2008.

[221] 财政部．国家重点文物保护专项补助经费使用管理办法（财教 [2001]351 号）. 2001.

[222] 财政部．关于印发《国家历史文化名城保护专项资金管理办法》的通知（财预字 [1998]284 号）.1998.

[223] 广州市番禺城镇规划设计室．广州番禺沙湾镇历史文化名镇保护规划．2003.

[224] 广州市番禺城镇规划设计室和广东省城乡规划设计研究院 [J]. 广州市番禺区沙湾镇总体规划（2003 ~ 2020 年）. 2003.

[225] 华南理工大学建筑设计研究院．沙湾古镇安宁西街历史街区保护规划（终审成果）. 2006.

[226] 华南理工大学东方建筑文化研究所．大岭村历史文化区保护规划．2003.
[227] 广州市城市规划自动化中心规划设计所，广州大学建筑设计研究院．广州市番禺区大岭村历史文化保护区保护规划．2005.
[228] 广州市城市规划设计．广州市番禺区大岭村历史文化保护区保护规划．2007.
[229] 华南理工大学建筑设计研究院．广州市番禺区石楼镇大岭村村庄规划（2007 ~ 2010 年）（评审稿）．2008.
[230] 中国城市规划设计研究院．广东省深圳市大鹏所城保护规划．2004.
[231] 东南大学建筑设计研究院．全国重点文物保护单位深圳大鹏所城保护规划．2005.
[232] 华南理工大学建筑学院民居研究所和广东中煦建设工程设计有限公司．深圳龙岗区大鹏所城重点历史街巷保护与修缮工程．2005.
[233] 华南理工大学建筑设计研究院．三水大旗头村文物保护规划．2004.
[234] 华南理工大学建筑设计研究院．中山市翠亨村历史文化保护规划．2006.
[235] 华南理工大学东方建筑文化研究所．佛山市顺德区北滘镇碧江历史文化保护区保护规划．2004.
[236] 华南理工大学建筑设计研究院．东莞市石排镇塘尾明清古村保护规划方案．2003.
[237] 清华大学建筑学院建筑历史与文物建筑保护研究所．广东省东莞市茶山镇南社村古建筑群保护规划方案．2002.
[238] 中国科学院地理科学与资源研究所旅游研究与规划设计中心．南社古村旅游开发概念规划（2004 ~ 2020 年）．2006.
[239] 深圳市龙规院规划建筑设计有限公司．东莞市石龙镇总体规划修编（2002 ~ 2020 年）．2002.
[240] 中国城市规划设计研究院．东莞市石龙历史古镇保护规划．2007.
[241] 广东省城乡规划设计研究院．开平市赤坎镇历史文化保护规划．2006.
[242] 江门市规划勘察设计研究院．恩平市歇马村历史文化保护规划．2008.
[243] 惠阳市规划设计室．惠阳市秋长镇历史文化保护规划．2003.
[244] 广宁县城市规划设计室．广宁县北市镇大屋村历史文化名村保护规划．2007.
[245] 华南理工大学建筑设计研究院．肇庆市北市镇大屋村保护规划．2008.
[246] 广州市番禺区沙湾镇政府，广州市番禺区科学技术局，沙湾镇文化站．“整合历史文化资源，促进沙湾经济发展”战略研究．2007.
[247] 广州市番禺区沙湾镇人民政府．全国历史文化名镇申报材料——广东省广州市番禺区沙湾镇．2003.
[248] 广东省文化厅．第六批全国重点文物保护单位推荐材料——南社古建筑群．2004.
[249] 广东省广州市番禺区石楼镇人民政府．关于申报全国历史文化名村的报告．2006.
[250] 广东省广州市番禺区石楼镇人民政府．全国历史文化名村申报材料．2006.

[251] 大岭村民委员．大岭村申报全国历史文化村概况．2003.
[252] 赤坎镇人民政府．赤坎老镇申报中国历史文化名镇材料．2006.
[253] 广东省肇庆市广宁县北市镇人民政府．广宁县北市镇大屋村历史文化名村申报材料．2007.
[254] 广东省恩平市圣堂镇人民政府．歇马村申报中国历史文化名村材料．2008.
[255] 开平碉楼与村落保护管理办公室．开平碉楼与村落．2007.
[256] 大岭村民委员．大岭村村民自治章程．2005.
[257] 中共沙湾镇委员会．沙湾镇关于设立历史街区管理委员会的决定．中共沙湾镇委文件（沙发[2002]59号）．2002.
[258] 沙湾镇建设委员会．车陂街历史保护街区（第二期）住宅房屋拆迁安置补偿方案．2008.
[259] 中共肇庆市委，肇庆市人民政府．肇庆发现之旅——古村落．2006.
[260] 肇庆市城乡规划局和肇庆市文化广电新闻出版局．转发省建设厅、省文化厅《关于组织申报第一批广东省历史文化街区、名镇（村）的通知》的通知（肇城规[2007]01号）．2007.
[261] 肇庆市城乡规划局和肇庆市文化广电新闻出版局．关于申报第三批中国历史文化名镇（村）有关事宜的请示（肇城规[2006]31号）．2006.
[262] 广宁县城乡建设规划局．关于要求同意广宁县北市镇大屋村历史文化名村保护规划的请示（宁城规字[2007]19号）．2007.
[263] 广宁县城乡建设规划局．关于同意广宁县北市镇大屋村历史文化名村保护规划的函（宁城规函[2007]4号）．2007.
[264] 广宁县人民政府．关于广宁县北市镇大屋村历史文化名村保护规划的批复（宁府函[2007]33号）．2007.

英文资料

[265] Barry Cullingwarth and Vincent Nadin. Town and Country Planning in the UK（Thirteen Edition）. New York: Routledge，2002.
[266] Alexander，Ernest R. Evolution and status: Where is planning evaluation today and how did it get here? In Evaluation in planning: Evolution and prospects，ed. Aldershot，UK: Ashgate，2006.
[267] Pickard，R. Conservation in the Built Environment. Harlow: Longman，1996.
[268] Pickard，R.（ed.）Policy and Law in Heritage Conservation. London: Spon Press，2001.
[269] Martin E. Weaver. Conserving buildings: guide to techniques and

materials. New York: Wiley, 1997.

[270] C.A.Brebbia. Structural repair and maintenance of historical building. Southampton: Boston: Computational Mechanics Publications, 1989.

[271] Zhao Zhongshu.A Brief Account of the Formulation of the Laws on Protection of Historic and Cultural Cities in China.Senior Planner, 1999 (12): 13-20.

[272] Florian Steinberg.Conservation and Rehabilitation of Urban Heritage in Developing Countries.Habitat Intl, 1996, 20 (3): 463-475.

[273] Naciye Doratli, Sebnem Onal Hoskara and Mukaddes Fasli. An analytical methodology for revitalization strategies in historic urban quarters: a case study of the Walled City of Nicosia, North Cyprus. Cities, 2004, 21 (4): 329-348.

[274] J. Kozlowki, N.Vass-Browen. Buffering external threats to heritage conservation areas: a planner's perspective. Landscape and Urban Planning, 1997 (37): 245-267.

[275] Tran Huu Tuan , Udomsak Seenprachawong, Stale Navrud. Comparing cultural heritage values in South East Asia e Possibilities and difficulties in cross-country transfers of economic values. Journal of Cultural Heritage, 2009 (10): 9-21.

[276] Talen, Emily. Do Plan Get Implemented? A review of evaluation in planning. Journal of Planning Literature, 1996 (10): 248-259.

[277] Ron Griffiths. Cultural strategies and new modes of urban intervention. Cities, 1995, 12 (4): 253-265.

[278] Einar Bowitz, Karin Ibenholt. Economic impacts of cultural heritage—Research and perspectives. Journal of Cultural Heritage, 2009 (10): 1-8.

[279] Ana Bedate, Luis César Herrero, José Ángel Sanz. Economic valuation of the cultural heritage: application to four case studies in Spain. Journal of Cultural Heritage, 2004 (5): 101-111.

[280] Huey-Jiun Wang, Huei-Yuan Lee. How government-funded projects have revitalized historic streetscapes -Two cases in Taiwan. Cities, 2008 (25): 197-206.

[281] J.F.Coeterier. Lay people's evaluation of historic sites. Landscape and Urban Planning, 2002 (59): 111-123.

[282] Ian Strange. Local politics, new agendas and strategies for change in

English historic cities. Cities，1996，13 (6): 431-437.
[283] Ian Strange. Planning for change，conserving the past: towards sustainable development policy in historic cities? Cities，1997，14 (4): 227-233.
[284] Nottingham's Lace Market. Tensions between revitalization and conservation. Cities，1995，12 (4): 231-241.
[285] John Pendlebury. The conservation of historic areas in the UK-A case study of “Grainger Town”，Newcastle upon Tyne. Cities，1999，16 (6): 423-433.
[286] Brenda S A Yeoh，Shirlena Huang. The conservation-redevelopment dilemma in Singapore-The case of the Kampong Glam historic district. Cities，1996，13 (6): 411-422.
[287] Graham Parlett，John Fletcher and Chris Cooper. The impact of tourism on the Old Town of Edinburgh. Tourism Management，1995，16 (5): 355-360.
[288] Gareth A Jones and Rosemary D F Bromley. The relationship between urban conservation programmes and property. Cities，1996，13 (6): 373-375.
[289] Nadia Ghedini，Cristina Sabbioni ，Marta Pantani. Thermal analysis in cultural heritage safeguard: an application. Thermochimica Acta，2003 (406): 105-113.
[290] Sim Loo Lee. Preservation of historical and cultural heritage-The case of Singapore. Cities，1996，13 (6): 399-409.
[291] CIVVIH: International Committee on Historic Towns and Villages. http: //worldheritage-forum.net/en/2005/03/36.
[292] Goals and Tasks of the CIVVIH. http: //civvih.icomos.org.
[293] Andras Roman. CIVVIH is twenty years old. http: //civvih.icomos.org.
[294] Statutes of CIVVIH. http: //civvih.icomos.org/francais/archives/1996%20statutes.pdf.
[295] ICOMOS. International Charters for the Conservation and Restoration. http: //www.international.icomos.org.
[296] ICOMOS. The International Charter for the Conservation and Restoration of Monuments and Sites (1964) . http: //www.international.icomos.org/charters/venice_e.htm.

[297] UNESCO. Convention for the Protection of the World Cultural and Natural Heritage (1972) . http: //whc.unesco.org/world_he.htm.

[298] ICOMOS. Resolutions of the International Symposium on the Conservation of Smaller Historic Towns (1975) . http: //www.icomos.org/docs/small_towns.html.

[299] UNESCO. Recommendation Concerning the Safeguarding and Contemporary Role of Historic Areas (1976) . http: // www.icomos.org/unesco/areas76.html.

[300] ICOMOS. Declaration of Tlaxcala on the Revitalization of Small Settlements (1982) . http: //www.icomos.org/docs/tlaxcala.html.

[301] ICOMOS. Charter for the Conservation of Historic Towns and Urban Areas (1987). http://www.international.icomos.org/charters/towns_e.htm.

[302] ICOMOS. Charter on the Built Vernacular Heritage (1999) . http: //www.international.icomos.org/charters/vernacular_e.htm.

附　录

附录 1　珠三角历史文化村镇访谈对象一览表

序号	姓名	职位 / 身份	访谈时间	访谈地点
1	黄文德	深圳市龙岗区大鹏所城博物馆主任	2007.11.29 15：00 ~ 16：00	大鹏所城博物馆
2	丘子为	《深圳龙岗区大鹏所城重点历史街巷保护与修缮工程》设计师	2007.12.11 21：00 ~ 21：30	华南理工大学宿舍
3	程建军	华南理工大学建筑学院教授	2007.12.17 16：30 ~ 17：30	华南理工大学建筑文化遗产保护设计研究所
4	陈华佳	广州市番禺区石楼中学退休老师	2008.2.23 13：40 ~ 15：30	大岭村兆和里 1 号
5	陈国辉	广州市番禺区石楼镇大岭村村长	2008.2.28 9：40 ~ 11：30	大岭村民委员会
			2009.7.7 10：00 ~ 12：00	大岭村民委员会
6	陈来灿	广州市番禺区石楼镇大岭村书记	2008.2.28 9：40 ~ 11：30	大岭村民委员会
7	陈家健	广州市番禺区石楼镇大岭村民委员会职员	2008.2.28 15：00 ~ 15：30	大岭村民委员会
8	蔡结焕	广州市番禺区沙湾文化中心职员	2008.3.4 10：00 ~ 12：00	沙湾文化中心
9	胡坤仪	《深圳龙岗区大鹏所城重点历史街巷保护与修缮工程》测绘人员	2008.3.5 19：00 ~ 19：30	华南理工大学宿舍
10	杨清彦	广州市番禺区沙湾文化中心主任	2008.3.6 10：00 ~ 11：00	沙湾文化中心
11	朱文良	广州市番禺区沙湾镇人民政府规划国土建设办主任	2008.3.6 15：20 ~ 17：00	沙湾镇人民政府规划国土建设办
			2009.7.8 10：00 ~ 11：30	沙湾镇人民政府规划国土建设办
12	刘东荣	肇庆市广宁县文学艺术界联合会秘书长	2008.3.17 16：00 ~ 17：30	广宁县文化局
13	冯仕光	肇庆市广宁县北市镇文化站站长	2008.3.18 16：00 ~ 17：30	北市镇人民政府
14	江玉财	肇庆市广宁县北市镇大屋村村长	2008.3.19 15：00 ~ 17：00	大屋村仁善里
15	江先南	肇庆市广宁县北市镇扶溪社区支书	2008.3.19 17：20 ~ 17：50	大屋村村委

续表

序号	姓名	职位 / 身份	访谈时间	访谈地点
16	江先扬	肇庆市广宁县北市镇大屋村村民	2008.3.20 9：30 ~ 11：00	大屋村仁善里
17	江先发	肇庆市广宁县北市镇大屋村村民	2008.3.20 15：00 ~ 16：30	大屋村江先发家里
18	江厚铧	肇庆市广宁县北市镇大屋村村民	2008.3.20 16：40 ~ 17：10	大屋村福安里
19	陈健生	肇庆市广宁县博物馆馆长	2008.3.21 9：30 ~ 11：00	广宁县博物馆
20	石伯祥	肇庆市广宁县教育局党委办主任	2008.3.21 16：00 ~ 16：30	广宁县教育局
21	肖送文	广东省建设厅城乡规划处科长	2008.4.9 15：00 ~ 15：30	广东省建设厅
22	罗辉荣	肇庆市广宁县城乡规划建设局主任	2008.4.22 14：30 ~ 16：30	广宁县城乡规划建设局
23	江泽强	肇庆市广宁县北市镇城建办主任	2008.4.23 9：00 ~ 11：00	广宁县北市镇人民政府
24	冯江	华南理工大学建筑学院讲师	2008.5.16 11：00 ~ 12：30	华南理工大学东方建筑文化研究所
25	杨昭懋	重庆大学建筑学院教授	2008.11.23 10：00 ~ 11：00	华南理工大学 27 号楼
26	李先逵	中国建筑学会副理事长	2008.11.23 10：30 ~ 10：50	华南理工大学 27 号楼
27	钟艺萍	广州市城市规划局建筑工程管理处科员	2008.12.15 14：00 ~ 14：30	广州市城市规划局
28	戴纪荣	广州市番禺区石楼镇规划国土建设办兼大岭村历史文化名村修葺办公室主任	2009.7.7 10：00 ~ 12：00	大岭村民委员会
29	梁明	广州市番禺区沙湾古镇旅游开发公司总经理	2009.7.8 11：40 ~ 12：30	沙湾古镇旅游开发公司
30	谢布仔	东莞市茶山镇南社村古建筑群管理所所长	2009.7.9 9：00 ~ 11：00	南社村古建筑群管理所
31	谢灿林	东莞市茶山镇南社村村民	2009.7.9 16：00 ~ 16：30	南社村古建筑群管理所
32	吴就良	开平市文物局常务副主任	2009.7.13 15：00 ~ 17：00	开平市文物管理委员会办公室
33	甘慧纯	中山市南朗镇翠亨村村党支部副书记	2009.7.15 9：30 ~ 10：30	翠亨村民委员会

续表

序号	姓名	职位 / 身份	访谈时间	访谈地点
34	林华煊	孙中山故居纪念馆副馆长	2009.7.15 16：00 ~ 17：30	孙中山故居纪念馆
35	郑伟迪	恩平市规划局局长	2009.7.16 10：00 ~ 11：30	恩平市规划局
36	胡美英	恩平歇马举人村旅游区有限公司副总经理	2009.7.16 16：00 ~ 16：40	歇马举人村
37	梁瑞和	歇马举人村旅游区有限公司行政综合部经理	2009.7.16 16：00 ~ 16：40	歇马举人村
38	梁奕谋	恩平歇马举人村村民	2009.7.16 18：00 ~ 19：00	歇马举人村
39	林颖坚	佛山市规划局三水分局副局长	2009.7.21 10：00 ~ 10：40	三水规划局
40	高康	佛山市规划局三水分局副局长	2009.7.21 10：50 ~ 11：30	三水规划局
41	唐志伟	佛山市三水区乐平镇人民政府文化站站长	2009.7.21 15：00 ~ 15：30	乐平镇人民政府
42	郑衍谦	佛山市三水区乐平镇大旗头村村民	2009.7.21 16：30 ~ 17：00	三水大旗头村
43	成文	惠州市惠阳区人民政府秋长街道办事处规划建设办公室主任	2009.7.23 15：00 ~ 16：00	秋长街道办事处规划建设办公室
44	叶秋菊	惠州市惠阳区人民政府秋长街道办事处文化宣传部部长助理	2009.7.23 15：00 ~ 16：00	秋长街道办事处规划建设办公室
45	郑志年	佛山市顺德区北滘镇文化站副站长	2009.7.24 9：30 ~ 10：00	北滘镇文化站
46	苏禹	佛山市顺德区北滘镇文化站站长	2009.7.24 10：30 ~ 11：20	碧江社区居民委员会
47	何嘉文	佛山市顺德区北滘镇碧江社区居民委员会规划建设办职员	2009.7.24 14：00 ~ 15：30	碧江村心街
48	李孟顺	台湾磐古工程设计顾问有限公司建筑设计专案经理	2009.7.31 9：00 ~ 12：00	昆明大糯黑村
49	彭全民	深圳市文物考古鉴定所研究馆员	2009.8.2 19：00 ~ 21：00	昆明云南大学
50	谢布仔	东莞市茶山镇南社村古建筑群管理所所长	2015.8.24 9：00 ~ 11：00	南社村村委会
51	李锦棠	东莞市塘尾村村委党工委委员	2016.8.21 9：00 ~ 11：00	塘尾村村委会
			2017.1.9 10：00 ~ 11：30	塘尾村村委会

附录 2　珠三角历史文化村镇保护问题的调研提纲

资料收集：

1. 历来历史文化村镇保护规划说明书、文本；建筑设计图

2. 申报历史文化村镇时的上报资料、重点文物保护单位推荐材料

3. 历史文化村镇历年人口（本地、外地）、经济、土地利用、历史建筑的变化情况

4. 有关历史文化村镇的地方志、年鉴、史记、族谱、宗谱、家谱

5. 有关历史文化村镇保护的政府发文（法律、管理、资金保障、旅游）、政府报告、通知

6. 有关历史文化村镇保护的村（乡）规民约、村民自治章程

7. 有关历史文化村镇的管理政策、土地政策、建房政策、拆迁补偿标准

8. 有关历史文化村镇建筑修缮、环境整治的历年资金投入记录

9. 有关历史文化村镇的建设管理工作会议纪要

10. 有关历史文化村镇旅游发展纪要（涉及房屋产权处理意见、激励政策、旅游管理、利益分配）

11. 历史文化村镇保护的管理机构与管理层次、人员保护职责

访问问题：

1. 历史文化村镇的主要特点有哪些？

2. 历史文化村镇保护的重点？

3. 开展历史文化村镇保护的难点有哪些？为什么？

4. 历史文化村镇的保护 / 发展历程？分哪几个阶段、时间？（如博物馆成立以前如何保护？成立以后如何保护？旅游开发以前如何保护？开发以后如何保护？做保护规划以前如何保护？保护规划做了以后如何保护？政府主导之前如何保护？政府主导之后如何保护？管理主体的变化？）

5. 几个阶段中具体是如何进行保护的（关键人物？用什么方法？采取什么措施？效果如何？为什么？）

6. 在此过程中出现哪些破坏历史文化村镇的行为？（历史建筑、祠堂被肆意拆迁？改造？村镇格局、原生态遭到破坏？文物书籍被毁？）后果如何？如何被制止？

7. 历史文化村镇保护存在哪些问题？为什么？

8. 历史文化村镇保护的动力机制有哪些？

9. 历史文化村镇保护的关键因素是什么？

10. 除了政府发文、乡规民约的保护之外，还有什么其他方式的保护？

11. 历史文化村镇法律制度存在的问题及原因（法律依据少、制度不完善？为什么？）

12. 历史文化村镇管理制度存在的问题及原因（有哪些部门管理？机构结构？人数？责任？平级？上级？文化厅 / 规划部 / 建设部 / 文物局各自的责任？是否出现多头管理？职能交叉？效率如何？）

13. 历史文化村镇保护的管理机构与管理层次、人员保护职责

14. 历史文化村镇的城建、土地、房管、文化、旅游、财政、工商税务、交通、水利、公安、消防等问题管理权限在哪里？集中在村镇政府？还是分部门管理？如何协调？执法权限如何分配？村镇政府是否有执法权？还是执法权在上级部门手中？是否出现“管得着的部门看不到，看得到的政府无法管”的尴尬局面？

15. 管理体制的演变？（镇政府主管？县镇共管？管理主体的变化？）

16. 历史文化村镇资金保障制度存在的问题及原因（历史文化村镇保护资金有哪些来源渠道？政府每年拨款多少用于历史文化村镇保护？如何分配使用这些资金？民间如何集资？如何使用？）

17. 历史文化村镇历年接待游客人次？旅游门票历年收入？门票年收入主要用于哪些方面？旅游开发存在哪些问题？带来哪些社会效益？（促进第三产业？增加就业岗位？）

18. 旅游开发的运作？资金来源？项目开发？投资体制存在哪些问题？

19. 历史文化村镇保护规划存在的问题及原因（可操作性？保护规划标准？编制标准？规划争议？）

20. 公众参与历史文化村镇保护存在的问题及原因（积极性？为什么？参与渠道？参与层度？）

21. 历史文化村镇里居住有多少原村民？搬迁原因？外来村民租金？为何住在这里？有没有保护意识？如何宣传村镇的保护？村民有何保护行动？破坏行为？如何奖励和处罚？

22. 历史文化村镇有何发展策略？今后如何进行保护？建议？期望？保护与旅游开发矛盾如何协调？

备注：

访谈对象：建设部、规划部、文化厅、文物局、博物馆、文化馆、保护与旅游开发管理委员会等部门领导、镇长、村长、村委会、原居民、外来居民、规划设计人员、专家学者等

问卷调查对象：居民、旅客、政府管理部门人员、规划设计人员、专家学者

做好访谈记录，引用原话

附录 3 珠三角历史文化村镇问卷调查

被访者的基本情况：

性别：□男 □女 归属：□原居民 □外来人员

年龄：□儿童 14 岁以下 □青年 15 ~ 28 岁 □中年 29 ~ 59 岁 □老年 60 岁以上

职业：□工人 □农民 □学生 □技术人员 □个体经营者 □公务员 □待业人员 其他______

居住地：__________________市

---

1. 您来此地采用何种交通方式？

□步行 □公交 □地铁 □自驾车 □计程车 其他____________

2. 您一般什么时间（段）来此地？

□周末 □工作 □国庆、春节长假期 □不固定 其他____________

3. 您到此地的主要原因是：

□休闲度假 □参观历史建筑、了解文化 □租房 □打工 □定居

其他____________

4. 您对历史文化村镇保护的评价？ □非常好 □好 □一般 □较差

5. 您觉得历史文化村镇重点应保护：□历史建筑 □村镇格局 □民俗文化 其他____________

6. 您觉得此地保护最成功的地方是什么？最失败的地方是什么？

成功之处：____

失败之处：____

7. 您对此地最希望改善的地方：

□历史建筑 □公共设施 □景观绿化 □卫生环境 □道路交通 □管理 其他____________

8. 您认为历史文化村镇保护的关键因素在于：

□保护制度的完善 □政策支持 □公众参与 □管理 □资金 □规划 其他____________

9. 您是否了解历史文化村镇的保护历程？□很熟悉 □有一定了解 □不了解

10. 您认为历史文化村镇的价值在哪里？____________________________

____

11. 您认为历史文化村镇有什么保护意义？______________________________

____

12. 您认为历史文化村镇保护存在哪些问题？____________________________

____

13. 您对历史文化村镇今后的发展有何建议？____________________________

____

样本编码（第________份）

访问时间：20____年____月____日____时____分至____时____分止。

访问地点：____

附录 4　肇庆市广宁县大屋村居民问卷调查

性别：男（ ）女（ ）

年龄：18 岁以下（ ）18 ~ 25 岁（ ）26 ~ 45 岁（ ）46 ~ 60 岁（ ）60 岁以上（ ）

教育程度：小学（ ）初中（ ）高中（ ）大专、本科（ ）本科以上（ ）

职业：农民（ ）工人（ ）国企事业单位（ ）个体户（ ）私企员工（ ）失业（ ）退休（ ）

1. 家庭人口构成：老人____人、中青年____人、小孩____人

2. 家庭主要收入：农业收入（ ）非农业收入（ ）

3. 家庭月收入水平：300 元以内（ ）300 ~ 1000 元（ ）1000 ~ 3000 元（ ）3000 元以上（ ）

4. 家中主要交通工具：没有（ ）自行车（ ）摩托车（ ）小车（ ）

5. 平时休闲活动：

看电视（ ）打牌、下棋（ ）唱歌跳舞（ ）弹奏粤曲（ ）书画、手工艺（ ）球类（ ）上网（ ）

6. 平时休闲场所：家里（ ）街道（ ）广场（ ）祠堂（ ）其他

7. 土地现在是自家在耕种吗？是（ ）不是（ ）

8. 土地是否愿意租种：自己租种（ ）雇人租种（ ）不愿意租种（ ）

9. 全家在这里住了多久：10 年以内（ ）10 ~ 20 年（ ）20 ~ 30 年（ ）30 年以上（ ）

10. 现在所住的房子：租的（ ）自己的（ ）

11. 现在所在房子面积：________平方米

12. 你对现在居住条件满意吗：满意（ ）不满意（ ）

13. 你最不满意的是：

房子破旧（ ）不够住（ ）卫生条件差（ ）交通不便（ ）设施差（ ）环境差（ ）小孩上学不方便（ ）没活动场地（ ）

14. 你觉得环境有什么不好：

通风采光不好（ ）卫生条件差（ ）路况差（ ）周围建筑破旧（ ）购物不便（ ）活动设施少（ ）看病不方便（ ）电、水、电话、电视、煤气管道没接到家（ ）

15. 你觉得现在住的地方有什么优点：

租金便宜（ ）住得舒服（ ）邻里关系好（ ）治安好（ ）工作方便（ ）老房子亲切（ ）

16. 你最愿意住的地方:

原村( )村里集中居民点( )集镇( )城镇( )城市( )

17. 你最愿意住在:

农村独院式住宅( )集中独院式住宅( )多层住宅( )高层住宅( )

18. 你是否支持发展旅游: 支持( )不支持( )

19. 你认为发展旅游会给你带来什么变化:

增加收入( )增加新的工作机会( )会干扰我的生活( )会破坏这里安静的环境( )

20. 如果可以选择,你愿意:

把现在的房子整修、增加现代设施后继续住( )

离开旧村搬到新区去住( )

21. 你认为开发旅游采用哪种经营管理方式对你最好:

完全由政府决定( )卖给开发商( )由村委会管理( )

附录 5　东莞市石排镇塘尾明清古村保护与发展调查问卷

您的基本信息：

性别：男 [ ]　女 [ ]

职业：______________

年龄：18 岁以下 [ ]　18 ~ 30 岁 [ ]　30 ~ 50 岁 [ ]　50 岁以上 [ ]

在塘尾村的居住时间：5 年以内 [ ]　5 ~ 10 年 [ ]　10 ~ 20 年 [ ]

20 年以上 [ ]　临时 [ ]

1. 请问您的身份是 [ ]

A 本地居民　B 外来长居居民　C 暂留本地的外来居民　D 游客

2. 您的月收入情况 [ ]

A 1000 以内　B 1000 ~ 3000 元　C 3000 ~ 5000 元　D 5000 元以上

3. 您家庭月收入主要来源 [ ]，　% 来自古村落保护与开发产生的收益

A 务农　B 打工　C 村里分红　D 出租　E 经商

4. 您对古村落保护的态度是 [ ]

A 非常支持　B 一般　C 不支持

5. 您认为古村落交通出行是否方便 [ ]

A 方便　B 不方便

6. 您到达古村落的交通方式是 [ ]，希望增加的出行交通工具是

A 步行　B 自行车　C 公交车　D 自行驾驶

7. 您对古村落中的巷道修缮现状是否满意 [ ]

A 满意　B 一般　C 不满意

8. 您对古村落的景观绿化是否满意 [ ]

A 满意　B 一般　C 不满意

9. 您希望古村落里增设何种绿化景观（可多选）[ ]

A 草坪　B 花圃　C 林荫树　D 综合

10. 您希望古村落增加哪种类型的公共设施（可多选）[ ]

A 商业　B 医疗　C 餐饮　D 娱乐场所　E 健身场所

F 其他__________

11. 您对古村落的基础环卫设施现况是否满意 [ ]

A 满意　B 一般　C 不满意

12. 你认为古村落在环境卫生方面需要进一步完善的有（可多选）[ ]
A 增加公共厕所 B 增加垃圾回收设备 C 改善水质水资源
D 开设环保设备 E 其他______
13. 您对古村落的古建筑保护状况是否满意 [ ]
A 满意 B 一般 C 不满意
14. 您认为目前古村落保护面临的主要问题是（可多选）[ ]
A 缺少资金 B 保护规划不合理 C 监管力度差 D 宣传不够
E 其他______
15. 根据你们的需求,您对古村落的保护和利用有什么建议（可多选）[ ]
A 完善保护政策制度 B 加大资金投入 C 加强管理力度
D 引进相关技术研究工作 E 开发旅游产业 F 其他______
16. 您对塘尾村评上国家级历史文化村镇后的感受 [ ]
A 很高兴自豪 B 一般，没什么感觉 C 不希望被评上
17. 古村落自被列入国家级历史文化名村后带来的影响有（可多选）[ ]
A 促进经济发展，增加居民收入 B 宣扬和发扬古村落的风俗文化
C 制造了很多生活垃圾，破坏了环境 D 一定程度上对古建筑造成破坏
18. 您认为古村落近年来的变化有（可多选）[ ]
A 环境改善 B 游客增多 C 交通便利 D 古建筑修缮翻新
E 其他______
19. 您认为古村落的发展前景如何 [ ]
A 很好 B 比较好 C 一般 D 不看好
20. 您认为古村落应从哪些方面加大开发力度（可多选）[ ]
A 进行商业出租 B 发展旅游度假 C 建设博物馆、纪念馆等
D 建设成现代化等新农村 E 其他方式______
21. 请写下您对塘尾村未来发展的建议

______

______

______

______